"十四五"职业教育国家规划教材

"十三五"职业教育国家规划教材

广联达BIM算量软件应用

第3版

主　编　任波远　刘　青　姚祯兰
副主编　郑淑钵　宋　涛　杨伟伟
参　编　苏　强　王明哲　胡春娟　宋　强

机械工业出版社

为培养 BIM 造价人才，本书根据职业院校建筑工程施工、工程造价等专业教学要求和全国职业院校技能大赛的比赛要求编写。本书着重强调实用性和操作性，体现行动导向教学理念，按项目引导、任务驱动的方式进行编排，以一幢典型的三层框架土木实训楼案例为载体进行编写，详细介绍了广联达 BIM 土建算量软件 GCL2013 和广联达 BIM 钢筋算量软件 GGJ2013 的应用。

本书包括两个模块：广联达 BIM 土建算量软件应用，包括 8 个项目、32 个子项；广联达 BIM 钢筋算量软件应用，包括 7 个项目、24 个子项。

本书可作为职业院校建筑类专业工程造价 BIM 类教材，也可作为全国职业院校技能大赛备赛用书和建筑企业造价员 BIM 培训用书。

本书配有电子课件、图纸和微课视频，凡选用本书作为授课教材的老师，均可登录 www.cmpedu.com，以教师身份注册下载。也可以咨询相关编辑，编辑电话：010-88379934，或者加入机工社职教建筑 QQ 群（群号：221010660）进行咨询、索取。

图书在版编目（CIP）数据

广联达 BIM 算量软件应用/任波远，刘青，姚祯兰主编. —3 版. —北京：机械工业出版社，2024.5（2025.1 重印）
"十四五"职业教育国家规划教材
ISBN 978-7-111-75777-1

Ⅰ.①广… Ⅱ.①任… ②刘… ③姚… Ⅲ.①建筑造价管理-应用软件-职业教育-教材 Ⅳ.①TU723.31-39

中国国家版本馆 CIP 数据核字（2024）第 092553 号

机械工业出版社（北京市百万庄大街 22 号　邮政编码 100037）
策划编辑：沈百琦　　　　　责任编辑：沈百琦　陈将浪
责任校对：樊钟英　薄萌钰　　封面设计：马精明
责任印制：邓　敏
中煤（北京）印务有限公司印刷
2025 年 1 月第 3 版第 2 次印刷
184mm×260mm・14.5 印张・1 插页・385 千字
标准书号：ISBN 978-7-111-75777-1
定价：45.00 元

电话服务　　　　　　　　　　网络服务
客服电话：010-88361066　　　机　工　官　网：www.cmpbook.com
　　　　　010-88379833　　　机　工　官　博：weibo.com/cmp1952
　　　　　010-68326294　　　金　　书　　网：www.golden-book.com
封底无防伪标均为盗版　　　　机工教育服务网：www.cmpedu.com

关于"十四五"职业教育
国家规划教材的出版说明

为贯彻落实《中共中央关于认真学习宣传贯彻党的二十大精神的决定》《习近平新时代中国特色社会主义思想进课程教材指南》《职业院校教材管理办法》等文件精神，机械工业出版社与教材编写团队一道，认真执行思政内容进教材、进课堂、进头脑要求，尊重教育规律，遵循学科特点，对教材内容进行了更新，着力落实以下要求：

1. 提升教材铸魂育人功能，培育、践行社会主义核心价值观，教育引导学生树立共产主义远大理想和中国特色社会主义共同理想，坚定"四个自信"，厚植爱国主义情怀，把爱国情、强国志、报国行自觉融入建设社会主义现代化强国、实现中华民族伟大复兴的奋斗之中。同时，弘扬中华优秀传统文化，深入开展宪法法治教育。

2. 注重科学思维方法训练和科学伦理教育，培养学生探索未知、追求真理、勇攀科学高峰的责任感和使命感；强化学生工程伦理教育，培养学生精益求精的大国工匠精神，激发学生科技报国的家国情怀和使命担当。加快构建中国特色哲学社会科学学科体系、学术体系、话语体系。帮助学生了解相关专业和行业领域的国家战略、法律法规和相关政策，引导学生深入社会实践、关注现实问题，培育学生经世济民、诚信服务、德法兼修的职业素养。

3. 教育引导学生深刻理解并自觉实践各行业的职业精神、职业规范，增强职业责任感，培养遵纪守法、爱岗敬业、无私奉献、诚实守信、公道办事、开拓创新的职业品格和行为习惯。

在此基础上，及时更新教材知识内容，体现产业发展的新技术、新工艺、新规范、新标准。加强教材数字化建设，丰富配套资源，形成可听、可视、可练、可互动的融媒体教材。

教材建设需要各方的共同努力，也欢迎相关教材使用院校的师生及时反馈意见和建议，我们将认真组织力量进行研究，在后续重印及再版时吸纳改进，不断推动高质量教材出版。

机械工业出版社

前 言

随着信息技术的高速发展，在建筑领域中，BIM（Building Information Modeling，建筑信息模型）技术正在引发一场变革；而工程造价作为承接 BIM 设计模型和向施工管理输出模型的中间关键阶段，起着至关重要的作用。BIM 技术的应用，颠覆了以往传统的造价模式，造价岗位也面临着新的洗礼，造价人员必须逐渐转型，接受 BIM 技术，掌握新的 BIM 造价方法。

《广联达 BIM 算量软件应用》（第 2 版）自 2019 年出版以来，得到了全国众多建筑类职业院校师生的欢迎和认可。但由于我国 BIM 技术发展迅速，《广联达 BIM 算量软件应用》（第 2 版）已经无法满足当前建筑类职业院校 BIM 造价类课程的教学需求，故此对该书进行了修订，主要包括以下四个方面：

1. 沿用项目教学法，以典型的工程案例为载体进行讲解，删减无用知识和多余的操作，使其更加简洁明了、通俗易懂。

2. 针对部分读者的反馈，将一些疏漏和不足之处进行了修正。

3. 重新制作了电子课件和图纸，使得读者在进行天正 CAD 转换以及导入软件的时候更加顺畅。

4. 由于软件操作繁杂，故而精心制作了微课视频，以二维码的形式嵌入书中，供读者参考使用。虽然微课视频可以解决操作中面临的很多问题，但这同时也可能会让不少读者跟着视频进行操作，故而难以发现一些本该出现的问题，所以建议读者先自行学习操作，然后再观看微课视频解决问题，这样不但会显著提高学习效率，而且也会提高自身的专业知识和软件操作能力。

本书在修订过程中，着重优化配套的微课视频，使之更符合当前建筑类职业院校的教学需要，也体现了党的二十大报告中"推进教育数字化""数字中国"的理念。

本书按 62 学时编写，各建筑类职业院校可以根据自身情况酌情安排教学。学时分配见下表（供参考）。

模块一		模块二	
项次	学时	项次	学时
项目一	2	项目九	2
项目二	10	项目十	8
项目三	4	项目十一	4
项目四	5	项目十二	3
项目五	3	项目十三	2
项目六	5	项目十四	4
项目七	6	项目十五	2
项目八	2		

本书由淄博建筑工程学校任波远、刘青,山东省民族中等专业学校姚祯兰任主编;由淄博建筑工程学校郑淑钵、宋涛,东营市垦利区职业中等专业学校杨伟伟任副主编;山东城市建设职业学院苏强,淄博建筑工程学校王明哲、胡春娟,青岛酒店管理职业技术学院宋强参加编写。

由于编者水平有限,书中难免存在疏漏和不足之处,敬请读者批评指正。

编 者

二维码清单

序号	名称	图形	序号	名称	图形
1	项目 1-1-1　建立文件		13	项目 2-2-5　画非框架梁	
2	项目 1-2-1　设置楼层		14	项目 2-2-6　楼梯平台梁	
3	项目 1-2-2　熟悉绘图界面		15	项目 2-3-1　画墙体	
4	项目 1-3-1　新建轴网		16	项目 2-3-2　画门、墙洞	
5	项目 2-1-1　建立框架柱，定义属性		17	项目 2-3-3　画窗	
6	项目 2-1-2　画框架柱，修改位置		18	项目 2-4-1　画过梁	
7	项目 2-1-3、4　添加清单，汇总计算		19	项目 2-4-2　画构造柱	
8	项目 2-1-5　画梯柱		20	项目 2-5-1　新建板，定义属性	
9	项目 2-2-1　画框架梁		21	项目 2-5-2　画现浇板，调整板边等	
10	项目 2-2-2　修改框架梁		22	项目 2-6-1　台阶、楼梯	
11	项目 2-2-3　画曲线梁 KL8		23	项目 2-6-2　散水、平整场地	
12	项目 2-2-4　汇总计算		24	项目 2-7　计算首层主体工程量	

二维码清单

（续）

序号	名称	图形	序号	名称	图形
25	项目3-1 将一层构件图元复制到二层		38	项目5-3-1 画屋面板	
26	项目3-2 修改二层的墙体和构造柱		39	项目5-3-2 画挑檐、排水管	
27	项目3-3 修改二层的门窗、梁和板		40	项目5-4 计算闷顶层工程量	
28	项目3-4 计算二层主体工程量		41	项目6-1 首层柱复制到基础，画TJL	
29	项目4-1 将二层构件图元复制到三层		42	项目6-2 画独立基础、筏板基础	
30	项目4-2 修改三层的墙体，补画露台栏板、扶手		43	项目6-3-1 画条形基础、地梁	
31	项目4-3 修改三层的梁和板		44	项目6-3-2 画基础垫层	
32	项目4-4 修改三层的门窗		45	项目6-4 画基础挖土方	
33	项目4-5 计算三层主体工程量		46	项目6-5 计算基础层工程量	
34	项目5-1-1 画闷顶层的梁		47	项目7-1 首层室内外装修	
35	项目5-1-2 画闷顶层的墙和构造柱		48	项目7-2 二层室内外装修	
36	项目5-2-1 画门洞、过梁和C1618		49	项目7-3 三层室内外装修	
37	项目5-2-2 画YCR500及圈梁		50	项目7-4 屋面的装饰装修	

（续）

序号	名称	图形	序号	名称	图形
51	项目 8　土建算量软件的灵活应用		64	项目 11-4　二层楼梯钢筋计算	
52	项目 9-1　建立文件		65	项目 12-1　复制二层构件至三层	
53	项目 9-2　设置楼层		66	项目 12-2　修改三层墙体、栏板	
54	项目 9-3　新建轴网		67	项目 12-3　修改三层屋面梁和板	
55	项目 10-1　画框架柱,梯柱		68	项目 12-4　修改三层的门窗	
56	项目 10-2　画框架梁和其他梁		69	项目 13-1　画闷顶层梁、墙、构造柱	
57	项目 10-3　画墙体、门和窗		70	项目 13-2　画闷顶层墙洞、窗和圈梁	
58	项目 10-4　画过梁、构造柱		71	项目 13-3　画闷顶层屋面、挑檐、砌体加筋	
59	项目 10-5　画现浇板及钢筋		72	项目 14-1　将首层构件复制到基础层，画 TJL	
60	项目 10-6　混凝土楼梯钢筋计算		73	项目 14-2　画独立基础、筏板基础	
61	项目 11-1　复制一层构件至二层		74	项目 14-3　画条形基础、地梁	
62	项目 11-2　修改二层墙体、门窗和构造柱		75	项目 14-4　汇总计算并导出钢筋工程量	
63	项目 11-3　修改二层梁板		76	项目 15　土建与钢筋文件之间的快速互导	

目 录

前言
二维码清单
模块一　广联达 BIM 土建算量软件应用 …… 1
　项目一　建立文件，设置楼层，新建轴网 …… 1
　　子项一　建立文件 …………………… 1
　　子项二　设置楼层，熟悉绘图界面 …… 4
　　子项三　新建轴网 …………………… 5
　项目二　首层主体工程算量 ………………… 7
　　子项一　画框架柱、梯柱 ……………… 7
　　子项二　画框架梁及其他梁 ………… 13
　　子项三　画墙体、门和窗 …………… 23
　　子项四　画过梁及构造柱 …………… 30
　　子项五　画钢筋混凝土现浇板 ……… 34
　　子项六　画台阶、楼梯及散水 ……… 37
　　子项七　计算首层主体工程量 ……… 43
　项目三　二层主体工程算量 ………………… 48
　　子项一　将一层构件图元复制到二层，
　　　　　　观察二层构件 ………………… 48
　　子项二　修改二层的墙体和构造柱 …… 49
　　子项三　修改二层的门窗、梁和板 …… 52
　　子项四　计算二层主体工程量 ……… 55
　项目四　三层主体工程算量 ………………… 60
　　子项一　将二层构件图元复制到三层，
　　　　　　修改柱 …………………………… 60
　　子项二　修改三层墙体，补画露台栏板，
　　　　　　画露台栏杆、扶手 ……………… 61
　　子项三　修改三层的梁和板 ………… 63
　　子项四　修改三层的门、窗 ………… 66
　　子项五　计算三层主体工程量 ……… 67
　项目五　闷顶层主体工程算量 ……………… 72
　　子项一　画闷顶层的梁、墙和构造柱 … 72
　　子项二　画闷顶层的门洞、窗和圈梁 … 77
　　子项三　画屋面板和挑檐，计算排水管 … 81
　　子项四　计算闷顶层工程量 ………… 86
　项目六　基础层主体工程算量 ……………… 89
　　子项一　将首层构件图元复制到基础层，
　　　　　　画楼梯基础梁 ………………… 89
　　子项二　画独立基础、筏板基础 ……… 90
　　子项三　画条形基础、地梁（DL）和基础
　　　　　　垫层 ……………………………… 93
　　子项四　画基础挖土（石）方 ……… 98
　　子项五　计算基础层工程量 ……… 101
　项目七　装饰装修工程算量 ……………… 104
　　子项一　首层室内外装饰装修 …… 104
　　子项二　二层室内外装饰装修 …… 111
　　子项三　三层室内外装饰装修 …… 118
　　子项四　屋面的装饰装修 ………… 120
　项目八　强化训练　土建算量软件的灵活
　　　　　应用 ……………………………… 121
**模块二　广联达 BIM 钢筋算量软件
　　　　　应用** ……………………………… 123
　项目九　建立文件，设置楼层，新建轴网 … 123
　　子项一　建立文件 ………………… 123
　　子项二　设置楼层，熟悉绘图界面 … 126
　　子项三　新建轴网 ………………… 127
　项目十　首层钢筋工程算量 ……………… 129
　　子项一　画框架柱、梯柱 ………… 129
　　子项二　画框架梁及其他梁 ……… 132
　　子项三　画墙体、门和窗 ………… 142
　　子项四　画过梁、构造柱 ………… 146
　　子项五　画钢筋混凝土现浇板 …… 148
　　子项六　现浇钢筋混凝土楼梯钢筋计算 … 152
　项目十一　二层钢筋工程算量 …………… 157
　　子项一　将一层构件图元复制到二层 … 157
　　子项二　修改二层的墙体、门窗和
　　　　　　构造柱 ……………………… 158
　　子项三　修改二层梁、板 ………… 161
　　子项四　现浇钢筋混凝土楼梯钢筋计算 … 164
　项目十二　三层钢筋工程算量 …………… 166
　　子项一　将二层构件图元复制到三层，
　　　　　　修改框架柱 ……………… 166
　　子项二　修改三层墙体，补画露台栏板 … 167
　　子项三　修改三层的屋面梁和板 … 168
　　子项四　修改三层的门窗 ………… 170
　项目十三　闷顶层钢筋工程算量 ………… 172
　　子项一　画闷顶层的梁、墙和构造柱 … 172

子项二　画闷顶层的门洞、窗和圈梁 …… 175
子项三　画屋面板、挑檐和砌体加筋 …… 178
项目十四　基础层钢筋工程算量 …………… 182
　子项一　将首层构件图元复制到基础层，
　　　　　画楼梯基础梁 ………………… 182
　子项二　画独立基础、筏板基础 ………… 183

子项三　画条形基础、地梁 ……………… 186
子项四　汇总计算并导出钢筋工程量 …… 189
项目十五　土建算量与钢筋算量软件之间的
　　　　　快速互导 ………………………… 191
附录　土木实训楼施工图 …………………… 193

模块一

广联达BIM土建算量软件应用

广联达 BIM 土建算量软件主要用于建设工程中除钢筋工程以外的其他分部分项工程的工程量计算，大到建筑物的柱、梁、板、墙等主体结构，小到散水、台阶、压顶等零星构件，都可以计算出它们的工程量。软件提供了多种计量模式（如清单模式、定额模式、清单-定额模式），适用于计算多层混合结构、框架结构、剪力墙结构、框架-剪力墙结构和筒体结构等多种结构体系的建筑物工程量。

本模块以本书附录的一幢典型的三层框架土木实训楼为例，详细介绍如何应用广联达 BIM 土建算量软件计算建设工程的工程量。

项目一　建立文件，设置楼层，新建轴网

子项一　建 立 文 件

在使用土建算量软件进行算量时，首先要建立文件。文件的名称要和工程名称相统一，以便于以后查找文件。选择清单规则、定额规则、清单库和定额库时要协调统一，计算规则对算量结果影响很大，工程信息的内容要根据工程施工图样具体分析，认真填写。

任务一　打 开 软 件

双击桌面上的广联达 BIM 土建算量软件 GCL2013 图标 打开广联达土建算量软件，或选择"开始"→"程序"→"广联达第三代整体解决方案"→ 广联达BIM土建算量软件GCL2013 选项，弹出"新版特性、荣誉榜"对话框，单击 即可关闭，然后弹出"欢迎使用 GCL2013"对话框，如图 1-1 所示。

"欢迎使用 GCL2013"对话框提供了以下四种功能：

1）"新建向导"：此功能适用于新建工程，可引导建立一个计算新建工程的土建算量文件。

2）"打开工程"：打开已经建立的土建算量文件，在"最近打开工程"列表框中，可直接双击文件打开；也可单击选中要打开的文件，再单击"打开"，无须再从资源管理器中一级一级地查找文件。

3）"注册"和"视频帮助"：两者为辅助功能。

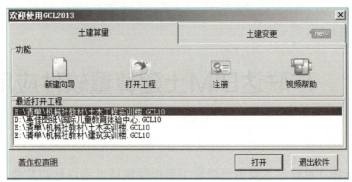

图 1-1 "欢迎使用 GCL2013"对话框

任务二 创建文件

1. 填写工程名称

"土木实训楼"属于新建工程（以后可直接打开），单击"新建向导"，弹出"新建工程：第一步，工程名称"对话框，如图 1-2 所示。

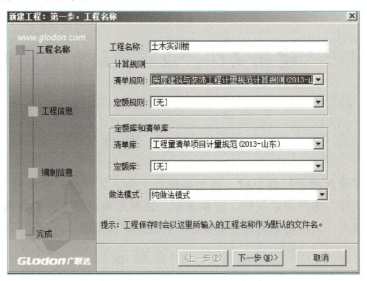

图 1-2 "新建工程：第一步，工程名称"对话框

1）工程名称：填写"土木实训楼"。

2）清单规则：根据工程所属的省市或合同规定选择确定，本工程土木实训楼选择"房屋建筑与装饰工程计量规范计算规则（2013-山东）（R10.6.1.1325）"。

3）定额规则：选择各省市的定额规则，本工程选择"无"。

4）清单库：清单规则确定后，清单库就会自动选择，不要随意改动，否则会使清单规则与清单不匹配，给以后算量带来不必要的麻烦。

5）定额库：依据合同文件的规定来确定，注意和定额规则配套。

6）做法模式：采用"纯做法模式"，不要改动。

2. 填写工程信息

单击"下一步"，弹出"新建工程：第二步，工程信息"对话框，根据土木实训楼施工图选择"工程类别"和"结构类型"，输入"地下层数（层）"和"地上层数（层）"等，如图 1-3 所示。

项目一　建立文件，设置楼层，新建轴网

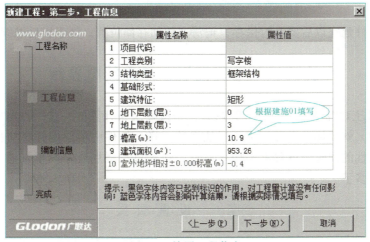

图 1-3　填写工程信息

3. 整理检查

单击"下一步"，在弹出的"新建工程：第三步，编制信息"对话框中填写相应信息。单击"下一步"，弹出"新建工程：第四步，完成"对话框，单击"上一步"可返回进行修改；单击"完成"，弹出"楼层信息"对话框，选择"工程信息"选项，在这里可综合浏览前面的信息，并做最后修改，如图 1-4 所示。

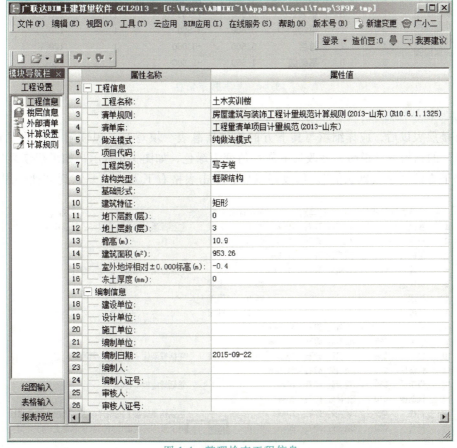

图 1-4　整理检查工程信息

4. 保存文件

土建算量文件建完以后要及时保存，记清文件的存储位置，便于以后继续编辑文件。

子项二　设置楼层，熟悉绘图界面

广联达 BIM 土建算量软件在进行算量时，是按楼层来计算的，这一点与实际生活中建造建筑物非常相似，就像楼房需要一层一层地建造一样。软件中楼层的标高应按结构标高来设置。设置楼层属性的同时要设置本层构件属性，在这里按楼层统一设置好后，绘图时再设置构件属性就方便多了。

任务一　设置楼层

1. 填写楼层信息

单击"模块导航栏"内的 楼层信息 进行楼层设置，识读附录中的土木实训楼施工图"结施04"~"结施11"中的楼层信息，单击"插入楼层""删除楼层""上移""下移"，填好楼层表，并将楼层序号"4"后的"第4层"改为"闷顶层"，如图1-5所示。

楼层序号	名称	层高(m)	首层	底标高(m)	相同层数	现浇板厚(mm)	建筑面积(m²)
1	4	闷顶层	5.350	☐	10.500	1	120
2	3	第3层	3.350	☐	7.150	1	120
3	2	第2层	3.600	☐	3.550	1	120
4	1	首层	3.600	☑	-0.050	1	120
5	0	基础层	1.550		-1.600	1	120

图 1-5　填写楼层信息

2. 填写构件信息

填好楼层表以后，应详细填写其下方的构件信息表。填写时，识读附录中的"建施02" "结施01"的结构设计说明，修改后的属性值变为绿色，如图1-6所示；如果想恢复原值，可单击表格下方的"恢复默认值"。修改好以后，单击表格右下方的"复制到其他楼层"，弹出

	构件类型	砼标号	砼类别	砂浆标号	砂浆类别	备注
1	基础	C30	4现浇砼 碎石<40mm	M5.0	砂浆	包括除基础梁、垫层以外的基础构件
2	垫层	C15	4现浇砼 碎石<40mm	M5.0	砂浆	
3	基础梁	C30	3现浇砼 碎石<31.5mm			
4	砼墙	C25	3现浇砼 碎石<31.5mm			包括连梁、暗梁、端柱、暗柱
5	砌块墙			M5.0	混浆	
6	砖墙			M5.0	混浆	
7	石墙			M5.0	砂浆	
8	梁	C30	3现浇砼 碎石<31.5mm			
9	圈梁	C25	3现浇砼 碎石<31.5mm			
10	柱	C30	4现浇砼 碎石<40mm	M5.0	砂浆	包括框架柱、框支柱、普通柱、芯柱
11	构造柱	C25	3现浇砼 碎石<31.5mm			
12	现浇板	C30	2现浇砼 碎石<20mm			包括螺旋板、柱帽
13	预制板	C30	2预拌砼 碎石<20mm			
14	楼梯	C25	2现浇砼 碎石<20mm			包括楼梯类型下的楼梯、直形梯段、螺旋梯段
15	其他	C20	2现浇砼 碎石<20mm	M5.0	砂浆	除上述构件类型以外的其他混凝土构件类型

图 1-6　填写构件信息

项目一　建立文件，设置楼层，新建轴网

"选择楼层"对话框，勾选"全楼"，单击"确定"，软件提示"成功复制到所选楼层"，再单击"确定"，这样，土木实训楼其他楼层的构件属性值就不用再一一修改了。在这里要特别注意，如果各层楼的属性值不一样，选择复制楼层时要区别对待。

任务二　熟悉绘图界面

单击"模块导航栏"内的"绘图输入"，软件进入"绘图输入"界面，如图1-7所示。

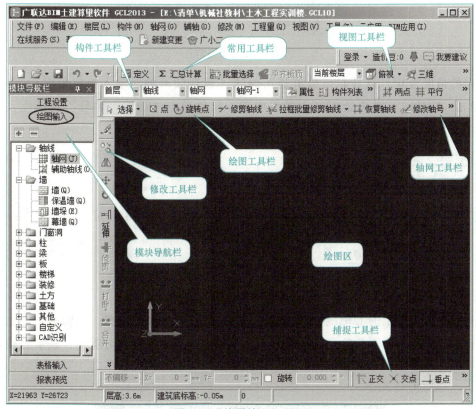

图1-7　"绘图输入"界面

子项三　新建轴网

建筑物柱、梁、板、墙等主要构件的相对位置是依靠轴线来确定的，画图时应首先确定轴线位置，然后才能绘制柱、梁等承重构件。

任务一　输入轴距

在"模块导航栏"内单击"绘图输入"，单击"轴线"文件前面的"+"使其展开，双击"轴网"，依次单击 新建、新建正交轴网，新建"轴网-1"，识读附录中的"建施04"分别填写"下开间"和"右进深"对话框，如图1-8所示。

任务二　画轴网

双击 轴网-1，弹出"请输入角度"对话框，如图1-9所示。由于土木实训楼纵轴与

图 1-8 输入轴线信息

水平方向的角度为 0°，软件默认数值是正确的（遇到倾斜轴网输入相应角度），单击"确定"。单击 修改轴号，单击绘图区 ⑪ 轴线中部，软件弹出"请输入轴号"对话框，将轴号"D"改为"1/C"，单击"确定"，如图 1-10 所示。

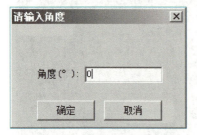

图 1-9 "请输入角度"对话框

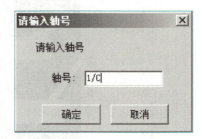

图 1-10 "请输入轴号"对话框

同样方法，将图上的 ⑫ 轴线轴号改为"D"。单击 修改轴号位置，在轴网的左上角单击鼠标左键，在轴网的右下角单击鼠标左键（这时屏幕中所有轴线变为蓝色，表示已被选中），单击鼠标右键，弹出"修改标注位置"对话框，再依次单击"两端标注""确定"，这样轴网就建好了，如图 1-11 所示。

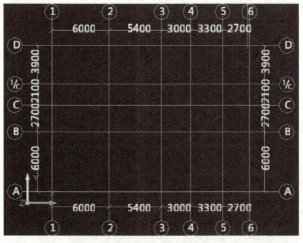

图 1-11 轴网

颗粒素养：轴线很重要，一步错，步步错，不能将错就错。要坚持科学做事，认真计算，步步校核，树立严谨治学、精益求精的工匠精神。

项目二　首层主体工程算量

对于具体的工程，广联达土建算量软件没有规定具体的画图顺序，但是从大量的实践经验来看，框架结构最好遵循柱、梁、墙、门、窗、板的顺序画图，这样做可以避免不必要的麻烦和错误。

子项一　画框架柱、梯柱

在框架结构体系的建筑物中，框架柱是垂直方向上主要的承重构件。框架柱的位置必须准确无误，尤其是偏心柱，要特别注意其定位尺寸。

任务一　建立框架柱，定义属性

单击"绘图输入"中"柱"文件夹前面的"+"使其展开，依次单击 柱(Z) 及"构件工具栏"里的 构件列表，弹出"构件列表"对话框，依次单击"构件列表"下的"新建""新建矩形柱"，建立"KZ-1"，反复操作，建立"KZ-2""KZ-3"。单击"构件工具栏"里的 属性，弹出"属性编辑框"对话框，仔细识读附录中的"结施05"，分别填写"KZ-1"（改为KZ1）、"KZ-2"（改为KZ2）、"KZ-3"（改为KZ3）的属性，如图2-1所示。

属性名称	属性值	属性名称	属性值	属性名称	属性值
名称	KZ1	名称	KZ2	名称	KZ3
类别	框架柱	类别	框架柱	类别	框架柱
材质	现浇混凝土	材质	现浇混凝土	材质	现浇混凝土
砼标号	(C30)	砼标号	(C30)	砼标号	(C30)
砼类型	(4现浇砼 碎石)	砼类型	(4现浇砼 碎石)	砼类型	(4现浇砼 碎石)
截面宽度(mm)	450	截面宽度(mm)	450	截面宽度(mm)	500
截面高度(mm)	450	截面高度(mm)	450	截面高度(mm)	500
截面面积(m²)	0.202	截面面积(m²)	0.202	截面面积(m²)	0.25
截面周长(m)	1.8	截面周长(m)	1.8	截面周长(m)	2
顶标高(m)	层顶标高	顶标高(m)	层顶标高	顶标高(m)	层顶标高
底标高(m)	层底标高	底标高(m)	层底标高	底标高(m)	层底标高
模板类型	胶合板模板	模板类型	胶合板模板	模板类型	胶合板模板
支撑类型	钢支撑	支撑类型	钢支撑	支撑类型	钢支撑
是否为人防	否	是否为人防	否	是否为人防	否

图2-1　KZ1、KZ2、KZ3的属性

任务二　画框架柱，修改框架柱位置

1. 画框架柱

依次单击"构件列表"中的"KZ1"、"绘图工具栏"中的 点、绘图区中①轴与Ⓓ轴交

点;识读附录中的"结施04",依次单击鼠标左键画完所有"KZ1"后,单击鼠标右键结束命令。

依次单击"构件列表"中的"KZ2"、"绘图工具栏"中的 ☒点 、绘图区中①轴与ⓒ轴交点;识读附录中的"结施04",依次单击鼠标左键画完所有"KZ2"后,单击鼠标右键结束命令。同样方法,画"KZ3"。

2. 修改框架柱位置

仔细识读附录中的"结施04",发现"KZ3"的位置与图样不符,这时需要调整其位置。

将鼠标移到绘图区(黑色区)任意位置,单击鼠标右键,单击 ✂ 设置偏心柱 ,软件显示出了每根柱子与轴线的定位尺寸,如图2-2所示。

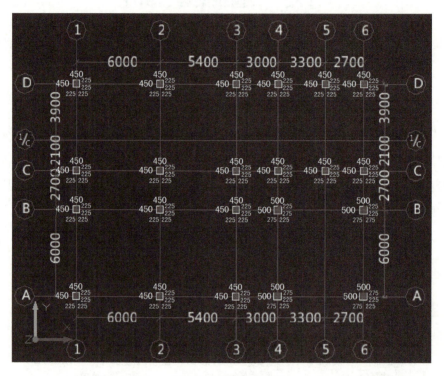

图2-2 每根柱子与轴线的定位尺寸

将鼠标移到Ⓐ④轴KZ3处,滚动鼠标中间的滚轮,将此处的KZ3放大,单击柱右下角绿色的数字"250",输入"225"后,按下〈Enter〉键,如图2-3所示。用同样方法,仔细识读附录中的"结施04",将所有的"KZ3"调整到图样位置。

修改完以后,识读附录中的"结施04",逐一检查每根框架柱的位置是否正确。检查无误后,单击鼠标右键结束"设置偏心柱"命令。单击"选择",按下〈Shift+Z〉键,这时绘图区显示出已绘制的框架柱名称,首层框架柱的布置如图2-4所示,再次按下〈Shift+Z〉键关闭所有框架柱名称。

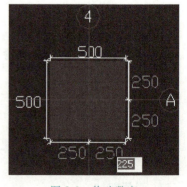

图2-3 修改数字

项目二 首层主体工程算量

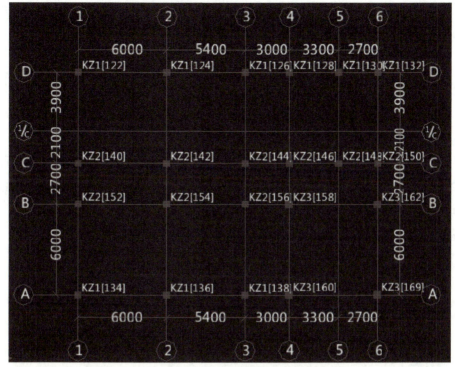

图 2-4 首层框架柱的布置

任务三 添加框架柱清单

1. 添加"KZ1"清单项目

双击"构件列表"下的"KZ1",弹出"添加项目清单"对话框,单击左上角的 添加清单 ,在清单编码下出现一行空白的清单表,双击清单表下方 查询匹配清单 内的"010502001 矩形柱"清单,这时,矩形柱清单就自动添加到了清单表中。双击"矩形柱"后面的"项目特征"一列,单击后面的 ,弹出"编辑项目特征"对话框,填写"矩形柱"项目特征,如图 2-5 所示。填完以后,单击"确定"。

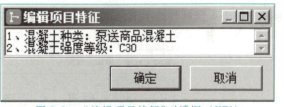

图 2-5 "编辑项目特征"对话框(KZ1)

依次单击项目清单表下方的 查询措施 、 章节查询 、 脚手架工程 ,双击右边的"011701002"一行,"外脚手架"清单就自动添加到了清单表中。双击"项目特征"一列,单击后面的 ,弹出"编辑项目特征"对话框,填写"1、脚手架搭设的方式:单排 2、高度:3.6m 以内 3、材质:钢管脚手架",单击"确定"。双击"工程量表达式"一列,单击后面的 ,弹出"选择工程量代码"对话框,再依次单击"6 脚手架面积""选择""确定"。

单击 混凝土模板及支架(撑) ,双击右边的"011702002"一行,"矩形柱"清单就自动添加到了清单表中。双击"项目特征"一列,单击后面的 ,弹出"编辑项目特征"对话框,填写"1、模板的材质:胶合板 2、支撑:钢管支撑",单击"确定",如图 2-6 所示。

图 2-6 KZ1 清单项目名称信息

2. 添加"KZ2""KZ3"清单项目

同样方法，参照"KZ1"的步骤，添加"KZ2""KZ3"的清单项目，如图 2-7 所示。

图 2-7 KZ2、KZ3 清单项目名称信息

任务四 汇总计算，查看工程量

1. 汇总计算

双击"构件列表"内的"KZ1"，关闭清单项目对话框，软件切换到绘图界面。单击 Σ 汇总计算，弹出"确定执行计算汇总"对话框。勾选"首层"（默认），单击"确定"，软件开始计算，之后弹出"计算汇总成功"提示，单击"关闭"。

2. 查看工程量

单击"选择"，选中所有柱子，单击 查看工程量，弹出"查看构件图元工程量"对话框，选择"做法工程量"选项卡，软件计算的工程量结果如图 2-8 所示。查看完毕，单击"退出"。

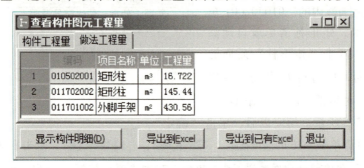

图 2-8 框架柱清单工程量明细

说明： 在校核工程量时，当土建算量文件的工程量和本书工程量完全吻合时，说明绘图完全正确；若工程量相差比较大，说明绘图（即输入的构件）有问题；若工程量相差极小且图样经反复检查没有问题，可能就是编写本书所用的软件版本号（10.6.1.325）与画图所用的软件版本号不一致所致，这时误差可以忽略。

㊀ 全书此类表格的此横栏，因表格尺寸太大，故部分表格压缩了此横栏中各小横栏的显示范围，导致部分小横栏内容显示不全，读者可自行运行程序找到相关表格，自行调整小横栏显示范围，查看更多信息。

任务五 画 梯 柱

1. 定义 TZ1 的属性

识读附录中的"结施 04""结施 15""结施 17",定义 TZ1 的属性。依次单击"新建""新建矩形柱",将"属性编辑框"里的名称"KZ-1"改为"TZ1",其属性值修改如图 2-9 所示。

2. 作辅助轴线

单击"轴网工具栏"内的 井平行 ,单击选中Ⓓ轴线,软件自动弹出"请输入"对话框(图 2-10),输入"偏移距离(mm)"为"-1680",轴号为"2/C",单击"确定"。说明:-1680mm=-(1800mm-240mm/2)。

图 2-9 梯柱属性

图 2-10 "请输入"对话框

3. 画 TZ1

依次单击"构件列表"中的"TZ1"、"绘图工具栏"中的 点 、绘图区中辅助轴线 2/C 轴与④轴交点、辅助轴线 2/C 轴与⑤轴交点,然后单击鼠标右键结束命令。单击 三维 ,在绘图区按下鼠标左键(不松)移动,调成图 2-11 所示的状态;单击"选择"选中画好的两根 TZ1,单击"属性编辑框"里"顶标高"后面的"属性值",再单击下拉箭头,选择"层底标高",单击提示框中(柱高度不能为 0)的"确定",将属性值改为"层底标高+1.83",按〈Enter〉键确认,观察绘图区 TZ1 的变化,如图 2-12 所示。

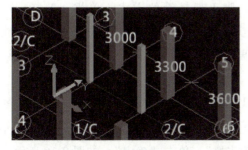

图 2-11 调整绘图区状态

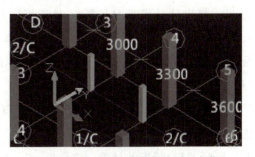

图 2-12 修改属性值后的绘图区变化

4. 调整 TZ1 的位置

移动左边 TZ1：单击 俯视 ▼ ，单击"选择"，选中左边 TZ1，单击 ✥ （移动按钮），单击 TZ1 中心位置，按下〈Shift〉键后再次单击 TZ1 中心位置，弹出"输入偏移量"对话框（图 2-13），输入"X"值"105"，单击"确定"，左边 TZ1 自动往右移动 105mm。用同样方法移动右边 TZ1，输入"X"值时改为"-105"，TZ1 移动后如图 2-14 所示。说明：105mm = 225mm-240mm/2。

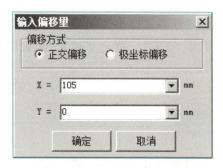

图 2-13 "输入偏移量"对话框

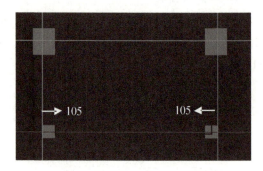

图 2-14 TZ1 移动后

单击"绘图输入"中"轴线"文件夹前面的"+"使其展开，单击 辅助轴线(O) ，选中梯柱处的辅助轴线 ②⁄c 轴，按下〈Delete〉键，这样辅助轴线就被删除了。然后，单击"模块导航栏"下的 柱(Z) ，返回到"柱"这一层。

5. 添加 TZ1 清单项目名称及特征

单击"常用工具栏"里的 定义 ，弹出"添加清单项目"对话框，单击左上角的 添加清单 ，在清单编码下出现一行空白的清单表，双击清单表下方 查询匹配清单 内的"010502001 矩形柱"清单，这时，矩形柱清单就自动添加到了清单表中。双击"项目特征"一列，单击后面

图 2-15 "编辑项目特征"对话框（TZ1）

的 … ，弹出"编辑项目特征"对话框，填写 TZ1 项目特征，如图 2-15 所示。填完以后，单击"确定"。

依次单击清单项目表下方的 查询措施 、 章节查询 、 脚手架工程 ，双击右边的"011701002"一行，"外脚手架"清单就自动添加到了清单表中。双击"项目特征"一列，单击后面的 … ，弹出"编辑项目特征"对话框，填写"1、脚手架搭设的方式：单排 2、高度：3.6m 以内 3、材质：钢管脚手架"，单击"确定"。双击"工程量表达式"一列，单击后面的 … ，弹出"选择工程量代码"对话框，再依次单击"6 脚手架面积""选择""确定"。

单击 混凝土模板及支架(推) ，双击右边的"011702002"一行，"矩形柱"清单就自动添加到了清单表中。双击"项目特征"一列，单击后面的 … ，弹出"编辑项目特征"对话框，填写"1、模板的材质：胶合板 2、支撑：钢管支撑"，单击"确定"，如图 2-16 所示。

项目二　首层主体工程算量

编码	类别	项目名称	项目特征	单位	工程量	表达式说明	综合单价	措施项目
1	010502001	项	矩形柱	1、混凝土种类：泵送商品混凝土 2、混凝土强度等级：C30	m³	TJ	TJ<体积>	☐
2	011701002	项	外脚手架	1、脚手架搭设的方式：单排 2、高度：3.6m以内 3、材质：钢管脚手架	m²	JSJMJ	JSJMJ<脚手架面积>	☑
3	011702002	项	矩形柱	1、模板的材质：胶合板 2、支撑：钢管支撑	m²	MBMJ	MBMJ<模板面积>	☑

图 2-16　TZ1 清单项目名称信息

6. 汇总计算并查看工程量

依次单击 绘图 、Σ 汇总计算，弹出"确定执行计算汇总"对话框，勾选"首层"（默认），单击"确定"，软件开始计算，之后弹出"计算汇总成功"提示，单击"关闭"。

单击"选择"，选中两根 TZ1，单击 查看工程量，弹出"查看构件图元工程量"对话框，选择"做法工程量"选项卡，软件计算的工程量结果如图 2-17 所示，单击"退出"。

图 2-17　TZ1 清单工程量明细

子项二　画框架梁及其他梁

在土建算量软件中，框架柱画完以后，就可以布置各种梁了。识读施工图时，重点应放在识读梁的截面尺寸和梁顶标高上，画图时要注意梁与柱的相对位置。

任务一　画框架梁

1. 建立框架梁，定义属性

单击"绘图输入"中"梁"文件夹前面的"+"使其展开，双击 梁(L)，弹出"构件列表"和"属性编辑框"对话框；依次单击"新建""新建矩形梁"，建立"KL-1"，反复操作，建立"KL-2"～"KL-13"。仔细识读附录中的"结施06""结施07"，分别填写"KL-1"～"KL-13"的属性，如图 2-18～图 2-22 所示。填写时注意将"KL-1"～"KL-13"对应改成"KL1"～"KL13"。

2. 添加框架梁清单项目及特征

仔细识读附录中的"结施06""结施07"，填写框架梁清单项目及特征，除"KL8"以外的"KL1～KL13"清单项目名称及特征信息如图 2-23 所示，"KL8"清单项目名称及特征信息如图 2-24 所示，具体的操作步骤参照前面框架柱或梯柱的做法。

属性名称	属性值	属性名称	属性值	属性名称	属性值
名称	KL1	名称	KL2	名称	KL3
类别1	框架梁	类别1	框架梁	类别1	框架梁
类别2	连续梁	类别2	连续梁	类别2	单梁
材质	现浇混凝土	材质	现浇混凝土	材质	现浇混凝土
砼标号	(C30)	砼标号	(C30)	砼标号	(C30)
砼类型	(3现浇砼 碎石	砼类型	(3现浇砼 碎石	砼类型	(3现浇砼 碎石
截面宽度(mm)	300	截面宽度(mm)	300	截面宽度(mm)	(240)
截面高度(mm)	600	截面高度(mm)	600	截面高度(mm)	350
截面面积(m²)	0.18	截面面积(m²)	0.18	截面面积(m²)	0.084
截面周长(m)	1.8	截面周长(m)	1.8	截面周长(m)	1.18
起点顶标高	层顶标高	起点顶标高	层顶标高	起点顶标高	层顶标高-1.77
终点顶标高	层顶标高	终点顶标高	层顶标高	终点顶标高	层顶标高-1.77
轴线距梁左	(150)	轴线距梁左	(150)	轴线距梁左	(120)
砖胎膜厚度	0	砖胎膜厚度	0	砖胎膜厚度	0
是否计算单	否	是否计算单	否	是否计算单	否
图元形状	直形	图元形状	直形	图元形状	直形
模板类型	胶合板模板	模板类型	胶合板模板	模板类型	胶合板模板
支撑类型	钢支撑	支撑类型	钢支撑	支撑类型	钢支撑

（特殊部位，仔细填写）

图 2-18　KL1、KL2、KL3 属性

属性名称	属性值	属性名称	属性值	属性名称	属性值
名称	KL4	名称	KL5	名称	KL6
类别1	框架梁	类别1	框架梁	类别1	框架梁
类别2	单梁	类别2	连续梁	类别2	连续梁
材质	现浇混凝土	材质	现浇混凝土	材质	现浇混凝土
砼标号	(C30)	砼标号	(C30)	砼标号	(C30)
砼类型	(3现浇砼 碎石	砼类型	(3现浇砼 碎石	砼类型	(3现浇砼 碎石
截面宽度(mm)	300	截面宽度(mm)	(250)	截面宽度(mm)	250
截面高度(mm)	600	截面高度(mm)	600	截面高度(mm)	600
截面面积(m²)	0.18	截面面积(m²)	0.15	截面面积(m²)	0.15
截面周长(m)	1.8	截面周长(m)	1.7	截面周长(m)	1.7
起点顶标高	层顶标高	起点顶标高	层顶标高	起点顶标高	层顶标高
终点顶标高	层顶标高	终点顶标高	层顶标高	终点顶标高	层顶标高
轴线距梁左	(150)	轴线距梁左	(125)	轴线距梁左	(125)
砖胎膜厚度	0	砖胎膜厚度	0	砖胎膜厚度	0
是否计算单	否	是否计算单	否	是否计算单	否
图元形状	直形	图元形状	直形	图元形状	直形
模板类型	胶合板模板	模板类型	胶合板模板	模板类型	胶合板模板
支撑类型	钢支撑	支撑类型	钢支撑	支撑类型	钢支撑

图 2-19　KL4、KL5、KL6 属性

项目二　首层主体工程算量

图 2-20　KL7、KL8、KL9 属性

颗粒素养：梁的截面尺寸和起点（终点）顶标高在"属性编辑框"对话框里填写，这些信息直接影响梁的混凝土和模板等工程量。所以，要谨记即使做一颗螺丝钉也要做到最好，这也是工匠精神的一种表现。

图 2-21　KL10、KL11、KL12 属性

说明：山东省工程建设标准定额站的解释——梁、板、柱整体现浇的框架结构，框架梁高度算至板底，框架梁之间无框架次梁时，框架梁按矩形梁编码列项，板按平板编码列项；框架梁之间有次梁时，次梁和板体积合并按有梁板编码列项。

3. 画直线型框架梁

双击"构件列表"下的"KL13"，软件切换到绘图状态，单击"属性"，弹出"属性编辑框"对话框，单击"构件列表"，弹出"构件列表"对话框。

依次单击"构件列表"中的"KL1"、"绘图工具栏"中的 🔽直线 、绘图区中Ⓐ轴与①轴交点、Ⓐ轴与⑥轴交点,单击鼠标右键结束命令("KL1"画好了)。依次单击"构件列表"中的"KL2"、绘图区中Ⓓ轴与①轴交点、Ⓓ轴与④轴交点,单击鼠标右键结束命令,这样"KL2"就画好了。

用同样方法,详细识读附录中的"结施06""结施07"画其他直线型(除KL8外)框架梁。

按下〈Shift+L〉键,这时屏幕上出现各种梁的图元名称,对照图样仔细检查有无错误。如果在绘图过程中出现错误,如将③轴KL10画成了KL9,第一种处理方法:单击"选择",选中画错的③轴KL9,按下〈Delete〉键,单击"是",然后重画KL10即可;第二种处理方法:单击"选择",选中画错的③轴KL9,单击"修改工具栏"内的 🗑删除 ,再单击"是(Y)",然后重画即可;第三种处理方法:单击"选择",选中画错的③轴KL9,在"属性编辑框"中的"名称"栏的"KL9"处单击下拉箭头,选择"KL10",然后单击"是",软件自动把错画的KL9改为KL10,如图2-25和图2-26所示。对照图样仔细检查有无错误,再次按下〈Shift+L〉键,这时屏幕将关闭梁的图元名称。

属性编辑框	
属性名称	属性值
名称	KL13
类别1	框架梁
类别2	单梁
材质	现浇混凝土
砼标号	(C30)
砼类型	(3现浇砼 碎石
截面宽度(mm)	250
截面高度(mm)	600
截面面积(m²)	0.15
截面周长(m)	1.7
起点顶标高	层顶标高
终点顶标高	层顶标高
轴线距梁左	(125)
砖胎膜厚度	0
是否计算单	否
图元形状	直形
模板类型	胶合板模板
支撑类型	钢支撑

图2-22 KL13属性

编码	类别	项目名称	项目特征	单位	工程量	表达式说明	综合单价	措施项目
1	010503002	项	矩形梁	1、混凝土种类:泵送商品混凝土 2、混凝土强度等级:C30	m³	TJ	TJ〈体积〉	
2	011701002	项	外脚手架	1、脚手架搭设的方式:双排 2、高度:3.6m以内 3、材质:钢管脚手架	m²	JSJMJ	JSJMJ〈脚手架面积〉	☑
3	011702006	项	矩形梁	1、支撑高度:3.6m以内 2、模板的材质:胶合板 3、支撑:钢管支撑	m²	MBMJ	MBMJ〈模板面积〉	☑

图2-23 KL1~KL13(除KL8)清单项目名称及项目特征

编码	类别	项目名称	项目特征	单位	工程量	表达式说明	综合单价	措施项目
1	010505008	项	雨篷	1、混凝土种类:泵送商品混凝土 2、混凝土强度等级:C30	m³	TJ	TJ〈体积〉	

图2-24 KL8清单项目名称及项目特征

图2-25 KL10属性修改

图2-26 "确认"对话框

任务二 修改框架梁

1. 修改框架梁位置

框架梁（图 2-27）虽然画完了，但并不在图样所要求的位置上，这时应根据图样进行修改，具体步骤如下：

1）对齐：以 KL1 为例，依次单击"修改工具栏"内的 ![对齐] 、"单对齐"、绘图区的 KZ1 下边线（图 2-28）、KL1 下边线，这时，KL1 与 KZ1 的外边线就对齐了（图 2-29）。"对齐"命令可以连续使用，对齐时应参照图样逐一检查，以免遗漏，对完后单击鼠标右键结束命令。

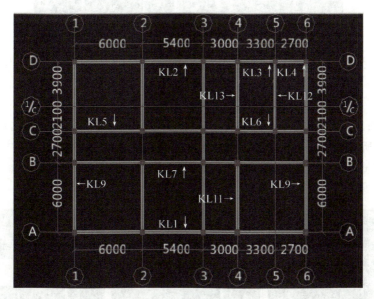

图 2-27 框架梁

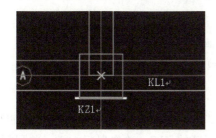

图 2-28 对齐前

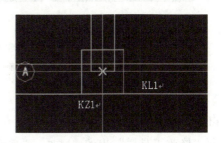

图 2-29 对齐后

梁虽然偏移到了图样位置，但是各梁端之间并没有相交到梁中心线上。这时应延伸各条梁，为了观察清楚，单击"选择"，按下〈Z〉键，把柱子关闭（不显示），具体延伸位置如图 2-30 所示。

2）延伸：以①Ⓐ轴线 KL9 与 KL1 相交处为例，梁延伸前如图 2-31a 所示；依次单击"修改工具栏"内的 ![延伸] 和绘图区的 KL1（中心线变粗）、KL9，然后单击鼠标右键结束命令，

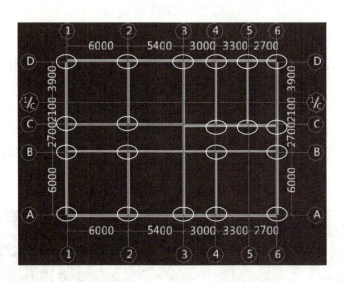

图 2-30 具体延伸位置

如图 2-31b 所示;再依次单击绘图区的 KL9(中心线变粗)、KL1,然后单击鼠标右键结束命令,如图 2-31c 所示。如此反复操作,对照图 2-30,把各条梁相交处延伸到中心线位置。梁全部延伸完毕,检查无误后,单击"选择",按下〈Z〉键,打开柱子(显示)。

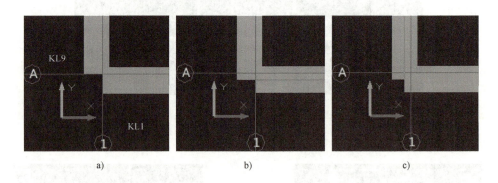

a) b) c)

图 2-31 梁的延伸

a)延伸前 b)延伸中 c)延伸后

2. 修改 KL7

由附录中的"结施 06"可知:KL7 在 Ⓑ④ 轴 ~ Ⓑ⑥ 轴段的截面尺寸为 250mm×750mm。依次单击"修改工具栏"内的 打断 、"单打断"及绘图区的 KL7,单击鼠标右键;将鼠标移到 Ⓑ④ 轴 KL11 上部端点处,单击鼠标左键,然后单击鼠标右键(出现提示:是否在指定位置打断),再单击"是"。

依次单击"构件列表"里的"KL7"及"构件列表"下 新建▼ × 右边的 ,软件自动建立"KL7-1"构件,在"属性编辑框"里将"KL7-1"的"截面高度(mm)"由原来的"600"改为"750"。

单击"选择",单击选中 KL7 的 Ⓑ④ 轴 ~ Ⓑ⑥ 轴段,然后依次单击"属性编辑框"里的

"名称"栏的"KL7"、▼、"KL7-1",软件弹出"构件〔KL7-1〕已经存在,是否修改当前图元的构件名称为 KL7-1"对话框,单击"是",软件自动将这段 KL7 改为 KL7-1。

任务三 作辅助轴线,画曲线梁 KL8

1. 作辅助轴线

仔细识读附录中的"结施 06""结施 07",观察 KL8 的尺寸和平面位置。依次单击 平行 及绘图区的①号轴线,弹出"请输入"对话框,在"偏移距离(mm)"中输入"-825"(825mm=600mm+225mm),在"轴号"中输入"1/01"(图 2-32),单击"确定"。

图 2-32 "请输入"对话框

2. 画曲线梁 KL8

依次单击"构件列表"里的"KL8"、"绘图工具栏"里的 直线、绘图区 KL7 的左端(出现 □ 后单击),将鼠标水平移到 1/01 轴线附近,出现 后单击鼠标左键(若不出现,单击"捕捉工具栏"里的 垂点),然后单击鼠标右键;单击绘图区 KL5 的左端,将鼠标水平移到 1/01 轴线附近,出现 后单击鼠标左键,然后单击 三点画弧 后面的 ▼,选择"逆小弧",半径填写"1500",单击 Ⓑ 轴线上 KL8 的左端,最后单击鼠标右键结束命令。

任务四 汇总计算并查看工程量

单击 Σ 汇总计算 ,选中所有框架梁,然后单击 查看工程量 ,弹出"查看构件图元工程量"对话框,选择"做法工程量"选项卡,软件计算的工程量结果如图 2-33 所示。

编码	项目名称	单位	工程量
1	010503002	矩形梁	m³	22.9652
2	011702006	矩形梁	m²	207.5215
3	011701002	外脚手架	m²	551.5105
4	010505008	雨篷	m²	0.3636

图 2-33 框架梁清单工程量明细

任务五 画非框架梁

1. 新建构件,定义属性

识读附录中的"结施 06""结施 07",依次单击"构件列表"下的"新建"及"新建矩形梁",分别建立"KL-1"~"KL-3",在"属性编辑框"里将名称依次改为"L1""L2""XL1",其属性值如图 2-34 所示。

2. 画图

(1)画 L1 依次单击"构件列表"内的"L1"、"绘图工具栏"内的 直线、绘图区中⑤轴与 1/C 轴的交点、⑥轴与 1/C 轴的交点,单击鼠标右键结束命令。依次单击"修改工具栏"内的 延伸、绘图区中⑤轴 KL12、L1 左端部,单击鼠标右键;再依次单击⑥轴 KL9、L1 右端,单击鼠标右键结束命令。

(2)画 XL1 依次单击"构件列表"内的"XL1"、"绘图工具栏"内的 直线、绘图区中④轴上 KL11 的下端,按下〈Shift〉键不松,单击④轴与Ⓐ轴的交点,弹出"输入偏移量"

属性名称	属性值	属性名称	属性值	属性名称	属性值
名称	L1	名称	L2	名称	XL1
类别1	非框架梁	类别1	非框架梁	类别1	框架梁
类别2	单梁	类别2	单梁	类别2	单梁
材质	现浇混凝土	材质	现浇混凝土	材质	现浇混凝土
砼标号	(C30)	砼标号	(C30)	砼标号	(C30)
砼类型	(3现浇砼 碎石	砼类型	(3现浇砼	砼类型	(3现浇砼
截面宽度(mm)	250	截面宽度(mm)	200	截面宽度(mm)	250
截面高度(mm)	400	截面高度(mm)	400	截面高度(mm)	600/400
截面面积(m²)	0.1	截面面积(m²)	0.08	截面面积(m²)	0.125
截面周长(m)	1.3	截面周长(m)	1.2	截面周长(m)	1.5
起点顶标高	层顶标高-0.05	起点顶标高	层顶标高	起点顶标高	层顶标高
终点顶标高	层顶标高-0.05	终点顶标高	层顶标高	终点顶标高	层顶标高
轴线距梁左	(125)	轴线距梁左	(100)	轴线距梁左	(125)
砖胎膜厚度	0	砖胎膜厚度	0	砖胎膜厚度	0
是否计算单	否	是否计算单	否	是否计算单	否
图元形状	直形	图元形状	直形	图元形状	直形
模板类型	胶合板模板	模板类型	胶合板模	模板类型	胶合板模
支撑类型	钢支撑	支撑类型	钢支撑	支撑类型	钢支撑

图 2-34 L1、L2、XL1 属性

对话框，输入“X”=“100”、“Y”=“-1925”，单击鼠标右键结束命令。单击⑥轴上 KL9 的下端，按下〈Shift〉键不松，单击⑥轴与Ⓐ轴的交点，弹出“输入偏移量”对话框，输入“X”=“100”、“Y”=“-1925”，单击鼠标右键结束命令。依次单击“修改工具栏”内的 对齐、“单对齐”、绘图区的 KL9 左边线，单击鼠标右键结束命令。说明：100mm=225mm-250mm/2，1925mm=225mm+1800mm-200mm/2。

单击 三维，调整角度如图 2-35 所示，观察阳台挑梁截面高度的变化，如果出现高度设置错误（梁端部高度大于根部），这时在“属性编辑框”里将“截面高度（mm）”由“600/400”改为“400/600”，单击 俯视。

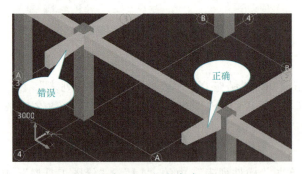

图 2-35 调整角度

（3）画 L2 依次单击“构件列表”内的“L2”、“绘图工具栏”内的 直线、绘图区中④轴上 XL1 的下端、⑥轴上 XL1 的下端，然后单击鼠标右键结束命令。

3. 添加清单项目名称及特征

单击 定义，弹出“添加清单”对话框，填写非框架梁清单项目及特征，填完后单击 绘图，返回绘图界面。

项目二 首层主体工程算量

L1、L2和XL1的清单项目名称及项目特征如图2-36和图2-37所示，具体的操作步骤参照前面框架柱或梯柱的做法。

	编码	类别	项目名称	项目特征	单位	工程量	表达式说明	综合	措施项目
1	010505001	项	有梁板	1、混凝土种类：泵送商品混凝土 2、混凝土强度等级：C30	m³	TJ	TJ<体积>		☐
2	011702014	项	有梁板	1、支撑高度：3.6m以内 2、模板的材质：胶合板 3、支撑：钢管支撑	m²	MBMJ	MBMJ<模板面积>		☑

图2-36 L1清单项目名称及项目特征

	编码	类别	项目名称	项目特征	单位	工程量	表达式说明	综合	措施项目
1	010505008	项	阳台板	1、混凝土种类：泵送商品混凝土 2、混凝土强度等级：C30	m³	TJ	TJ<体积>		☐

图2-37 L2、XL1清单项目名称及项目特征

4. 观察对比

查看立体图中L1是否正确，单击 俯视 右侧下拉箭头，选择 西南等轴测(S)，观察L1的顶标高是否比KL9、KL12低0.05m。这是因为L1在设置属性时选择了"起点（终点）顶标高（m）= 层顶标高（m）-0.05（m）"。如图2-38所示，返回"俯视"状态。

5. 汇总计算并查看工程量

单击 Σ 汇总计算，选中L1、L2和XL1，然后单击 查看工程量，如图2-39所示。

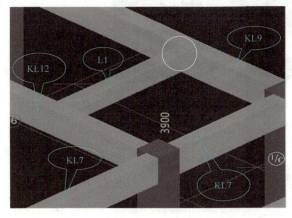

图2-38 "俯视"状态　　　　　　图2-39 非框架梁清单工程量明细

任务六　楼梯平台梁的画法

1. 定义PTL1的属性

识读附录中的"结施15""结施17"，定义PTL1的属性。依次单击"新建""新建矩形梁"，将"属性编辑框"里的名称"KL-1"改为"PTL1"，其属性值修改如图2-40所示。

2. 画"PTL1"

画左边PTL1：依次单击新建的 PTL1 、"绘图工具栏"内的 直线 、绘图区中左边

"TZ1"中心,将鼠标移到"KL3"处,出现 ![] (若始终不出现,查看下边的"垂点"是否已按下) 后单击鼠标左键,然后单击鼠标右键结束命令。用同样方法画右边PTL1。

删除辅助轴线:单击"绘图输入"中"轴线"文件夹前面的"+"使其展开,依次单击"辅助轴线(0)"、"选择",单击选中所有的辅助轴线,按下〈Delete〉键。这样,图中所有的辅助轴线就被删除了,然后返回"梁"层。

3. 观察立体图

单击"俯视"右侧下拉箭头,选择"东南等轴测",绘图区出现立体图,如图2-41所示。

4. 添加清单,查看工程量

双击"构件列表"下的"PTL1",弹出"添加清单"对话框,填完后(图2-42),双击"PTL1"返回绘图界面。

单击"汇总计算",选中两根PTL1,然后单击"查看工程量",如图2-43所示。

图2-40 PTL1属性

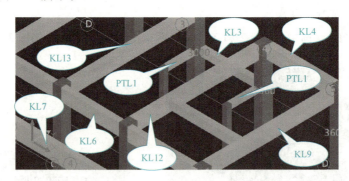

图2-41 立体图

	编码	类别	项目名称	项目特征	单位	工程量	表达式说明	综合单价	措施项目
1	010503002	项	矩形梁	1、混凝土种类:泵送商品混凝土 2、混凝土强度等级:C30	m³	TJ	TJ〈体积〉		☐
2	011701002	项	外脚手架	1、脚手架搭设的方式:双排 2、高度:3.6m以内 3、材质:钢管脚手架	m²	JSJMJ	JSJMJ〈脚手架面积〉		☑
3	011702006	项	矩形梁	1、支撑高度:3.6m以内 2、模板的材质:胶合板 3、支撑:钢管支撑	m²	MBMJ	MBMJ〈模板面积〉		☑

图2-42 PTL1清单项目名称及项目特征

	编码	项目名称	单位	工程量
1	010503002	矩形梁	m³	0.1282
2	011702006	矩形梁	m²	1.7088
3	011701002	外脚手架	m²	5.8206

图2-43 PTL1清单工程量明细

子项三 画墙体、门和窗

在框架结构中，除极少数承重墙外，大多数墙体为框架柱之间的填充墙，其位置要根据框架柱来确定，识图时要注意分清内墙和外墙，定义墙体属性时分清内外墙标志。

任务一 画 墙 体

1. 建立墙体，定义属性

识读附录中的"建施04"，建立各种墙体。单击"绘图输入"中"墙"文件夹前面的"+"使其展开，双击 墙(Q)，弹出"构件列表"对话框，打开"属性编辑框"，依次单击"新建""新建外墙"，建立"Q-1"，再单击"新建""新建内墙"，建立"Q-2"，反复操作，建立"Q-3"。在"属性编辑框"里将"Q-1"改为"240外墙"，将"Q-2"改为"240内墙"，将"Q-3"改为"180内墙"，其属性值如图2-44所示。

图2-44 "240外墙""240内墙""180内墙"属性

2. 添加墙体清单项目名称及特征

土木实训楼墙体清单项目名称及项目特征如图2-45~图2-47所示。

图2-45 240外墙清单项目名称及项目特征

图2-46 240内墙清单项目名称及项目特征

	编码	类别	项目名称	项目特征	单位	工程量表达式	表达式说明	综合	措施项目
1	010401005	项	空心砖墙	1、砖品种：煤矸石空心砖 2、砌体厚度：180mm 3、砂浆强度等级：M5.0混浆	m³	TJ	TJ〈体积〉	□	
2	011701003	项	里脚手架	1、脚手架搭设的方式：双排 2、高度：3.6m以内 3、材质：钢管脚手架	m²	NQJSJMJ	NQJSJMJ〈内墙脚手架面积〉		☑

图 2-47　180 内墙清单项目名称及项目特征

双击"构件列表"下的"180 内墙"，切换到绘图界面。

3. 画图

识读附录中的"建施 04"，分清内外墙体，找出各自的厚度，依次单击"构件列表"中的"240 外墙 [外墙]"、"绘图工具栏"中的 直线 、绘图区中 4 个角柱处的轴线交点，单击鼠标右键结束命令。用同样方法，沿着轴线画出由不同材料砌筑的内墙，如图 2-48 所示。对照"建施 04"不难看出，所画的很多墙体位置与图样标注不一致，这时要对很多墙体进行调整，将墙体与柱外侧对齐。

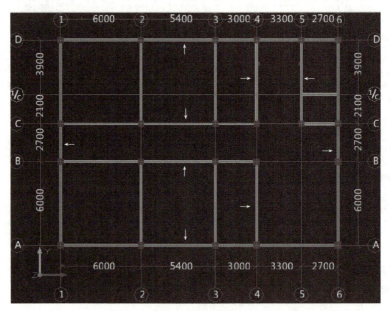

图 2-48　画墙体

4. 调整墙体

（1）对齐　以Ⓐ轴线为例，依次单击"修改工具栏"中的 对齐 、"单对齐"、绘图区中Ⓐ③轴 KZ1 外边线（图 2-49）、Ⓐ轴外墙外边线，这时Ⓐ轴外墙与柱外边就对齐了（图 2-50），外墙就移到了图样位置。重复以上步骤，识读附录中的"建施 04"，把墙体调整到图样所示位置。

（2）延伸　墙体虽然移到了正确位置，但是墙体中心线并没有相交，这时应将墙体所有相交处延伸，使它们的中心线相交，这样是为了以后计算结果准确无误。单击"选择"，按下〈Z〉键，这样就把所有柱子关掉了（屏幕上不显示）。单击选中每段墙体，仔细观察墙体两端，可以发现墙体很多地方需要延伸，如图 2-51 中椭圆处所示。

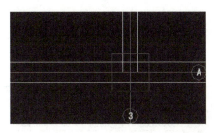
图 2-49 对齐前

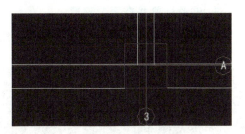
图 2-50 对齐后

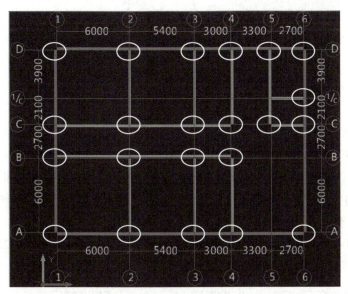
图 2-51 需延伸位置

以左下角墙角为例，依次单击"修改工具栏"内的 延伸、绘图区中Ⓐ轴线上外墙（墙中心线变粗，如图 2-52 所示）、①轴线上外墙，单击鼠标右键结束命令；再依次单击①轴线上外墙（墙中心线变粗，如图 2-53 所示）、Ⓐ轴线上外墙，单击鼠标右键结束命令。用同样方法，延伸图 2-51 中椭圆处其他部位的墙体。按下〈Z〉键，显示所有柱子。

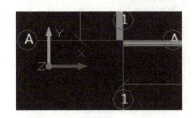
图 2-52 单击Ⓐ轴线上外墙

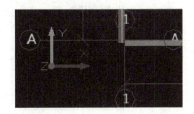
图 2-53 单击①轴线上外墙

（3）修改属性 单击 俯视 右侧下拉箭头，选择 西南等轴测(S)，单击"选择"，再单击选中厕所与洗漱间墙体，如图 2-54a 所示。单击"属性"，弹出"属性编辑框"对话框，单击"起点顶标高"后的"层顶标高"，将"层顶标高"改为"层顶标高-0.05"；单击"终点顶标高"后的"层顶标高"，将"层顶标高"改为"层顶标高-0.05"，将鼠标放在绘图区单击右键选择"取消选择"。修改后的墙体如图 2-54b 所示，单击"动态观察"查看修改前后墙体的变化。

5. 汇总计算并查看工程量

单击 Σ 汇总计算，选中所有墙体，然后单击 查看工程量，如图 2-55 所示。

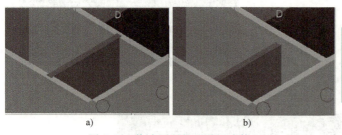

图 2-54　修改厕所与洗漱间墙体
a）修改前　b）修改后

图 2-55　墙体清单工程量明细

任务二　画门、墙洞

1. 创建门，定义属性

识读附录中的"建施 02"~"建施 04"，创建各种门。单击"绘图输入"中"门窗洞"文件夹前面的"+"使其展开，双击 门(M)，弹出"构件列表"对话框，依次单击"新建""新建矩形门"，建立"M-1"，反复操作，建立"M-2"~"M-5"。然后在"属性编辑框"中将"M-1"名称改为"M3229"，将"M-2"名称改为"M1224"，将"M-3"名称改为"M1024"，将"M-4"名称改为"M0924"，将"M-5"名称改为"M0921"，其属性值如图 2-56 和图 2-57 所示。

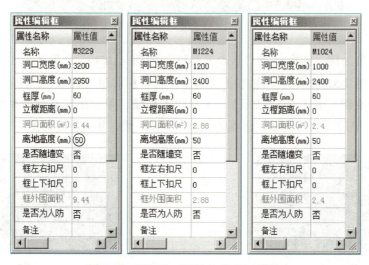

图 2-56　M3229、M1224、M1024 属性

2. 添加门的清单项目名称及特征

首层各种门的清单项目名称及项目特征如图 2-58~图 2-62 所示。

3. 画门

以 M3229 为例，单击选中"构件列表"中的"M3229"，单击"绘图工具栏"中的 点，移动鼠标到如图 2-63 所示的位置，在门左边数字框里输入门的一处定位尺寸（按〈Tab〉键

项目二　首层主体工程算量

图 2-57　M0924、M0921 属性

调整）即可，在右边数字框输入"1500"，按〈Enter〉键结束，M3229 就画到了图样的准确位置上。用同样的方法画其他门。

	编码	类别	项目名称	项目特征	单位	工程量表达式	表达式说明
1	010801001	项	木质门	1、门类型：半玻自由门 2、洞口尺寸：3200mm*2950mm 3、玻璃：钢化玻璃6mm	m²	DKMJ	DKMJ〈洞口面积〉
2	011401001	项	木门油漆	1、门类型：半玻自由门 2、洞口尺寸：3200mm*2950mm 3、油漆种类、遍数：橘黄色调和漆三遍	m²	DKMJ	DKMJ〈洞口面积〉
3	010801005	项	木门框	1、门类型：半玻自由门 2、洞口尺寸：3200mm*2950mm 3、油漆种类、遍数：红色调和漆三遍	m²	DKMJ	DKMJ〈洞口面积〉

图 2-58　M3229 清单项目名称及项目特征

	编码	类别	项目名称	项目特征	单位	工程量表达式	表达式说明
1	010802001	项	金属（塑钢）门	1、门类型：铝合金双扇地弹门 2、洞口尺寸：1200mm*2400mm 3、玻璃：钢化玻璃6mm	m²	DKMJ	DKMJ〈洞口面积〉

图 2-59　M1224 清单项目名称及项目特征

	编码	类别	项目名称	项目特征	单位	工程量表达式	表达式说明
1	010801001	项	木质门	1、门类型：无纱玻璃镶木板门 2、洞口尺寸：1000mm*2400mm 3、玻璃：玻璃厚3mm	m²	DKMJ	DKMJ〈洞口面积〉
2	011401001	项	木门油漆	1、门类型：无纱玻璃镶木板门 2、洞口尺寸：1000mm*2400mm 3、油漆种类、遍数：橘黄色调和漆三遍	m²	DKMJ	DKMJ〈洞口面积〉
3	010801005	项	木门框	1、门类型：无纱玻璃镶木板门 2、洞口尺寸：1000mm*2400mm 3、油漆种类、遍数：橘黄色调和漆三遍	m²	DKMJ	DKMJ〈洞口面积〉
4	010801006	项	门锁安装	1、类型：普通执手锁	个	SL	SL〈数量〉

图 2-60　M1024 清单项目名称及项目特征

	编码	类别	项目名称	项目特征	单位	工程量表达式	表达式说明
1	010801001	项	木质门	1、门类型：无纱玻璃镶木板门 2、洞口尺寸：900mm*2400mm 3、玻璃：玻璃厚3mm	m²	DKMJ	DKMJ〈洞口面积〉
2	011401001	项	木门油漆	1、门类型：无纱玻璃镶木板门 2、洞口尺寸：900mm*2400mm 3、油漆种类、遍数：橘黄色调和漆三遍	m²	DKMJ	DKMJ〈洞口面积〉
3	010801005	项	木门框	1、门类型：无纱玻璃镶木板门 2、洞口尺寸：900mm*2400mm 3、油漆种类、遍数：橘黄色调和漆三遍	m²	DKMJ	DKMJ〈洞口面积〉
4	010801006	项	门锁安装	1、类型：普通执手锁	个	SL	SL〈数量〉

图 2-61　M0924 清单项目名称及项目特征

图 2-62 M0921 清单项目名称及项目特征

图 2-63 移动鼠标位置（门）

说明：画 M1224 时，输入门两边定位尺寸为（2700-450+180-1200）mm/2=615mm。

4．汇总计算并查看工程量

单击 Σ 汇总计算 ，选中所有门，然后单击 查看工程量 ，如图 2-64 所示。

5．墙洞的画法

1）建立 QD1224，定义属性。单击"绘图输入"中"门窗洞"文件夹前面的"+"使其展开，依次单击"墙洞""新建""新建矩形墙洞"，建立"D-1"，在"属性编辑框"中修改名称为 QD1224，其属性值如图 2-65 所示。

	编码	项目名称	单位	工程量
1	010802001	金属(塑钢)门	m²	2.88
2	010801006	门锁安装	个	6
3	010801005	木门框	m²	1.89
4	010801005	木门框	m²	4.32
5	010801005	木门框	m²	9.6
6	010801005	木门框	m²	9.44
7	011401001	木门油漆	m²	1.89
8	011401001	木门油漆	m²	4.32
9	011401001	木门油漆	m²	9.6
10	011401001	木门油漆	m²	9.44
11	010801001	木质门	m²	1.89
12	010801001	木质门	m²	4.32
13	010801001	木质门	m²	9.6
14	010801001	木质门	m²	9.44

图 2-64 首层门清单工程量明细 图 2-65 QD1224 属性

2）画 QD1224：单击 精确布置 ，单击绘图区中ⓒ轴线上洗漱间墙体，再单击选中墙体的左端中点，如图 2-66a 所示；软件弹出"请输入偏移值"对话框，输入"330"，如图 2-66b 所示，单击"确定"，这时 QD1224 就画到了图样位置。说明：330mm=450mm-240mm/2。

项目二 首层主体工程算量

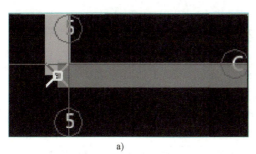

a)

b)

图 2-66　画 QD1224

a）选中墙体的左端中点　b）输入偏移值

任务三　画　窗

1. 建立窗，定义属性

识读附录中的"建施03""建施04"，创建各种窗。单击"绘图输入"中"门窗洞"文件夹前面的"+"使其展开，双击 ，依次单击"新建""新建矩形窗"，建立"C-1"。反复操作，建立"C-2"、"C-3"、"C-4"。在"属性编辑框"中将"C-1"名称改为"C3021"，将"C-2"名称改为"C2421"，将"C-3"名称改为"C1521"，将"C-4"名称改为"C1221"，其属性值如图 2-67 和图 2-68 所示。

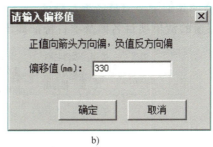

图 2-67　C3021、C2421 属性

图 2-68　C1521、C1221 属性

2. 添加窗的清单项目名称及特征

首层窗的清单项目名称及项目特征如图2-69和图2-70所示。

编码	类别	项目名称	项目特征	单位	工程量表达式	表达式说明
1	010807001	项	金属（铝合金）推拉窗	1、窗类型：三扇推拉窗 2、材料：铝合金型材90系列 3、玻璃：平板玻璃厚5mm	m²	DKMJ	DKMJ〈洞口面积〉

图2-69 C3021、C2421清单项目名称及项目特征

编码	类别	项目名称	项目特征	单位	工程量表达式	表达式说明
1	010807001	项	金属（铝合金）推拉窗	1、窗类型：双扇推拉窗 2、材料：铝合金型材90系列 3、玻璃：平板玻璃厚5mm	m²	DKMJ	DKMJ〈洞口面积〉

图2-70 C1521、C1221清单项目名称及项目特征

3. 画图

以C3021为例，单击选中"构件列表"中的"C3021"，单击"绘图工具栏"中的 点 ，移动鼠标到如图2-71所示的位置，在左边数字框里输入窗的一处定位尺寸（按〈Tab〉键调整）即可，在右边数字框输入"1500"，按〈Enter〉键结束，C3021就画到了图样的准确位置上。识读附录中的"建施04"，用同样的方法画其他窗。

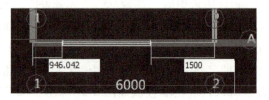

图2-71 移动鼠标位置（窗）

说明：画办公室的C1521时，左边数字框里输入定位尺寸为750mm；画走廊的C1221时，上部数字框里输入定位尺寸为750mm-225mm+240mm/2=645mm；画男厕所的C1221时，左边数字框里输入定位尺寸为750mm+225mm-240mm/2mm=855mm。

4. 汇总计算并查看工程量

单击 Σ 汇总计算 ，选中所有窗，然后单击 查看工程量 ，如图2-72所示。

	编码	项目名称	单位	工程量
1	010807001	金属（铝合金）推拉窗	m²	22.68
2	010807001	金属（铝合金）推拉窗	m²	11.34

图2-72 首层窗清单工程量明细

子项四 画过梁及构造柱

从前面画柱、梁、墙、门窗等构件的步骤中可以看出，软件画图通常有三个步骤：第一步定义构件；第二步画图；第三步计算工程量。识读附录中的"建施02"~"建施04"，"结施01"~"结施04"，找出施工图中有过梁和构造柱的部位。

任务一 画 过 梁

1. 新建过梁，定义属性

单击"绘图输入"中"门窗洞"文件夹前面的"+"使其展开，双击 过梁(G) ，依次

单击"新建""新建矩形过梁",建立"GL-1",反复操作,建立"GL-2"。在"属性编辑框"中将"GL-1"名称改为"GL1",将"GL-2"名称改为"GL2",其属性值如图2-73所示。

图2-73　GL1、GL2属性

2. 添加过梁清单项目名称及特征

GL1、GL2清单项目名称及项目特征如图2-74所示。

	编码	类别	项目	项目特征	单位	工程量	表达式说明	综合	措施
1	010503005	项	过梁	1、混凝土种类:泵送商品混凝土 2、混凝土强度等级:C25	m³	TJ	TJ<体积>		☐
2	011702009	项	过梁	1、支撑高度:3.6m以内 2、模板的材质:胶合板 3、支撑:钢管支撑	m²	MBMJ	MBMJ<模板面积>		☑

图2-74　GL1、GL2清单项目名称及项目特征

3. 画图

(1) 用"智能布置"画过梁　单击选中"构件列表"中的"GL1",单击表 智能布置,单击"按门窗洞口宽度布置",软件弹出如图2-75所示的对话框,分别输入"850""1100",单击"确定"。这样,"M1024""M0924""M0921"上面的过梁就全画上了。

(2) 用"点"布置过梁　依次单击选中"构件列表"中的"GL2"、"绘图工具栏"中的 点、绘图区中①轴线上M1224处、ⓒ轴线上QD1224处,单击鼠标右键结束命令。

4. 汇总计算并查看工程量

单击 ∑ 汇总计算,选中所有过梁,然后单击 查看工程量,如图2-76所示。

图2-75　"按洞口宽度布置过梁"对话框

	编码	项目名称	单位	工程量
1	010503005	过梁	m³	0.4968
2	011702009	过梁	m²	6.768

图2-76　GL1、GL2清单工程量明细

任务二 画构造柱

1. 新建构造柱，定义属性

识读附录中的“建施 04”“结施 01”“结施 04”，找出构造柱的位置及相关信息，新建构造柱。单击“绘图输入”中“柱”文件夹前面的“+”使其展开，单击 构造柱(Z)，弹出“构件列表”对话框，依次单击“新建”“新建矩形构造柱”，建立“GZ-1”，反复操作，建立“GL-2”“GL-3”。单击“属性”，弹出“属性编辑框”对话框，将“GZ-1”改名为“GZ1”，将“GZ-2”改名为“GZ2”，将“GZ-3”改名为“GZ3”，定义其属性值如图 2-77 所示。

属性编辑框

属性名称	属性值
名称	GZ1
类别	带马牙槎
材质	现浇混凝土
砼标号	(C25)
砼类型	(3现浇砼 碎石
截面宽度(mm)	240
截面高度(mm)	240
截面面积(m²)	0.058
截面周长(m)	0.96
马牙槎宽度	60
顶标高(m)	层顶标高-0.6
底标高(m)	层底标高
模板类型	胶合板模板
支撑类型	钢支撑

属性编辑框

属性名称	属性值
名称	GZ2
类别	带马牙槎
材质	现浇混凝土
砼标号	(C25)
砼类型	(3现浇砼 碎石
截面宽度(mm)	240
截面高度(mm)	240
截面面积(m²)	0.058
截面周长(m)	0.96
马牙槎宽度	60
顶标高(m)	层顶标高-0.6
底标高(m)	层底标高
模板类型	胶合板模板
支撑类型	钢支撑

属性编辑框

属性名称	属性值
名称	GZ3
类别	带马牙槎
材质	现浇混凝土
砼标号	(C25)
砼类型	(3现浇砼 碎石
截面宽度(mm)	240
截面高度(mm)	240
截面面积(m²)	0.058
截面周长(m)	0.96
马牙槎宽度	60
顶标高(m)	层顶标高-0.6
底标高(m)	层底标高
模板类型	胶合板模板
支撑类型	钢支撑

图 2-77 GZ1、GZ2、GZ3 属性

2. 作辅助轴线

1）作辅助轴线(1/1)轴：依次单击“轴网工具栏”中的 井平行、绘图区中的①轴，软件自动弹出“请输入”对话框，输入“偏移距离（mm）”为“1380”，“轴号”为“1/1”，单击“确定”。

2）作辅助轴线(2/1)轴：依次单击“轴网工具栏”中的 井平行、绘图区中的②轴，软件自动弹出“请输入”对话框，输入“偏移距离（mm）”为“-1380”，“轴号”为“2/1”，单击“确定”。

3）同样方法，作辅助轴线(1/4)轴，在④轴右边距离为 1285mm；作辅助轴线(1/5)轴，在⑥轴左边距离为 1275mm。

3. 画图

依次单击“构件列表”中的“GZ1”，“绘图工具栏”中的 ☒点，绘图区中辅助轴线(1/1)轴与Ⓐ、Ⓓ轴线的交点，辅助轴线(2/1)轴与Ⓐ、Ⓓ轴线的交点，单击鼠标右键结束命令。同样方法，认真识读附录中的“建施 04”和“结施 04”，画 GZ3。

依次单击“构件列表”中的“GZ2”、“绘图工具栏”中的 ☒点、绘图区中辅助轴线(1/C)轴内墙的左端点与右端点，单击鼠标右键结束命令。注意 GZ2 位于“丁”字墙交接处。

4. 调整构造柱位置

构造柱虽然画上了，但很多构造柱并不在图样位置上，如图 2-78 所示，这时需要调整构造

柱位置。以辅助轴线①轴和Ⓐ轴线相交处 GZ1 为例：依次单击"修改工具栏"中的 对齐、"单对齐"、绘图区中Ⓐ轴线墙体下边线、GZ1 的左边线（对齐线），这时 GZ1 就移到了图样位置。用同样方法，参照图 2-78，调整其他构造柱的位置，最后单击鼠标右键结束命令。

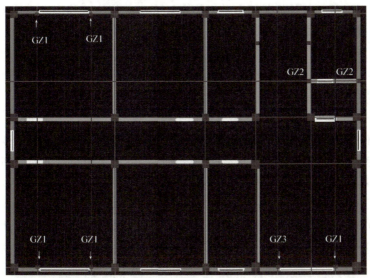

图 2-78　构造柱位置

5. 删除辅助轴线

单击"绘图输入"中"轴线"文件夹前面的"+"使其展开，单击 辅助轴线(O)，单击选中绘图区所有辅助轴线，单击"修改工具栏"中的 删除，这样辅助轴线就被删除了。

6. 添加构造柱清单项目名称及特征

双击"构件列表"中的"GZ1"，弹出"添加清单"对话框，填写 GZ1、GZ2、GZ3 的清单项目名称及项目特征，如图 2-79 所示。

	编码	类别	项目名称	项目特征	单位	工程量	表达式说	综合	措施项目
1	010502002	项	构造柱	1、混凝土种类：泵送商品混凝土 2、混凝土强度等级：C25	m³	TJ	TJ<体积>		☐
2	011702003	项	构造柱	1、支撑高度：3.6m以内 2、模板的材质：胶合板 3、支撑：钢管支撑	m²	MBMJ	MBMJ<模板面积>		☑

图 2-79　GZ1、GZ2、GZ3 清单项目名称及项目特征

7. 修改计算规则

单击"模块导航栏"中的"工程设置"，单击"计算规则"。单击 柱 前面的"+"使其展开，单击 构造柱，单击第 45 条"2 加马牙槎模板面积，（按属性定义的1/2 槎宽计算）"右侧下拉箭头，选择"1 加马牙槎模板面积，（按属性定义的槎宽计算）"。单击"模块导航栏"中的"绘图输入"，返回 构造柱(Z) 层。

8. 汇总计算并查看工程量

双击"构件列表"中的"GZ1"，返回绘图界面，依次单击 Σ 汇总计算、批量选择，勾选"GZ1""GZ2""GZ3"，单击"确定"，然后单击 查看工程量，如图 2-80 所示。

	编码	项目名称	单位	工程量
1	010502002	构造柱	m³	1.6682
2	011702003	构造柱	m²	18.276

图 2-80　GZ1、GZ2、GZ3 清单工程量明细

子项五 画钢筋混凝土现浇板

对于混凝土现浇板，软件提供了多种智能布置方法，如按墙外边、墙轴线、梁中心线等，具体应用时可以根据板的实际情况来选择。

任务一 新建现浇板，定义属性

1. 建立现浇板

识读附录中"结施13"的3.550层现浇板结构平面图。单击"绘图输入"中"板"文件夹前面的"+"使其展开，依次单击 现浇板(B) 、"构件列表"，弹出"构件列表"对话框，单击"属性"，弹出"属性编辑框"对话框。依次单击"构件列表"下的"新建""新建现浇板"，建立"XB-1"，反复操作，建立"XB-2"~"XB-10"。

2. 定义现浇板属性

在"属性编辑框"中将"XB-1"~"XB-10"的名称分别改为"LB1"~"LB10"，其属性值如图2-81~图2-84所示。

属性名称	属性值	属性名称	属性值	属性名称	属性值
名称	LB1	名称	LB2	名称	LB3
类别	平板	类别	平板	类别	平板
砼标号	(C30)	砼标号	(C30)	砼标号	(C30)
砼类型	(2现浇砼	砼类型	(2现浇砼	砼类型	(2现浇砼
厚度(mm)	150	厚度(mm)	150	厚度(mm)	150
顶标高(m)	层顶标高	顶标高(m)	层顶标高	顶标高(m)	层顶标高
是否是楼板	是	是否是楼板	是	是否是楼板	是
是否是空心	否	是否是空心	否	是否是空心	否
图元形状	平板	图元形状	平板	图元形状	平板
模板类型	胶合板模	模板类型	胶合板模	模板类型	胶合板模
支撑类型	钢支撑	支撑类型	钢支撑	支撑类型	钢支撑

图2-81 LB1、LB2、LB3属性

属性名称	属性值	属性名称	属性值	属性名称	属性值
名称	LB4	名称	LB5	名称	LB6
类别	平板	类别	平板	类别	平板
砼标号	(C30)	砼标号	(C30)	砼标号	(C30)
砼类型	(2现浇砼	砼类型	(2现浇砼	砼类型	(2现浇砼
厚度(mm)	(120)	厚度(mm)	(120)	厚度(mm)	(120)
顶标高(m)	层顶标高	顶标高(m)	层顶标高	顶标高(m)	层顶标高
是否是楼板	是	是否是楼板	是	是否是楼板	是
是否是空心	否	是否是空心	否	是否是空心	否
图元形状	平板	图元形状	平板	图元形状	平板
模板类型	胶合板模	模板类型	胶合板模	模板类型	胶合板模
支撑类型	钢支撑	支撑类型	钢支撑	支撑类型	钢支撑

图2-82 LB4、LB5、LB6属性

项目二 首层主体工程算量

属性编辑框	
属性名称	属性值
名称	LB7
类别	有梁板
砼标号	(C30)
砼类型	(2现浇砼 碎石)
厚度(mm)	(120)
顶标高(m)	层顶标高-0.05
是否是楼板	是
是否是空心	否
图元形状	平板
模板类型	胶合板模板
支撑类型	钢支撑

属性编辑框	
属性名称	属性值
名称	LB8
类别	有梁板
砼标号	(C30)
砼类型	(2现浇砼 碎石)
厚度(mm)	(120)
顶标高(m)	层顶标高-0.05
是否是楼板	是
是否是空心	否
图元形状	平板
模板类型	胶合板模板
支撑类型	钢支撑

属性编辑框	
属性名称	属性值
名称	LB9
类别	平板
砼标号	(C30)
砼类型	(2现浇砼)
厚度(mm)	100
顶标高(m)	层顶标高
是否是楼板	是
是否是空心	否
图元形状	平板
模板类型	胶合板模
支撑类型	钢支撑

属性编辑框	
属性名称	属性值
名称	LB10
类别	平板
砼标号	(C30)
砼类型	(2现浇砼 碎石)
厚度(mm)	100
顶标高(m)	层顶标高-0.25
是否是楼板	是
是否是空心	否
图元形状	平板
模板类型	胶合板模板
支撑类型	钢支撑

图 2-83　LB7、LB8、LB9 属性　　　　　　　　图 2-84　LB10 属性

任务二　画现浇板，调整边板的位置

1. 画现浇板

仔细识读附录中"结施 06""结施 07""结施 13"和"结施 17"的梁、板布置图。

画热工测试实验室 LB1：依次单击"构件列表"中的"LB1"、 智能布置▼ 、"梁中心线"、绘图区中Ⓐ轴线 KL1、①轴线 KL9、Ⓑ轴线 KL7、②轴线 KL11，单击鼠标右键结束命令。

画大厅、阳台处 LB3：依次单击"构件列表"中的"LB3"、 智能布置▼ 、"梁中心线"、L2、⑥轴线 XL1 和 KL9、Ⓑ轴线 KL7、④轴线 KL11 和 XL1，单击鼠标右键结束命令。

画楼梯的楼层平台板 LB9：依次单击"构件列表"中的"LB9"、 矩形 、④轴线 KL13 下部端点中心，按下〈Shift〉键后（不松）单击Ⓒ轴与⑤轴交点，弹出"输入偏移量"对话框，输入"X"="-100"、"Y"="660"，单击"确定"。说明：660mm=900mm-240mm。

画雨篷板 LB10：依次单击"构件列表"中的"LB10"、 智能布置▼ 、"梁中心线"、①轴线 KL9、各段 KL8，单击鼠标右键结束命令。

参照上面的做法，画一层其他现浇板。

2. 调整边板的位置

1）单击"选择"，单击选中绘图区热工测试实验室 LB1，单击鼠标右键，单击 偏移 ，弹出"请选择偏移方式"对话框，选择"多边偏移"，单击"确定"；依次单击绘图区中①轴线上 LB1 左边线的中点（选中后此边线变粗）、Ⓐ轴线上 LB1 下边线的中点（选中后此边线变粗），单击鼠标右键；向①Ⓐ轴线外侧移动鼠标，在数字框内输入"150"，按〈Enter〉键结束命令。

同样方法，将建筑结构实验室 LB2、男厕所 LB7 外侧板边向外偏移 150mm。

2）分割 LB3：单击"选择"，单击选中绘图区 LB3，单击鼠标右键，单击"分割（F）"，按下〈Shift〉键后（不松）单击④轴与Ⓐ轴交点，弹出"输入偏移量"对话框，输入"X"="0"、"Y"="-225"，单击"确定"；按下〈Shift〉键后（不松）单击⑥轴与Ⓐ轴交点，弹出"输入偏移量"对话框，输入"X"="225"、"Y"="-225"，单击"确定"；单击鼠标右键，

弹出"提示分割成功"对话框,单击"确定"。选中阳台板,在"属性编辑框"里将此板改名为"阳台板"。

3)参照以上步骤,用同样方法依次将板的以下部位分别偏移:将其他两块 LB1、LB2 的外边向外偏移 150mm;将 LB9 的左边和右边向内偏移 125mm;将 LB10 的右边向左偏移 150mm;将 LB4 的左边、右边分别向外偏移 150mm;将 LB5 的下边向下偏移 150mm;将 LB6 的上边向上偏移 150mm,右边向右偏移 125mm;将 LB7 的上边、左边和右边分别向外偏移 150mm;将 LB8 的左边向左、右边向右偏移 150mm;将 LB3 的右边向右偏移 150mm;将雨篷 LB10 的外边向外偏移 125mm;将阳台板的左边、右边分别向外偏移 125mm,下边向下偏移 100mm。

单击 三维,调整观察角度,仔细观察 LB7、LB8、LB10 等细部板的位置是否正确。

任务三 添加现浇板清单

双击"构件列表"中的"LB1",弹出"添加清单"对话框,LB1~LB6、LB9 的清单项目名称及项目特征如图 2-85 所示,LB7、LB8 的清单项目名称及项目特征如图 2-86 所示,LB10 的清单项目名称及项目特征如图 2-87 所示,阳台板的清单项目名称及项目特征如图 2-88 所示。

	编码	类别	项目名称	项目特征	单位	工程量	表达式说明	综合	措施项目
1	010505003	项	平板	1、混凝土种类:泵送商品混凝土 2、混凝土强度等级:C30	m³	TJ	TJ〈体积〉		□
2	011702016	项	平板	1、支撑高度:3.6m以内 2、模板的材质:胶合板 3、支撑:钢管支撑	m²	MBMJ	MBMJ〈底面模板面积〉		☑

图 2-85 LB1~LB6、LB9 清单项目名称及项目特征

	编码	类别	项目名称	项目特征	单位	工程量	表达式说明	综合	措施项目
1	010505001	项	有梁板	1、混凝土种类:泵送商品混凝土 2、混凝土强度等级:C30	m³	TJ	TJ〈体积〉		□
2	011702014	项	有梁板	1、支撑高度:3.6m以内 2、模板的材质:胶合板 3、支撑:钢管支撑	m²	MBMJ	MBMJ〈模板面积〉		☑

图 2-86 LB7、LB8 清单项目名称及项目特征

	编码	类别	项目名称	项目特征	单位	工程量	表达式说明	综合	措施项目
1	010505008	项	雨篷	1、混凝土种类:泵送商品混凝土 2、混凝土强度等级:C30	m³	TJ	TJ〈体积〉		□
2	011702023	项	雨篷	1、支撑高度:3.6m以内 2、模板的材质:胶合板 3、支撑:钢管支撑	m²	TJ/0.1	TJ〈体积〉/0.1		☑

图 2-87 LB10 清单项目名称及项目特征

	编码	类别	项目名称	项目特征	单位	工程量	表达式说明	综合	措施项目
1	010505008	项	阳台板	1、混凝土种类:泵送商品混凝土 2、混凝土强度等级:C30	m³	TJ	TJ〈体积〉		□
2	011702023	项	阳台板	1、支撑高度:3.6m以内 2、模板的材质:胶合板 3、支撑:钢管支撑	m²	TJ/0.15	TJ〈体积〉/0.15		☑

图 2-88 阳台板清单项目名称及项目特征

任务四 修改计算规则

单击"模块导航栏"中的"工程设置",单击"计算规则",单击"板"文件夹前面的"+"使其展开,单击 现浇板 ,单击第44条"1 扣柱模板面积"右侧下拉箭头,选择"0 无影响"。单击"模块导航栏"中的"绘图输入",单击 现浇板 。

任务五 汇总计算并查看工程量

双击"构件列表"中的"LB1",返回绘图界面,依次单击 Σ 汇总计算 、 批量选择 ,勾选 现浇板 ,单击"确定",然后单击 查看工程量 ,如图2-89所示。

图2-89 LB1~LB10清单工程量明细

	编码	项目名称	单位	工程量
1	010505003	平板	m³	39.1418
2	011702016	平板	m²	243.2798
3	010505008	阳台板	m³	1.6875
4	011702023	阳台板	m²	11.25
5	010505001	有梁板	m³	2.3909
6	011702014	有梁板	m²	14.69
7	010505008	雨篷	m³	0.3224
8	011702023	雨篷	m²	3.2243

子项六 画台阶、楼梯及散水

任务一 画室外台阶

画台阶的方法有很多种,本任务介绍一种基本画法,通过作辅助轴线来绘制,当熟练操作应用软件以后,可以直接用〈Shift〉键通过偏移来画台阶。识读附录中的"建施02"~"建施12"的室外台阶部分图样。

1. 新建台阶,定义属性

单击"绘图输入"中"其他"文件夹前面的"+"使其展开,依次单击 台阶 、"构件列表",弹出"构件列表"对话框,单击"属性",弹出"属性编辑框"对话框,依次单击"构件列表"下的"新建""新建台阶",建立"TAIJ-1",在"属性编辑框"中将"TAIJ-1"的名称改为"台阶",其属性值如图2-90所示。

2. 添加台阶清单项目名称及特征

单击"常用工具栏"中的 定义 按钮,弹出"添加清单"对话框,台阶的清单项目名称及项目特征如图2-91所示。填完后,单击 绘图 ,返回绘图界面。

图2-90 台阶属性

	编码	类别	项目名称	项目特征	单位	工程量	表达式说明	综合	措施项目
1	011102001	项	石材楼地面	1、面层材料:20mm黑色大理石 2、粘结层:20mm1:2.5水泥砂浆 3、垫层:C20混凝土厚50mm	m²	PTSPTYMJ	PTSPTYMJ<平台水平投影面积>		
2	011107001	项	石材台阶	1、面层材料:20mm黑色大理石 2、粘结层:20mm1:2.5水泥砂浆 3、垫层:C20混凝土厚50mm	m²	TBSPTYMJ	TBSPTYMJ<踏步水平投影面积>		

图2-91 台阶清单项目名称及项目特征

3. 画台阶

（1）画大厅（M3229）处台阶

第一步，作辅助轴线。依次单击“轴网工具栏”中的“平行”、绘图区中的Ⓐ轴，弹出“请输入”对话框，偏移距离输入“-225”，轴号输入“1/0A”，单击“确定”。同样方法，作以下几条辅助轴线：

作辅助轴线(2/0A)轴，距Ⓐ轴偏移：-2525mm。说明：225mm+1700mm+300mm×2=2525mm。

作辅助轴线(1/3)轴，距③轴偏移：2400mm。说明：3000mm-300mm×2=2400mm。

作辅助轴线(1/6)轴，距⑥轴偏移：825mm。说明：225mm+300mm×2=825mm。

第二步，延伸辅助轴线。单击“绘图输入”中“轴线”文件夹前面的“+”使其展开，单击“辅助轴线(O)”，依次单击“修改工具栏”中的“延伸”、绘图区中的辅助轴线(2/0A)轴（变粗）、(1/3)轴、(1/6)轴，单击鼠标右键结束命令；依次单击“延伸”、(1/6)轴（变粗）、(1/0A)轴、(2/0A)轴，单击鼠标右键结束命令。

第三步，画虚墙。单击“绘图输入”中“墙”文件夹前面的“+”使其展开，单击“墙”，依次单击“构件列表”下的“新建”“新建虚墙”，建立“Q-1”，其属性如图 2-92 所示。

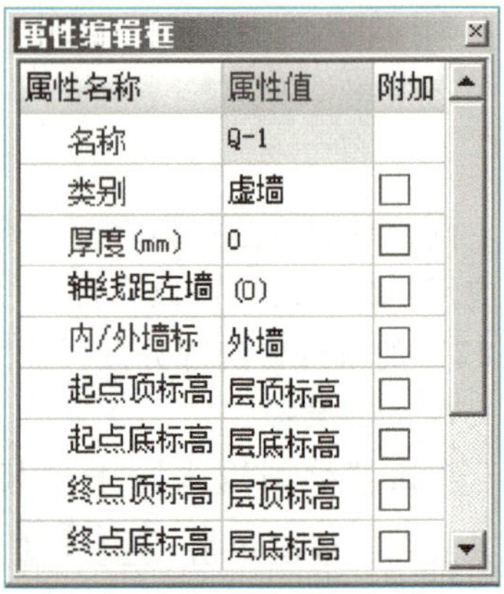
属性编辑框

属性名称	属性值	附加
名称	Q-1	
类别	虚墙	☐
厚度(mm)	0	☐
轴线距左墙	(0)	☐
内/外墙标	外墙	☐
起点顶标高	层顶标高	☐
起点底标高	层底标高	☐
终点顶标高	层顶标高	☐
终点底标高	层底标高	☐

图 2-92 Q-1 属性

依次单击“绘图工具栏”中的“直线”、绘图区中辅助轴线(1/3)轴与(1/0A)轴交点、(1/3)轴与(2/0A)轴交点、(1/6)轴与(2/0A)轴交点、(1/6)轴与(1/0A)轴交点、⑥轴与(1/0A)轴交点，这样，虚墙就完成了。

第四步，画台阶。单击“绘图输入”中的“台阶”，单击“构件列表”下的“台阶”，依次单击“绘图工具栏”中的“点”、绘图区中“M3229”下边虚墙范围内任意一点，单击鼠标右键结束命令。

第五步，设置踏步台阶。单击“绘图输入”中的“墙(Q)”，选中台阶处所有的虚墙，按〈Delete〉键全部删除，并删除“构件列表”内的“Q-1”。依次单击“绘图输入”中的“台阶”、“设置台阶踏步边”，选中台阶最外侧三条边线（选中后边线变粗），单击鼠标右键，弹出“踏步宽度”对话框，输入“300”，单击“确定”。单击“三維”，按下鼠标左键（不松）调整视图角度，仔细观察台阶设置是否正确，台阶如图 2-93 所示。

（2）画走廊端部（M1224）处台阶

第一步，作辅助轴线。依次单击“轴网工具栏”中的“平行”、绘图区中的①轴，弹出“请输入”对话框，偏移距离输入“-2325”，轴号输入“1/01”，单击“确定”。说明：225mm+1500mm+300mm×2=2325mm。用同样方法，作以下几条辅助轴线：

作辅助轴线(1/A)轴，偏移距离：5400mm。说明：6000mm-300mm×2=5400mm。

作辅助轴线(1/C)轴，偏移距离：600mm。说明：300mm×2=600mm。

第二步，延伸辅助轴线。单击“绘图输入”中“轴线”文件夹前面的“+”使其展开，单击“辅助轴线(O)”，依次单击“修改工具栏”中的“延伸”、绘图区中的(1/01)轴（变粗）、(1/A)

项目二 首层主体工程算量

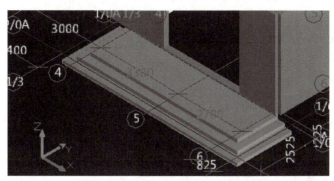

图2-93 台阶

轴、⑩轴，单击鼠标右键结束命令，返回"台阶"层。

第三步，画台阶。单击"构件列表"下的"台阶"，依次单击"绘图工具栏"中的 矩形 、绘图区中的1轴与ⓐ轴交点、⑩轴与⑥轴交点，单击鼠标右键结束命令。

第四步，设置踏步台阶。单击 设置台阶踏步边 ，选中台阶最外侧三条边线（选中后边线变粗），单击鼠标右键，弹出"踏步宽度"对话框，输入"300"，单击"确定"。

单击"绘图输入"中"轴线"文件夹前面的"+"使其展开，单击 辅助轴线(O) ，选中所有辅助轴线，然后删除，最后返回"台阶"层。

4. 汇总计算并查看工程量

单击 Σ 汇总计算 ，选中台阶，然后单击 查看工程量 ，如图2-94所示。

	编码	项目名称	单位	工程量
1	011102001	石材楼地面	m²	10.395
2	011107001	石材台阶面	m²	14.8725

图2-94 台阶清单工程量明细

任务二 画一层楼梯

1. 绘制楼梯

（1）新建楼梯，定义属性 识读附录中"建施12"和"结施17"的楼梯施工图，单击"绘图输入"中"楼梯"文件夹前面的"+"使其展开，单击 楼梯(R) ，依次单击"构件列表"下的"新建""新建楼梯"，建立"LT-1"，在"属性编辑框"中将"LT-1"的名称改为"楼梯"，其属性值如图2-95所示。

（2）添加楼梯清单项目名称及特征 查阅附录中"建施02""建施03"楼梯做法，添加楼梯清单项目名称及项目特征，如图2-96所示。

（3）画图 依次单击"轴网工具栏"中的 平行 、绘图区中的ⓒ轴，弹出"请输入"对话框，偏移距离输入"660"，轴号为"01/C"，单击"确定"；依次单击"绘图工具栏"中的 矩形 、①轴与④轴交点、⓪₁轴与⑤轴交点，这样，楼梯就画完了。说明：900mm-240mm=660mm。

图2-95 楼梯属性

（4）汇总计算并查看工程量 单击 Σ 汇总计算 ，选中楼梯，然后单击 查看工程量 ，如图2-97所示。

	编码	类别	项目名称	项目特征	单位	工程量	表达式说明	综合	措施项目
1	010506001	项	直形楼梯	1、混凝土种类:泵送商品混凝土 2、混凝土强度等级:C25	m²	TYMJ	TYMJ〈水平投影面积〉		☐
2	011106004	项	水泥砂浆楼梯面层	1、面层厚度:20mm 2、砂浆配合比:1:2水泥砂浆	m²	TYMJ	TYMJ〈水平投影面积〉		☐
3	011301001	项	天棚抹灰	1、面层:1:3水泥砂浆7mm 2、底层:1:2.5水泥砂浆7mm	m²	TYMJ*1.31	TYMJ〈水平投影面积〉*1.31		☐
4	011407002	项	天棚喷刷涂料	1、面层:刷乳胶漆两遍 2、腻子要求:满刮两遍	m²	TYMJ*1.31	TYMJ〈水平投影面积〉*1.31		☐
5	011702024	项	楼梯	1、双跑平行楼梯(无斜梁)	m²	TYMJ	TYMJ〈水平投影面积〉		☑

图 2-96　楼梯清单项目名称及项目特征

删除辅助轴线:单击"绘图输入"中"轴线"文件夹前面的"+"使其展开,单击 辅助轴线(0),单击"选择",选中所有辅助轴线,按下〈Delete〉键。这样,图中所有的辅助轴线就被删除了。

	编码	项目名称	单位	工程量
1	011702024	楼梯	m²	15.1763
2	011106004	水泥砂浆楼梯面层	m²	15.1763
3	011301001	天棚抹灰	m²	19.8809
4	011407002	天棚喷刷涂料	m²	19.8809
5	010506001	直形楼梯	m²	15.1763

图 2-97　楼梯清单工程量明细

2. 绘制楼梯扶手

(1) 建立扶手,定义属性　识读附录中的"建施 12",单击"绘图输入"中"自定义"文件夹前面的"+"使其展开,单击 自定义线,单击"构件列表"下的"新建",单击"新建矩形自定义线",建立"ZDYX-1";单击"新建矩形自定义线",建立"ZDYX-2",在"属性编辑框"中将名称分别改为"楼梯扶手 直段""楼梯扶手 斜段",其属性如图 2-98 所示。

图 2-98　楼梯扶手属性

(2) 添加楼梯扶手的清单项目名称及特征　楼梯扶手的清单项目名称及项目特征如图 2-99 和图 2-100 所示。

	编码	类别	项目名称	项目特征	单位	工程量	表达式说明
1	011503001	项	金属扶手	1、材料:不锈钢扶手栏杆 2、形式:格构式	m	CD	CD〈长度〉

图 2-99　"楼梯扶手 直段"清单项目名称及项目特征

	编码	类别	项目名称	项目特征	单位	工程量	表达式说明
1	011503001	项	金属扶手	1、材料:不锈钢扶手栏杆 2、形式:格构式	m	CD*1.15	CD〈长度〉*1.15

图 2-100　"楼梯扶手 斜段"清单项目名称及项目特征

（3）作辅助轴线　依次单击"轴网工具栏"中的 ⊞平行、绘图区中的④轴，弹出"请输入"对话框，偏移距离输入"1540"，轴号为"1/4"，单击"确定"。说明：3300mm/2 - 60mm/2 - 80mm = 1540mm。用同样方法，作以下各条辅助轴线：

作辅助轴线㉔轴，偏移距离：1760mm。说明：1540mm + 80mm×2 + 60mm = 1760mm。

作辅助轴线⓪/C轴，偏移距离：800mm。说明：900mm - 100mm = 800mm。

作辅助轴线②/C轴，偏移距离：4300mm。说明：900mm + 3300mm + 100mm = 4300mm。

（4）画楼梯扶手　依次单击"构件列表"中的"楼梯扶手 直段"、"绘图工具栏"中的 ↘直线、绘图区中①/4轴与⓪/C轴交点、㉔轴与②/C轴交点，单击鼠标右键；依次单击①/4轴与②/C轴交点、㉔轴与②/C轴交点，单击鼠标右键。

依次单击"构件列表"中的"楼梯扶手 斜段"、绘图区中①/4轴与⓪/C轴交点、①/4轴与②/C轴交点，单击鼠标右键；依次单击㉔轴与②/C轴交点、㉔轴与⓪/C轴交点，单击鼠标右键。

单击"绘图输入"中的 辅助轴线(O)，选中所有辅助轴线，全部删除，然后单击 自定义线，返回"自定义线"层。

（5）汇总计算并查看工程量　单击 Σ 汇总计算，选中所有楼梯扶手，然后单击 查看工程量，如图2-101所示。

编码	项目名称	单位	工程量
1	011503001	金属楼梯扶手	m	8.49

图2-101　楼梯扶手清单工程量明细

任务三　画室外散水

1. 新建散水，定义属性

识读附录中"建施04""建施11"的散水部分。单击"绘图输入"中"其他"文件夹前面的"+"使其展开，单击 散水(S)，单击"构件列表"，弹出"构件列表"对话框；单击"属性"，弹出"属性编辑框"对话框；依次单击"构件列表"下的"新建""新建散水"，建立"SS-1"，在"属性编辑框"中将名称改为"散水"，其属性值如图2-102所示。

2. 添加散水的清单项目名称及特征

散水的清单项目名称及项目特征如图2-103所示。

3. 画图

单击"智能布置"，单击"外墙外边线"，弹出"请输入散水宽度"对话框，输入"800"，如图2-104所示，单击"确定"，散水就画好了。

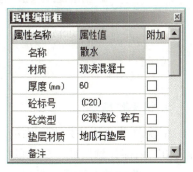

图2-102　散水属性

4. 汇总计算并查看工程量

单击 Σ 汇总计算，选中散水，然后单击 查看工程量，如图2-105所示。

图 2-103 散水清单项目名称及项目特征

图 2-104 "请输入散水宽度"对话框

图 2-105 散水清单工程量明细

任务四 画平整场地

1. 新建平整场地,定义属性

单击"绘图输入"中"其他"文件夹前面的"+"使其展开,单击 平整场地(V),单击"构件列表",弹出"构件列表"对话框;单击"属性",弹出"属性编辑框"对话框;依次单击构件列表下的"新建""新建平整场地",建立"PZCD-1",在"属性编辑框"中将名称改为"平整场地",其属性如图 2-106 所示。

图 2-106 平整场地属性

2. 添加平整场地清单项目名称及特征

平整场地的清单项目名称及项目特征如图 2-107 所示。

图 2-107 平整场地清单项目名称及项目特征

3. 画平整场地

依次单击"构件列表"中的"平整场地"、"绘图工具栏"中的 点,将鼠标放在"外墙 240"内部任意区域,单击鼠标左键,平整场地就画好了。

4. 汇总计算并查看工程量

单击 Σ 汇总计算 ,选中平整场地,然后单击 查看工程量,如图 2-108 所示。

图 2-108 平整场地清单工程量明细

项目二 首层主体工程算量

子项七 计算首层主体工程量

画首层平面图的基本思路是：轴网→柱→梁→墙体→门窗（过梁）→楼板→楼梯→散水、台阶等零星构件，这与现实生活中建造楼房的顺序基本一致。理顺这条思路，对于正确运用土建算量软件非常重要。

任务一 汇总计算

土木实训楼首层主体工程至此已经画完，如果要查看首层所有构件的工程量，需要从"报表预览"中查看，具体操作步骤是：单击 Σ 汇总计算 ，弹出"确定执行计算汇总"对话框，勾选"首层"，单击"确定"，软件开始计算，当弹出"计算汇总成功"后单击"关闭"。单击"模块导航栏"中的 报表预览 ，弹出"设置报表范围"（因为现在只画了首层，所以软件只显示"首层"），单击"确定"。从"报表预览"中可以看出，软件提供了各种报表，供用户选择使用。单击"做法汇总分析"文件夹下的 清单汇总表 ，单击 实现前后翻页，单击 ⊙实体项目 ○措施项目 选择显示项目。

任务二 导出工程量表

1. 实体项目清单工程量

选中"实体项目"，单击 隐藏工程量明细 ，鼠标指针指到"清单汇总表"表格上，单击鼠标右键，单击"导出为EXCEL文件（.XLS）"，首层实体项目清单工程量汇总表就完成了，见表2-1。

表2-1 首层实体项目清单工程量汇总

工程名称：土木实训楼　　　　　　　　　　　　　　　　　　　　　　编制日期：

序号	编码	项目名称	单位	工程量
1	010101001001	平整场地 1. 土壤类别：坚土 2. 弃(取)土运距：2km	m^2	315.8775
2	010401004001	多孔砖墙 1. 砖品种：煤矸石多孔砖 2. 砌体厚度：240mm 3. 砂浆强度等级：M5.0混浆	m^3	42.8629
3	010401005001	空心砖墙 1. 砖品种：煤矸石空心砖 2. 砌体厚度：180mm 3. 砂浆强度等级：M5.0混浆	m^3	26.2073
4	010502001001	矩形柱 1. 混凝土种类：泵送商品混凝土 2. 混凝土强度等级：C30	m^3	16.9328
5	010502002001	构造柱 1. 混凝土种类：泵送商品混凝土 2. 混凝土强度等级：C25	m^3	1.6682

（续）

序号	编码	项目名称	单位	工程量
6	010503002001	矩形梁 1. 混凝土种类：泵送商品混凝土 2. 混凝土强度等级：C30	m^3	17.9644
7	010503005001	过梁 1. 混凝土种类：泵送商品混凝土 2. 混凝土强度等级：C25	m^3	0.4968
8	010505001001	有梁板 1. 混凝土种类：泵送商品混凝土 2. 混凝土强度等级：C30	m^3	2.5729
9	010505003001	平板 1. 混凝土种类：泵送商品混凝土 2. 混凝土强度等级：C30	m^3	39.1418
10	010505008001	雨篷 1. 混凝土种类：泵送商品混凝土 2. 混凝土强度等级：C30	m^3	0.5821
11	010505008002	阳台板 1. 混凝土种类：泵送商品混凝土 2. 混凝土强度等级：C30	m^3	2.278
12	010506001001	直形楼梯 1. 混凝土种类：泵送商品混凝土 2. 混凝土强度等级：C25	m^2	15.1763
13	010507001001	散水、坡道 1. 面层：C20 细石混凝土 2. 垫层：灌浆地瓜石	m^2	51.1
14	010801001001	木质门 1. 门类型：半玻自由门 2. 洞口尺寸：3200mm×2950mm 3. 玻璃：钢化玻璃 6mm	m^2	9.44
15	010801001002	木质门 1. 门类型：无纱玻璃镶木板门 2. 洞口尺寸：1000mm×2400mm 3. 玻璃：玻璃厚 3mm	m^2	9.6
16	010801001003	木质门 1. 门类型：无纱玻璃镶木板门 2. 洞口尺寸：900mm×2400mm 3. 玻璃：玻璃厚 3mm	m^2	4.32
17	010801001004	木质门 1. 门类型：无纱玻璃镶木板门 2. 洞口尺寸：900mm×2100mm 3. 玻璃：玻璃厚 3mm	m^2	1.89
18	010801005001	木门框 1. 门类型：半玻自由门 2. 洞口尺寸：3200mm×2950mm 3. 油漆种类、遍数：红色调和漆三遍	m^2	9.44

（续）

序号	编码	项目名称	单位	工程量
19	010801005002	木门框 1. 门类型：无纱玻璃镶木板门 2. 洞口尺寸：1000mm×2400mm 3. 油漆种类、遍数：橘黄色调和漆三遍	m²	9.6
20	010801005003	木门框 1. 门类型：无纱玻璃镶木板门 2. 洞口尺寸：900mm×2400mm 3. 油漆种类、遍数：橘黄色调和漆三遍	m²	4.32
21	010801005004	木门框 1. 门类型：无纱玻璃镶木板门 2. 洞口尺寸：900mm×2100mm 3. 油漆种类、遍数：橘黄色调和漆三遍	m²	1.89
22	010801006001	门锁安装 类型：普通执手锁	个	6
23	010802001001	金属（塑钢）门 1. 门类型：铝合金双扇地弹门 2. 洞口尺寸：1200mm×2400mm 3. 玻璃：钢化玻璃6mm	m²	2.88
24	010807001001	金属（铝合金）推拉窗 1. 窗类型：三扇推拉窗 2. 材料：铝合金型材90系列 3. 玻璃：平板玻璃厚5mm	m²	22.68
25	010807001002	金属（铝合金）推拉窗 1. 窗类型：双扇推拉窗 2. 材料：铝合金型材90系列 3. 玻璃：平板玻璃厚5mm	m²	11.34
26	011102001001	石材楼地面 1. 面层材料：20mm 黑色大理石 2. 粘结层：20mm1∶2.5水泥砂浆 3. 垫层：C20混凝土厚50mm	m²	10.395
27	011106004001	水泥砂浆楼梯面层 1. 面层厚度：20mm 2. 砂浆配合比：1∶2水泥砂浆	m²	15.1763
28	011107001001	石材台阶面 1. 面层材料：20mm 黑色大理石 2. 粘结层：20mm1∶2.5水泥砂浆 3. 垫层：C20混凝土厚50mm	m²	14.8725
29	011301001001	天棚抹灰 1. 面层：1∶3水泥砂浆厚7mm 2. 底层：1∶2.5水泥砂浆厚7mm	m²	19.8809
30	011401001001	木门油漆 1. 门类型：半玻自由门 2. 洞口尺寸：3200mm×2950mm 3. 油漆种类、遍数：橘黄色调和漆三遍	m²	9.44

（续）

序号	编码	项目名称	单位	工程量
31	011401001002	木门油漆 1. 门类型:无纱玻璃镶木板门 2. 洞口尺寸:1000mm×2400mm 3. 油漆种类、遍数:橘黄色调和漆三遍	m²	9.6
32	011401001003	木门油漆 1. 门类型:无纱玻璃镶木板门 2. 洞口尺寸:900mm×2400mm 3. 油漆种类、遍数:橘黄色调和漆三遍	m²	4.32
33	011401001004	木门油漆 1. 门类型:无纱玻璃镶木板门 2. 洞口尺寸:900mm×2100mm 3. 油漆种类、遍数:橘黄色调和漆三遍	m²	1.89
34	011407002001	天棚喷刷涂料 1. 面层:刷乳胶漆两遍 2. 腻子要求:满刮两遍	m²	19.8809
35	011503001001	金属扶手 1. 材料:不锈钢扶手栏杆 2. 形式:格构式	m	8.49

2. 措施项目清单工程量

选中"措施项目"，鼠标指针指到"清单汇总表"表格上，单击鼠标右键，单击"导出为 EXCEL 文件（.XLS）"，首层措施项目清单工程量汇总表就完成了，见表 2-2。

表 2-2　首层措施项目清单工程量汇总

工程名称：土木实训楼　　　　　　　　　　　　　　　　　　　　　编制日期：

序号	编码	项目名称	单位	工程量
1	011701002001	外脚手架 1. 脚手架搭设的方式:单排 2. 高度:3.6m 以内 3. 材质:钢管脚手架	m²	447.2496
2	011701002003	外脚手架 1. 脚手架搭设的方式:双排 2. 高度:3.6m 以内 3. 材质:钢管脚手架	m²	300.7931
3	011701002004	外脚手架 1. 脚手架搭设的方式:双排 2. 高度:15m 以内 3. 材质:钢管脚手架	m²	284.4
4	011701003001	里脚手架 1. 脚手架搭设的方式:双排 2. 高度:3.6m 以内 3. 材质:钢管脚手架	m²	240.4887

（续）

序号	编码	项目名称	单位	工程量
5	011702002002	矩形柱 1. 模板的材质:胶合板 2. 支撑:钢管支撑	m²	135.9952
6	011702003001	构造柱 1. 支撑高度:3.6m 以内 2. 模板的材质:胶合板 3. 支撑:钢管支撑	m²	18.276
7	011702006001	矩形梁 1. 支撑高度:3.6m 以内 2. 模板的材质:胶合板 3. 支撑:钢管支撑	m²	170.7673
8	011702009001	过梁 1. 支撑高度:3.6m 以内 2. 模板的材质:胶合板 3. 支撑:钢管支撑	m²	6.768
9	011702014001	有梁板 1. 支撑高度:3.6m 以内 2. 模板的材质:胶合板 3. 支撑:钢管支撑	m²	16.796
10	011702016001	平板 1. 支撑高度:3.6m 以内 2. 模板的材质:胶合板 3. 支撑:钢管支撑	m²	243.2798
11	011702023001	阳台板 1. 支撑高度:3.6m 以内 2. 模板的材质:胶合板 3. 支撑:钢管支撑	m²	11.25
12	011702023002	雨篷 1. 支撑高度:3.6m 以内 2. 模板的材质:胶合板 3. 支撑:钢管支撑	m²	3.2243
13	011702024001	楼梯 双跑平行楼梯(无斜梁)	m²	15.1763

从报表预览中可以看出，软件提供了多种表格，在实际工程中可根据需要导出合适的表格。

颗粒素养：核对工程量是对首层平面图所画构件的尺寸、位置、数量等的总体校对，若墙体工程量不对，除本身错误外，还可能是与墙体关联的柱、梁、板、门窗等有错误而造成的。工匠精神是指对细节追求完美和极致，对精品有着执着的坚持和追求，把品质从0.001提高到0.002，其利虽微，却长久造福于世。

项目三 二层主体工程算量

子项一 将一层构件图元复制到二层,观察二层构件

对比识读土木实训楼施工图中一层和二层的施工图可以看出,一层、二层的很多构件是一样的,因此可以把一层的构件复制到二层,然后再进行修改。

任务一 将一层构件图元复制到二层

1. 复制构件

单击"构件工具栏"中"首层"右侧下拉箭头切换到"第2层",选择主菜单"楼层"→"从其他楼层复制构件图元…"选项,目标楼层选择"第2层"(默认),"源楼层选择"选"首层"(默认),图元选择如图3-1所示,选完以后单击"确定"。

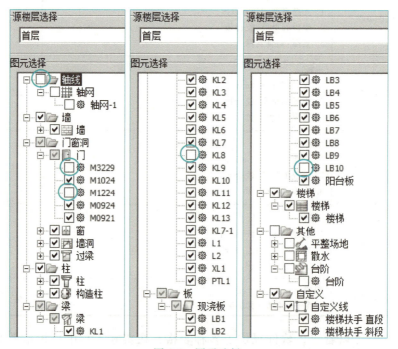

图 3-1 图元选择

2. 几点说明

1)没有勾选的图元表示二层无此构件,因此不需将该构件复制到二层(图3-1)。如果多选,可以在二层将此构件删除;如果少选,可以在二层按一层的办法画该构件,或再从一层复制该构件。

2)选完"图元"单击"确定"后出现如图3-2所示的对话框,是因为没有勾选"M1224"(即"M1224"没有复制到二层),门上的"GL2"失去了布置的依据(无父图元),

软件默认过梁是依托门、窗或墙洞而存在的。在这里，不必理会错误提示，关闭此对话框就可以了。

图 3-2 "从其他楼层复制构件图元"对话框

3）本项目所有的操作均在二层，因此二层构件修改或建立新构件时，应随时注意"构件工具栏"中的楼层状态 显示当前为"二层"，如果不是"二层"，可单击楼层右侧下拉箭头，调整为"二层"。

任务二 观察二层构件

单击"柱"文件夹前面的"+"使其展开，单击"柱"，选择主菜单 视图(V) → 构件图元显示设置(D)... F12 ，弹出"构件图元显示设置——柱"对话框，在"构件图元显示"一栏勾选所有构件，单击"确定"；单击 三维 ，在绘图区（黑屏区）按下鼠标左键左右移动，这时软件显示从"首层"复制过来的所有构件。

经观察可以看出，二层许多构件需要修改或补充，比如②轴线上的横墙要删除、①轴线的 C1221 需要补充、二层阳台墙需要补画、阳台窗需要画等。因此，"首层"构件复制到"二层"后，需要对照"二层"施工图逐一修改。观察完毕后，单击 俯视 。

删除辅助轴线：在刚才观察时会发现，一些首层的辅助轴线来到了二层，这时应把它们删除。在第二层，单击"绘图输入"中的 辅助轴线(O) ，选中所有辅助轴线，全部删除。

子项二 修改二层的墙体和构造柱

对比识读附录中的"建施04""建施05"不难发现，一层、二层的实验室房间大小发生了很大变化，②轴线的内墙应该删除。在二层又新增了阳台，此处的墙体也需要修改。

任务一 修改二层墙体

1. 删除②轴线墙体

在第二层，单击"绘图输入"中"墙"文件夹前面的"+"使其展开，单击 墙(Q) ，单击"选择"，选中②轴线墙体，单击"修改工具栏"中的 ，这样②轴线墙体就被删除了。

2. 修改（Ⓐ④轴~Ⓐ⑥轴）段墙体属性

二层新增阳台，所以应将Ⓐ④轴~Ⓐ⑥轴段外墙改为内墙，增画阳台外墙。具体步骤如下：

第一步，作辅助轴线。单击"轴网工具栏"中的 平行 ，选中④号轴线，软件自动弹出"请输入"对话框，如图 3-3 所示，输入"偏移距离（mm）"为"135"，"轴号"为"1/4"，单击"确定"。说明：135mm=225mm-180mm/2。

第二步，打断墙体。单击"修改工具栏"中的 打断，单击"单打断"，选中④轴线墙体，单击鼠标右键，单击¼轴与④轴交点，单击鼠标右键，弹出"是否在指定位置打断"对话框，单击"是"，单击鼠标右键结束命令，这样④轴线墙体就被打断了。

第三步，修改墙体属性。单击"选择"，选中打断的"④④轴~④⑥轴"墙体，在"属性编辑框"中单击"名称"后的"240外墙"，单击"240外墙"右侧下拉箭头，选择"240内墙"，软件弹出如图3-4所示对话框，单击"是"。

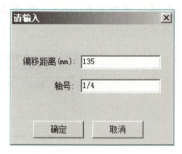

图3-3 "请输入"对话框

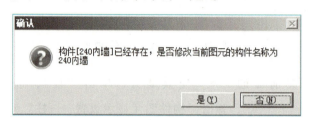

图3-4 "确认"对话框

第四步，删除辅助轴线。单击"绘图输入"中"轴线"文件夹前面的"+"使其展开，单击 辅助轴线(O)，选中④轴右边的辅助轴线，单击 删除，删除辅助轴线后，返回"墙"层。

3. 修改墙体底标高

单击"选择"，选中厕所与洗漱间隔墙，在"属性编辑框"中单击"起点底标高"后的"层底标高"，将"层底标高"改为"层底标高-0.05"；单击"终点底标高"后的"层底标高"，将"层底标高"改为"层底标高-0.05"。

单击 局部三维，鼠标左键框选厕所与洗漱间隔墙周围的墙体，单击 三维，仔细查看图3-5中A处修改前后厕所与洗漱间隔墙的变化。

4. 延伸墙体

由附录中的"建施04""建施05"可知，一层的大厅在二层变成了接待室，应补画"⑧④轴~⑧⑥轴"段的"180内墙"，具体步骤是：依次单击 俯视 、 延伸 、⑥轴线外墙（墙中心线变粗）、⑧轴上"180内墙"，单击鼠标右键，这时"180内墙"就延伸到了⑥轴外墙上。

图3-5 三维图

任务二　补画二层阳台墙体

1. 作辅助轴线

单击"轴网工具栏"中的 平行，选中④轴线，软件自动弹出"请输入"对话框，如图

3-6所示,输入"偏移距离(mm)"为"-105",输入"轴号"为"1/0A",单击"确定"。说明:-105mm=-(225-240/2) mm。

用同样方法作辅助轴线。2/0A 轴:位于Ⓐ轴下边1935mm;1/6 轴:位于⑥轴右侧135mm;1/4 轴:位于④轴右侧65mm。说明:1935mm=(1800+225-180/2) mm;135mm=225mm-180mm/2;65mm=225mm-(250mm-180mm/2)。

延伸轴线。在第二层,单击"绘图输入"中"轴线"文件夹前面的"+"使其展开,依次单击 辅助轴线(0) 、 延伸 、2/0A 轴、1/4 轴、1/6 轴;依次单击 辅助轴线(0) 、1/6 轴、1/4 轴、2/0A 轴,单击鼠标右键结束命令。这样,四条辅助轴线就相交了。单击 墙(Q) ,返回"墙"层。

2. 建立阳台墙

依次单击"构件列表"下的"新建""新建外墙",建立"Q-1",在"属性编辑框"中将"Q-1"改名为"180外墙",其属性值如图3-7所示。

3. 添加阳台墙清单项目名称及特征

"180外墙"的清单项目名称及项目特征如图3-8所示。

4. 画图

依次单击"构件列表"中的"180外墙"、"绘图工具栏"中的 直线 、绘图区中 1/0A 轴与 1/4 轴交点、2/0A 轴与 1/4 轴交点、2/0A 轴与 1/6 轴交点、1/0A 轴与 1/6 轴交点,单击鼠标右键结束命令。

图 3-6 "请输入"对话框

图 3-7 "180外墙"属性

	编码	类别	项目名称	项目特征	单位	工程量	表达式说明	综合单价	措施项目
1	010401005	项	空心砖墙	1、砖品种:煤矸石空心砖 2、砌体厚度:180mm 3、砂浆强度等级:M5.0混浆	m³	TJ	TJ<体积>		□
2	011701002	项	外脚手架	1、脚手架搭设的方式:双排 2、高度:15m以内 3、材质:钢管脚手架	m²	WQWJSJMJ	WQWJSJMJ<外墙外脚手架面积>		☑

图 3-8 "180外墙"清单项目名称及项目特征

删除辅助轴线:单击"模块导航栏"中"轴线"文件夹前面的"+"使其展开,单击 辅助轴线(0) ,单击"选择",选中所有辅助轴线,单击 删除 ,单击"是"。

任务三 修改构造柱

1. 新建构造柱,定义属性

识读附录中的"结施09",新建构造柱。单击"绘图输入"中"柱"文件夹前面的"+"

使其展开，单击 构造柱(Z) 打开“构件列表”，依次单击“新建”“新建矩形构造柱”，新建“GZ4”。GZ4 属性、清单项目名称及项目特征如图 3-9 和图 3-10 所示。

2. 画构造柱

识读附录中的“建施 05”和“结施 05”，找出“GZ4”的位置。依次单击“构件列表”中的“GZ4”、“绘图工具栏”中的 点，依次单击阳台外墙的两个端点，单击鼠标右键结束命令。

3. 删除Ⓐ轴上的 GZ3

单击 删除，选中Ⓐ轴上两根 GZ3，单击鼠标右键，Ⓐ轴上的 GZ3 就被删除了。

属性编辑框

属性名称	属性值	附加
名称	GZ4	
类别	带马牙槎	□
材质	现浇混凝土	□
砼标号	(C25)	□
砼类型	(3现浇砼 碎石	□
截面宽度(mm)	180	□
截面高度(mm)	180	□
截面面积(m²)	0.032	□
截面周长(m)	0.72	□
马牙槎宽度	60	□
顶标高(m)	层顶标高-0.45	□
底标高(m)	层底标高	□
模板类型	胶合板模板	□
支撑类型	钢支撑	□

图 3-9 GZ4 属性

	编码	类别	项目名称	项目特征	单位	工程量	表达式说明	综合	措施项目
1	010502002	项	构造柱	1、混凝土种类：泵送商品混凝土 2、混凝土强度等级：C25	m³	TJ	TJ<体积>		□
2	011702003	项	构造柱	1、支撑高度：3.6m以内 2、模板的材质：胶合板 3、支撑：钢管支撑	m²	MBMJ	MBMJ<模板面积>		☑

图 3-10 GZ4 清单项目名称及项目特征

子项三 修改二层的门窗、梁和板

对比识读附录中的“建施 04”、“建施 05”、“结施 04”~“结施 07”、“结施 13”、“结施 14”，可以看出，从一层的大厅到二层的接待室，门窗及过梁发生了很大变化，并且二层又新增了阳台，所以这些部位的门窗、梁和板都需要修改或补充。

任务一 补画二层门窗

由“建施 05”可知，接待室补画 M1024 及其过梁；走廊①轴处补画 C1221；补画楼梯间 C1815 及其过梁；阳台处需补画 C1221、C3922、MC1829。

1. 画接待室 M1024 及其过梁

单击“绘图输入”中“门窗洞”文件夹前面的“+”使其展开，依次单击“门”“构件列表”，选中“M1024”，单击 点，鼠标移到Ⓑ轴接待室“M1024”处，左边数字框输入“900”，按下〈Enter〉键，单击鼠标右键结束命令。

在“模块导航栏”下依次单击“过梁”“构件列表”，选中“GL1”，单击 点，鼠标移到Ⓑ轴接待室“M1024”处单击鼠标左键，再单击鼠标右键结束命令。

2. 画走廊①轴处 C1221

在“模块导航栏”下单击“窗”，单击“构件列表”中的“C1221”，鼠标移到走廊左端，定位尺寸输入“615mm”，按下〈Enter〉键。说明：定位尺寸 615mm = (2700−450+180−1200)mm/2。

3. 画楼梯间 C1815 及其过梁

依次单击"新建""新建矩形窗",建立"C-1",单击"属性",在"属性编辑框"中将"C-1"改为"C1815",其属性如图 3-11 所示,清单项目名称及项目特征如图 3-12 所示。单击"构件列表"中的"C1815",单击 ⊠点,鼠标移到"D4~D5"处,左(右)边数字框输入"645",按下〈Enter〉键,单击鼠标右键结束命令。说明:645mm =(750-225+240/2)mm。

在"模块导航栏"下单击"过梁",单击"构件列表"下的"GL2",单击 ⊠点,鼠标移到楼梯间 C1815 处单击鼠标左键,再单击鼠标右键结束命令。

(4200-1500-3550)mm=-850mm

图 3-11 C1815 属性

编码	类别	项目名称	项目特征	单位	工程量	表达式说明
1	010807001	项	金属(铝合金)推拉窗	1、窗类型:双扇推拉窗 2、材料:铝合金型材90系列 3、玻璃:平板玻璃厚5mm	m²	DKMJ	DKMJ〈洞口面积〉

图 3-12 C1815 清单项目名称及项目特征

4. 阳台处画 C3922、C1221、MC1829

画 C3922:在"模块导航栏"下依次单击"窗""新建""新建矩形窗",建立"C-1",单击"属性",在"属性编辑框"中将"C-1"改为"C3922",其属性值如图 3-13 所示,清单项目名称及项目特征如图 3-14 所示。单击"构件列表"中的"C3922",单击"智能布置",将鼠标移到阳台外墙处,单击阳台墙的中点,单击鼠标右键结束命令。

画 C1221:单击"构件列表"中的"C1221",单击 ⊠点,将鼠标移到阳台内墙处,在右边数字框(按〈Tab〉键调整数字框)内输入"900",按下〈Enter〉键,单击阳台墙的中点,单击鼠标右键结束命令。

画 MC1829:依次单击"绘图输入"中的"门联窗""新建""新建门联窗",建立"MC-1",在"属性编辑框"中将"MC-1"改为"MC1829",其属性如图 3-15 所示,清单项目名称及项目特征如图 3-16 所示。单击"构件列表"中的"MC1829",单击"精确布置",单击阳台内墙,单击内墙 C1221 的中点(图 3-17),输入"偏移值(mm)"为"-1500",单击"确定"。说明:1500mm = 900mm+1200mm/2。

图 3-13 C3922 属性

编码	类别	项目名称	项目特征	单位	工程量	表达式说明
1	010807001	项	金属(铝合金)推拉窗	1、窗类型:四扇推拉窗 2、材料:铝合金型材90系列 3、玻璃:平板玻璃厚5mm	m²	DKMJ	DKMJ〈洞口面积〉

图 3-14 C3922 清单项目名称及项目特征

图 3-15 MC1829 属性

编码	类别	项目名称	项目特征	单位	工程量表达式	表达式说明
1	010801005	项	木门框	1、门类型：门联窗 2、洞口尺寸：1800mm*2950mm 3、油漆种类、遍数：橘黄色调和漆三遍	m²	DKMJ	DKMJ<洞口面积>
2	010801003	项	木质连窗门	1、门类型：门联窗 2、洞口尺寸：1800mm*2950mm 3、油漆种类、遍数：橘黄色调和漆三遍	m²	DKMJ	DKMJ<洞口面积>
3	010801006	项	门锁安装	1、类型：普通执手锁	个	SL	SL<数量>
4	011401001	项	木门油漆	1、门类型：门联窗 2、洞口尺寸：1800mm*2950mm 3、油漆种类、遍数：橘黄色调和漆三遍	m²	MDKMJ	MDKMJ<门洞口面积>
5	011402001	项	木窗油漆	1、门类型：双扇木窗 2、洞口尺寸：900mm*2050mm 3、油漆种类、遍数：橘黄色调和漆三遍	m²	CDKMJ	CDKMJ<窗洞口面积>

图 3-16　MC1829 清单项目名称及项目特征

任务二　修　改　梁

1. 修改阳台梁 L3

单击"绘图输入"中"梁"文件夹前面的"+"使其展开，依次单击"梁""构件列表""属性""选择"，单击选中绘图区中的 L2，在"属性编辑框"中修改"L2"的属性，将名称改为"L3"，"起点顶标高"改为"层顶标高-0.05"，"终点顶标高"改为"层顶标高-0.05"。

2. 修改阳台悬挑梁 XL2

单击选中绘图区中的两根 XL1，在"属性编辑框"中修改"XL1"的属性，将名称改为"XL2"，截面高度改为"550/400"，"起点顶标高"改为"层顶标高-0.05"，"终点顶标高"改为"层顶标高-0.05"。

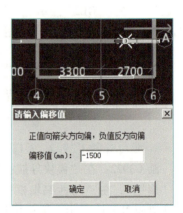

图 3-17　"请输入偏移值"对话框

任务三　修改二层现浇板

1. 修改现浇板属性

单击"绘图输入"中"板"文件夹前面的"+"使其展开，单击"现浇板"，对比附录中的"结施 13"和"结施 14"可以看出，一层大厅 LB3 在二层接待室改为了 LB11，一层大厅外面的 LB3 在二层阳台处改为了 LB12，并且板顶比二层结构标高低 0.05m。

单击"选择"，单击选中绘图区中的 LB3，在"属性编辑框"中将名称改为"LB11"，其他不变。单击选中绘图区阳台板，在"属性编辑框"中将名称改为"LB12"，将厚度改为"100"，顶标高改为"层顶标高-0.05"，其他不变。

2. 观察三维效果图

单击 俯视 右侧下拉箭头，选择 东南等轴测，仔细观察二层阳台处梁、板、柱的标高是否正确，如图 3-18 所示。

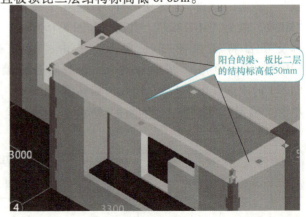

图 3-18　三维效果图

子项四　计算二层主体工程量

除了阳台以外，二层的大部分构件都是从一层直接复制过来的，二层只需要做一些必要的修改和增减。当建筑物一层和二层房间结构基本相同时，只要画完一层，二层很快就会完成。因此，一层的所有构件必须画得准确无误。

任务一　修改二层楼梯扶手

单击"绘图输入"中"自定义"文件夹前面的"+"使其展开，依次单击 自定义线 、"轴网工具栏"中的 平行 、绘图区中的⑤轴线，输入"偏移距离（mm）"为"-225"，单击"确定"；单击 延伸 及辅助轴线（变粗），单击 A 处扶手（图 3-19），单击鼠标右键结束命令。这时，三层的水平扶手延伸到了⑤轴线墙体边（图 3-20），这样楼梯扶手就修改完了。

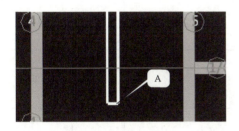

图 3-19　A 处扶手

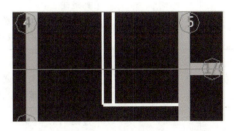

图 3-20　扶手延伸到⑤轴线墙边

单击"模块导航栏"中"轴线"文件夹前面的"+"使其展开，单击 辅助轴线(O) ，单击选中绘图区的所有辅助轴线，单击"修改工具栏"中的 删除 ，这样辅助轴线就被删除了，然后返回 自定义线 层。

任务二　汇总二层工程量

至此，土木实训楼二层主体工程已经做完了，如果要查看二层所有构件的工程量，需要从"报表预览"中查看，其具体操作步骤如下：

1. 汇总计算

单击 Σ 汇总计算 ，弹出"确定执行计算汇总"对话框，勾选"二层"，单击"确定"，软件开始计算，当弹出"汇总所选楼层影响到［首层］的工程量，是否汇总计算影响层？"后，单击"是"，最后弹出"计算汇总成功"对话框，单击"关闭"。

2. 导出工程量表

（1）实体项目清单工程量　单击"模块导航栏"中的 报表预览 ，弹出"设置报表范围"，只勾选二层，单击"确定"。单击"做法汇总分析"文件夹下的 清单汇总表 ，单击 隐藏工程量明细 ，鼠标指针指到"清单汇总表"表格上，单击鼠标右键，单击"导出为 EXCEL 文件（.XLS）"，二层实体项目清单工程量汇总表就完成了，见表 3-1。

表 3-1　二层实体项目清单工程量汇总

工程名称：土木实训楼　　　　　　　　　　　　　　　　　　　　　　　　　　编制日期：

序号	编　　码	项 目 名 称	单位	工程量
1	010401004001	多孔砖墙 1. 砖品种:煤矸石多孔砖 2. 砌体厚度:240mm 3. 砂浆强度等级:M5.0混浆	m^3	43.6738
2	010401005001	空心砖墙 1. 砖品种:煤矸石空心砖 2. 砌体厚度:180mm 3. 砂浆强度等级:M5.0混浆	m^3	26.0586
3	010502001001	矩形柱 1. 混凝土种类:商品混凝土 2. 混凝土强度等级:C30	m^3	16.9328
4	010502002001	构造柱 1. 混凝土种类:泵送商品混凝土 2. 混凝土强度等级:C25	m^3	1.5508
5	010503002001	矩形梁 1. 混凝土种类:泵送商品混凝土 2. 混凝土强度等级:C30	m^3	17.9644
6	010503005001	过梁 1. 混凝土种类:泵送商品混凝土 2. 混凝土强度等级:C25	m^3	0.5742
7	010505001001	有梁板 1. 混凝土种类:泵送商品混凝土 2. 混凝土强度等级:C30	m^3	2.5729
8	010505003001	平板 1. 混凝土种类:泵送商品混凝土 2. 混凝土强度等级:C30	m^3	39.1418
9	010505008002	阳台板 1. 混凝土种类:泵送商品混凝土 2. 混凝土强度等级:C30	m^3	1.7985
10	010506001001	直形楼梯 1. 混凝土种类:泵送商品混凝土 2. 混凝土强度等级:C25	m^2	15.1763
11	010801001002	木质门 1. 门类型:无纱玻璃镶木板门 2. 洞口尺寸:1000mm×2400mm 3. 玻璃:玻璃厚3mm	m^2	12
12	010801001003	木质门 1. 门类型:无纱玻璃镶木板门 2. 洞口尺寸:900mm×2400mm 3. 玻璃:玻璃厚3mm	m^2	4.32

(续)

序号	编码	项目名称	单位	工程量
13	010801001004	木质门 1. 门类型：无纱玻璃镶木板门 2. 洞口尺寸：900mm×2100mm 3. 玻璃：玻璃厚 3mm	m²	1.89
14	010801003001	木质连窗门 1. 门类型：门联窗 2. 洞口尺寸：1800mm×2950mm 3. 油漆种类、遍数：橘黄色调和漆三遍	m²	4.5
15	010801005002	木门框 1. 门类型：无纱玻璃镶木板门 2. 洞口尺寸：1000mm×2400mm 3. 油漆种类、遍数：橘黄色调和漆三遍	m²	12
16	010801005003	木门框 1. 门类型：无纱玻璃镶木板门 2. 洞口尺寸：900mm×2400mm 3. 油漆种类、遍数：橘黄色调和漆三遍	m²	4.32
17	010801005004	木门框 1. 门类型：无纱玻璃镶木板门 2. 洞口尺寸：900mm×2100mm 3. 油漆种类、遍数：橘黄色调和漆三遍	m²	1.89
18	010801005005	木门框 1. 门类型：门联窗 2. 洞口尺寸：1800mm×2950mm 3. 油漆种类、遍数：橘黄色调和漆三遍	m²	4.5
19	010801006001	门锁安装 类型：普通执手锁	个	8
20	010807001001	金属（铝合金）推拉窗 1. 窗类型：三扇推拉窗 2. 材料：铝合金型材 90 系列 3. 玻璃：平板玻璃厚 5mm	m²	22.68
21	010807001002	金属（铝合金）推拉窗 1. 窗类型：双扇推拉窗 2. 材料：铝合金型材 90 系列 3. 玻璃：平板玻璃厚 5mm	m²	19.08
22	010807001003	金属（铝合金）推拉窗 1. 窗类型：四扇推拉窗 2. 材料：铝合金型材 90 系列 3. 玻璃：平板玻璃厚 5mm	m²	8.775
23	011106004001	水泥砂浆楼梯面层 1. 面层厚度：20mm 2. 砂浆配合比：1∶2 水泥砂浆	m²	15.1763

（续）

序号	编码	项目名称	单位	工程量
24	011301001001	天棚抹灰 1. 面层：1：2.5水泥砂浆厚7mm 2. 找平：1：3水泥砂浆厚7mm	m^2	19.8809
25	011401001002	木门油漆 1. 门类型：无纱玻璃镶木板门 2. 洞口尺寸：1000mm×2400mm 3. 油漆种类、遍数：橘黄色调和漆三遍	m^2	12
26	011401001003	木门油漆 1. 门类型：无纱玻璃镶木板门 2. 洞口尺寸：900mm×2400mm 3. 油漆种类、遍数：橘黄色调和漆三遍	m^2	4.32
27	011401001004	木门油漆 1. 门类型：无纱玻璃镶木板门 2. 洞口尺寸：900mm×2100mm 3. 油漆种类、遍数：橘黄色调和漆三遍	m^2	1.89
28	011401001005	木门油漆 1. 门类型：门联窗 2. 洞口尺寸：1800mm×2950mm 3. 油漆种类、遍数：橘黄色调和漆三遍	m^2	2.655
29	011402001001	木窗油漆 1. 门类型：双扇木窗 2. 洞口尺寸：900mm×2050mm 3. 油漆种类、遍数：橘黄色调和漆三遍	m^2	1.845
30	011407002001	天棚喷刷涂料 1. 面层：刷乳胶漆两遍 2. 腻子要求：满刮两遍	m^2	19.8809
31	011503001001	金属扶手 1. 材料：不锈钢扶手栏杆 2. 形式：格构式	m	9.7705

（2）措施项目清单工程量　选中"措施项目"，鼠标指针指到"清单汇总表"表格上，单击鼠标右键，单击"导出为EXCEL文件（.XLS）"，二层措施项目清单工程量汇总表就完成了，见表3-2。

表3-2　二层措施项目清单工程量汇总

工程名称：土木实训楼　　　　　　　　　　　　　　　　　　　　　　　编制日期：

序号	编码	项目名称	单位	工程量
1	011701002001	外脚手架 1. 脚手架搭设的方式：单排 2. 高度：3.6m以内 3. 材质：钢管脚手架	m^2	447.2496
2	011701002003	外脚手架 1. 脚手架搭设的方式：双排 2. 高度：3.6m以内 3. 材质：钢管脚手架	m^2	272.6811

（续）

序号	编码	项目名称	单位	工程量
3	011701002004	外脚手架 1. 脚手架搭设的方式：双排 2. 高度：15m 以内 3. 材质：钢管脚手架	m²	271.6675
4	011701003001	里脚手架 1. 脚手架搭设的方式：双排 2. 高度：3.6m 以内 3. 材质：钢管脚手架	m²	239.607
5	011702002001	矩形柱 1. 模板的材质：胶合板 2. 支撑：钢管支撑	m²	136.2057
6	011702003001	构造柱 1. 支撑高度：3.6m 以内 2. 模板的材质：胶合板 3. 支撑：钢管支撑	m²	17.0251
7	011702006001	矩形梁 1. 支撑高度：3.6m 以内 2. 模板的材质：胶合板 3. 支撑：钢管支撑	m²	171.1075
8	011702009001	过梁 1. 支撑高度：3.6m 以内 2. 模板的材质：胶合板 3. 支撑：钢管支撑	m²	7.872
9	011702014001	有梁板 1. 支撑高度：3.6m 以内 2. 模板的材质：胶合板 3. 支撑：钢管支撑	m²	16.796
10	011702016001	平板 1. 支撑高度：3.6m 以内 2. 模板的材质：胶合板 3. 支撑：钢管支撑	m²	243.2798
11	011702023001	阳台板 1. 支撑高度：3.6m 以内 2. 模板的材质：胶合板 3. 支撑：钢管支撑	m²	7.5
12	011702024001	楼梯 双跑平行楼梯（无斜梁）	m²	15.1763

项目四　三层主体工程算量

子项一　将二层构件图元复制到三层，修改柱

三层是土木实训楼的顶层，对比识读二层与三层的施工图，不难发现，许多梁、板的名称和截面尺寸都发生了变化；另外，门窗的尺寸也发生了较大的变化，局部墙体也有所改动，但是梁板和窗的平面位置并没有多大变动。所以，为了提高绘图速度，仍然需要把二层的大部分构件复制到三层，然后再做相应的修改。

任务一　将二层构件图元复制到三层

单击"模块导航栏"中的"绘图输入"，单击"构件工具栏"中"第2层"右侧下拉箭头切换到"第3层"，选择主菜单"楼层"→"从其他楼层复制构件图元…"选项，目标楼层选择"第3层"（默认），"源楼层选择"选"第2层"（默认），图元选择如图4-1所示。

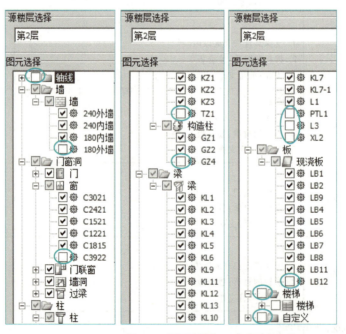

图4-1　图元选择

勾选完以后单击"确定"，软件提示"图元复制成功"，单击"确定"。

任务二　修　改　柱

1. 修改框架柱

仔细识读附录中的"结施05"，可以看到三层有8根框架柱的柱顶高度为10.80m，它们

超出了三层的层顶标高（10.50m），这时应修改这部分柱的顶标高。

单击"绘图输入"中"柱"文件夹前面的"+"使其展开，单击"柱（Z）"，单击"选择"，依次单击选中土木实训楼四个角上的框架柱、②轴与⑧轴和ⓒ轴交点处的KZ2、④轴与⑧轴交点处的KZ3、④轴与ⓒ轴交点处的KZ2，在"属性编辑框"中将"顶标高（m）"改为"10.8"。

2. 修改构造柱

单击"绘图输入"中"柱"文件夹前面的"+"使其展开，依次单击"构造柱"、批量选择，弹出"批量选择图元"对话框，依次勾选"GZ1"和"GZ2"，单击"确定"，修改构造柱属性，如图4-2所示。修改完属性后，在黑色绘图区单击鼠标右键，单击"取消选择"。

图4-2 构造柱属性修改

子项二 修改三层墙体，补画露台栏板，画露台栏杆、扶手

对比识读附录中的"建施05""建施06"可知，建筑节能实验室与数字建筑实验室的隔墙为100mm厚硅镁多孔墙板，Ⓐ轴活动室的南墙属性应改成外墙；厕所、洗漱间墙体的高度需要更改；露台处的混凝土栏板需要补画。

任务一 修改三层墙体

1. 修改Ⓐ轴线活动室的墙体

单击"绘图输入"中"墙"文件夹前面的"+"使其展开，单击 墙(Q)，单击"构件列表"，弹出"构件列表"对话框；单击"属性"，弹出"属性编辑框"对话框，单击选中绘图区的Ⓐ轴线活动室的南墙，在"属性编辑框"中将名称改为"240露台外墙"，"内/外墙标志"改为"外墙"。

单击 定义，弹出"添加清单"对话框，添加"240露台外墙"的清单，如图4-3所示。

编码	类别	项目名称	项目特征	单位	工程量表达式	表达式说明	综合	措施项目
1	010401004	项	多孔砖墙	1、砖品种：煤矸石多孔砖 2、砌体厚度：240mm 3、砂浆强度等级：M5.0混浆	m³	TJ	TJ<体积>		
2	011701002	项	外脚手架	1、脚手架搭设的方式：双排 2、高度：6m以内 3、材质：钢管脚手架	m²	WQWJSJMJ	WQWJSJMJ<外墙外脚手架面积>		☑

图4-3 "240露台外墙"清单项目名称及项目特征

2. 修改厕所、洗漱间墙体

单击选中厕所、洗漱间墙体，在"属性编辑框"中将"起点顶标高（m）"改为"层顶标高"；将"终点顶标高（m）"改为"层顶标高"。

单击 三维，仔细察看修改属性前后此墙顶面标高的变化。

3. 补画②轴线的隔墙

1）依次单击"新建""新建内墙"，建立"Q-1"，在"属性编辑框"中将"Q-1"改为

"100 内墙",类别为"轻质墙板",厚度改为"100","内/外墙标志"为"内墙"。

2) 双击"构件列表"下的"100 内墙 [轻质墙板]",弹出"清单添加"对话框,"100 内墙"的清单项目名称及项目特征如图 4-4 所示,双击"100 内墙 [轻质墙板]"返回绘图界面。

编码	类别	项目名称	项目特征	单位	工程量表达式	表达式说明	综合	措施项目
1 011210006	项	其他隔断	1、材料:硅镁多孔板 2、厚度:100mm	m²	TJ/0.1	TJ<体积>/0.1		☐

图 4-4 "100 内墙"清单项目名称及项目特征

3) 画 100mm 内墙:依次单击"绘图工具栏"中的 直线,绘图区中的②轴与Ⓐ轴交点、②轴与Ⓑ轴交点,单击鼠标右键结束命令;依次单击 延伸、Ⓐ轴线墙体、隔墙,单击 延伸、Ⓑ轴线墙体、隔墙,单击鼠标右键结束命令。

任务二 补画露台栏板

1. 建立露台栏板

单击"绘图输入"中"其他"文件夹前面的"+"使其展开,单击 栏板(K),单击"构件列表"下的"新建""新建矩形栏板",建立"LB-1",在"属性编辑框"中将"LB-1"改名为"露台混凝土栏板",其属性值如图 4-5 所示。

双击"构件列表"下的"露台混凝土栏板",弹出"清单添加"对话框,露台混凝土栏板的清单项目名称及项目特征如图 4-6 所示,双击"露台混凝土栏板"返回绘图界面。

图 4-5 露台栏板属性

2. 作辅助轴线

单击"轴网工具栏"中的 平行 及绘图区中的Ⓐ轴线,软件自动弹出"请输入"对话框,输入"偏移距离(mm)"为"-105",输入"轴号"为"1/0A",单击"确定"。

编码	类	项目名称	项目特征	单位	工程量	表达式说明	综合	措施
1 010505006	项	栏板	1、混凝土种类:泵送商品混凝土 2、混凝土强度等级:C25	m³	TJ	TJ<体积>		☐
2 011702021	项	栏板	1、支撑高度:15m以内 2、模板的材质:胶合板 3、支撑:钢管支撑	m²	MBMJ	MBMJ<模板面积>		☑
3 011701002	项	外脚手架	1、脚手架搭设的方式:双排 2、高度:15m以内 3、材质:钢管脚手架	m²	TJ/0.1	TJ<体积>/0.1		☑

图 4-6 露台栏板清单项目名称及项目特征

用同样方法作辅助轴线:②/ⓐ轴,位于Ⓐ轴线下边 1975mm;1/④轴,位于④轴线右侧 25mm;1/⑥轴,位于⑥号轴线右侧 175mm。说明:1975mm = (1800 + 225 - 100/2) mm;25mm = 225mm - (250 - 100) mm - 100mm/2;175mm = 225mm - 100mm/2。

延伸轴线:在第三层,单击"绘图输入"中"轴线"文件夹前面的"+"使其展开,单

项目四 三层主体工程算量

击 辅助轴线(O)，单击"修改工具栏"中的 延伸，绘图区中的②ₐ轴（变粗）、①/₄轴、①/₆轴，单击鼠标右键；单击①/₆轴（变粗）、①/₄轴、②ₐ轴，单击鼠标右键，这样辅助轴线就相交了。

3. 画图

依次单击"绘图工具栏"中的 直线，绘图区中的①ₐ轴与①/₄轴交点、②ₐ轴与①/₄轴交点、②ₐ轴与①/₆轴交点、①ₐ轴与①/₆轴交点，单击鼠标右键结束命令。

4. 查看工程量

单击 Σ 汇总计算，单击 查看工程量，露台栏板清单工程量明细如图 4-7 所示。

编码	项目名称	单位	工程量
1	010505006	栏板	m³	0.579
2	011702021	栏板	m²	11.58
3	011701002	外脚手架	m²	5.79

图 4-7 露台栏板清单工程量明细

任务三 画露台栏杆、扶手

1. 建立露台栏杆、扶手

单击"绘图输入"中"自定义"文件夹前面的"+"使其展开，单击 自定义线，单击"构件列表"下的"新建""新建矩形自定义线"，建立"ZDYX-1"，在"属性编辑框"中将"ZDYX-1"改名为"露台栏杆、扶手"，其属性值如图4-8所示，清单项目名称及项目特征如图 4-9 所示。

图 4-8 露台栏杆、扶手属性

2. 画图

依次单击"构件列表"中的"露台栏杆、扶手"，"绘图工具栏"中的 直线，绘图区中的①ₐ轴与①/₄轴交点、②ₐ轴与①/₄轴交点、②ₐ轴与①/₆轴交点、①ₐ轴与①/₆轴交点，单击鼠标右键结束命令。

编码	类别	项目名称	项目特征	单位	工程	表达式说明
1	011503001	项	露台栏杆、扶手	1. 材料：不锈钢栏杆、扶手	m	CD	CD<长度>

图 4-9 露台栏杆、扶手清单项目名称及项目特征

切换到"辅助轴线"层，删除所有辅助轴线，返回"自定义线"层。

3. 查看工程量

单击 Σ 汇总计算，单击 查看工程量，其工程量如图 4-10 所示。

编码	项目名称	单位	工程量
1	011503001	露台栏杆、扶手	m	9.65

图 4-10 露台栏杆、扶手清单工程量明细

子项三 修改三层的梁和板

通过对比识读附录中的"结施08"~"结施11"，可以发现，虽然三层的屋面梁和二层的框架梁相比几何尺寸发生了很大变化，但是三层的大部分屋面梁和二层的框架梁位置是一样的，这时应对三层的屋面梁重新定义其属性和做法，而不必重画。

任务一 修改三层屋面梁

1. 修改屋面框架梁的名称和属性

单击"绘图输入"中的 梁(L)，单击"属性"，弹出"属性编辑框"对话框；单击"构件列表"，弹出"构件列表"对话框。在"属性编辑框"中将"KL1"改为"WKL1"，将"KL2"改为"WKL2"，将"KL4"改为"WKL4"，将"KL5"改为"WKL5"，将"KL7"改为"WKL6"，将"KL9"改为"WKL9"，将"KL10"改为"WKL10"，将"KL11"改为"WKL11"，将"KL12"改为"WKL12"。单击 批量选择，选择屋面框架梁（图 4-11），单击"确定"。在"属性编辑框"中将"截面高度（mm）"改为"550"，如图 4-12 所示。在绘图区单击鼠标右键，单击"取消选择"。

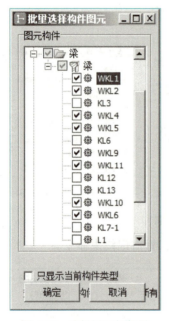

图 4-11 选择屋面框架梁

图 4-12 屋面框架梁属性修改

2. 调整梁的位置

1）调整 KL3 高度：单击"选择"，用鼠标左键框选①轴上"KL3"，在"属性编辑框"中将"起点顶标高（m）"后的"层顶标高"改为"层底标高+1.0"，将"终点顶标高（m）"后的"层顶标高"改为"层底标高+1.0"（1.0m=7.8m-7.15m+0.35m）。在"绘图输入"中切换到"过梁"层，删除此处 C1815 上部的 GL2，然后返回"梁"层。

2）删除部分框架梁：单击 批量选择，选择 KL6、KL13 和 KL7-1，然后删除选中的框架梁。

3）延伸部分屋面框架梁：单击 延伸 、⑥轴线 WKL9、⑧轴线 WKL6、ⓒ轴线 WKL5；单击 延伸 、①轴线 WKL2、②轴线 WKL11、④轴线 WKL11；单击 延伸 、④轴线 WKL11、①轴线 WKL4。

4）修改 WL1：单击选中绘图区的 L1，在"属性编辑框"中将"L1"改为"WL1"，将"起点顶标高（m）"改为"层顶标高"，将"终点顶标高（m）"改为"层顶标高"。

项目四　三层主体工程算量

5）单击 三维，仔细观察各种梁修改后的变化。

任务二　修改三层屋面板

1. 对比分析

识读附录中的"结施14""结施15",可以看出,三层屋面板的现浇板与二层发生了很大变化,这时应全部删除从二层复制上来的现浇板,三层板重新布置。

2. 删除现浇板

单击 选择,框选三层所有的现浇板,单击 ,在"构件列表"中选中所有构件,单击 ×。

3. 新建现浇板

单击"构件列表"下的"新建""新建现浇板",建立"XB-1",填写属性值,如图4-13所示。单击"构件列表"下的 ,建立"XB-1"。

4. 画现浇板

单击"构件列表"中的"XB-1",单击 矩形,单击Ⓐ轴与①轴交点、Ⓓ轴与⑥轴交点,单击 按梁分割 后面的 >>,选择 延伸板边到墙、梁边,单击选择绘图区中的XB-1,单击鼠标右键,这时XB-1已经延伸到了边梁的外侧。

图4-13　XB-1属性修改

5. 分割现浇板

在黑色绘图区单击选中画好的XB-1,单击鼠标右键,单击"分割",按下〈Shift〉键,单击Ⓓ轴与⑤轴交点,输入偏移量"X"="-100","Y"="225",单击"确定";按下〈Shift〉键,单击Ⓒ轴与⑤轴交点,输入偏移量"X"="-100","Y"="-100",单击"确定";按下〈Shift〉键,单击Ⓒ轴与⑥轴交点,输入偏移量"X"="225","Y"="-100",单击"确定",单击鼠标右键。再单击鼠标右键,软件提示分割成功,单击"确定"。单击选中绘图区中男厕所和洗漱间的板,在"属性编辑框"中将名称改为"XB-2"。

6. 添加项目名称及特征

单击 定义 弹出"添加清单"对话框,填写"XB-1""XB-2"清单项目名称及项目特征,如图4-14和图4-15所示,填完后单击 绘图,返回绘图界面。

	编码	类别	项目名称	项目特征	单位	工程	表达式说明	综合	措施项目
1	010505003	项	平板	1、混凝土种类:泵送商品混凝土 2、混凝土强度等级:C30	m³	TJ	TJ〈体积〉		☐
2	011702016	项	平板	1、支撑高度:3.6m以内 2、模板的材质:胶合板 3、支撑:钢管支撑	m²	MBMJ	MBMJ〈底面模板面积〉		☑

图4-14　XB-1清单项目名称及项目特征

	编码	类别	项目名称	项目特征	单位	工程	表达式说明	综合	措施项目
1	010505001	项	有梁板	1、混凝土种类:泵送商品混凝土 2、混凝土强度等级:C30	m³	TJ	TJ〈体积〉		☐
2	011702014	项	有梁板	1、支撑高度:3.6m以内 2、模板的材质:胶合板 3、支撑:钢管支撑	m²	MBMJ	MBMJ〈模板面积〉		☑

图4-15　XB-2清单项目名称及项目特征

子项四　修改三层的门、窗

对比识读附录中的"建施05""建施06",需要补画建筑节能实验室与数字建筑实验室隔墙上的M1021;露台的门联窗由二层的MC1829变成了MC1827。

任务一　修改三层的门

1. 补画隔墙上的M1021

单击"绘图输入"中"门窗洞"文件夹前面的"+"使其展开,单击 门(M),单击"构件列表"中的"M1024",单击"构件列表"下的 ,得到"M1024-1",在"属性编辑框"中改名为"M1021","洞口高度(mm)"改为"2100"。

单击"构件列表"中"M1021",单击 点,在上部数字框(按〈Tab〉键调整)中输入"360",按〈Enter〉键确认。说明:450mm-180mm/2=360mm。

2. 补画MC1827

(1) 建立"MC1827"　单击"绘图输入"中的"门联窗",单击"新建""新建门联窗",建立"MC-1",在"属性编辑框"中将"MLC-1"改为"MC1827",其属性值如图4-16所示,清单项目名称及项目特征如图4-17所示。

图4-16　MC1827属性

编码	类别	项目名称	项目特征	单位	工程量	表达式说明	综合	措施项目
1	010807001	项	金属(塑钢、断桥)窗	1. 窗类型:推拉窗 2. 材料:铝合金型材90系列 3. 玻璃:平板玻璃厚5mm	m²	CDKMJ	CDKMJ〈窗洞口面积〉		□
2	010802001	项	金属(塑钢)门	1. 门类型:铝合金单扇平开门 2. 洞口尺寸:900mm*2750mm 3. 玻璃:平板玻璃厚5mm	m²	MDKMJ	MDKMJ〈门洞口面积〉		□

图4-17　MC1827清单项目名称及项目特征

(2) 画图　单击 绘图,单击"选择",选中绘图区的"MC1829",在"属性编辑框"中单击"MC1829",右侧下拉箭头,选择"MC1827",弹出"确认"对话框,单击"是"。

任务二　修改三层的窗

1. 观察分析

(1) 观察　单击 三维,在显示框架梁(按〈L〉键)的状态下,会发现三层的外墙窗除楼梯间C1815和MC1827外,全部伸进了框架梁里面。

(2) 分析　查阅附录中的"建施05""建施06""建施09""建施10"等,三层的外墙窗和对应的二层窗比较,除宽度不变外,窗户高度由二层的2100mm变成三层的1800mm,窗台高度由二层的850mm变成三层的950mm。

2. 逐一修改

1) 单击"绘图输入"中的"窗",单击"构件列表"中的"C1521",单击鼠标右键,新建"重命名",将"C1521"改为"C1518"。用同样方法,将"C3021"改为"C3018",将"C2421"改为"C2418",将"C1221"改为"C1218"。

2)单击 批量选择,弹出"批量选择构件图元"对话框,勾选"C1518""C3018""C2418"和"C1218",单击"确定"。在"属性编辑框"中将"洞口高度(mm)"由原来的"2100"改为"1800",将"离地高度(mm)"由原来的"900"改为"1000"。单击 三维,仔细观察修改前后外墙窗户的变化。

3)删除辅助轴线。单击"模块导航栏"中"轴线"文件夹前面的"+"使其展开,单击 辅助轴线(O),选中绘图区所有辅助轴线,单击"修改工具栏"中的 删除,这样辅助轴线就被删除了,然后返回 窗(C)层。

3. 关闭跨层构件

选择主菜单 工具(T)→"选项"→"其他"选项,取消勾选 显示跨层图元,取消勾选 编辑跨层图元,单击"确定"。

子项五 计算三层主体工程量

三层的主体构件画完以后就可以汇总计算三层工程量了。

任务一 汇总三层工程量

至此,土木实训楼三层主体工程已经修改完了,这时应进行汇总计算,具体操作步骤是:单击"汇总计算",弹出"确定执行计算汇总"对话框,勾选"全部楼层",单击"确定",软件开始计算。当软件弹出"汇总所选楼层影响到〔第2层〕的工程量,是否汇总计算影响层?"后,单击"是",最后弹出"计算汇总成功"对话框,单击"关闭"。

任务二 导出三层工程量

1. 实体项目清单工程量

如果要查看三层所有构件的工程量,需要从"报表预览"中查看,具体操作步骤是:单击"模块导航栏"中 报表预览,弹出"设置报表范围"(勾选第三层),单击"确定"。单击"做法汇总分析"文件夹下的 清单汇总表,单击 隐藏工程量明细,选择"实体项目",鼠标指针指到"清单汇总表"表格上,单击鼠标右键,单击"导出为EXCEL文件(.XLS)",三层实体项目清单工程量汇总表就完成了,见表4-1。

表4-1 三层实体项目清单工程量汇总

工程名称:土木实训楼　　　　　　　　　　　　　　　　　　　　编制日期:

序号	编码	项目名称	单位	工程量
1	010401004001	多孔砖墙 1. 砖品种:煤矸石多孔砖 2. 砌体厚度:240mm 3. 砂浆强度等级:M5.0混浆	m³	41.4248

（续）

序号	编码	项目名称	单位	工程量
2	010401004002	多孔砖墙 1. 砖品种：煤矸石多孔砖 2. 砌体厚度：180mm 3. 砂浆强度等级：M5.0混浆	m^3	20.9711
3	010502001001	矩形柱 1. 混凝土种类：泵送商品混凝土 2. 混凝土强度等级：C30	m^3	16.0753
4	010502002001	构造柱 1. 混凝土种类：泵送商品混凝土 2. 混凝土强度等级：C25	m^3	1.1981
5	010503002001	矩形梁 1. 混凝土种类：泵送商品混凝土 2. 混凝土强度等级：C30	m^3	16.0444
6	010503005001	过梁 1. 混凝土种类：泵送商品混凝土 2. 混凝土强度等级：C25	m^3	0.4638
7	010505001001	有梁板 1. 混凝土种类：泵送商品混凝土 2. 混凝土强度等级：C30	m^3	3.0325
8	010505003001	平板 1. 混凝土种类：泵送商品混凝土 2. 混凝土强度等级：C30	m^3	44.5117
9	010505006001	栏板 1. 混凝土种类：泵送商品混凝土 2. 混凝土强度等级：C25	m^3	0.579
10	010801001002	木质门 1. 门类型：无纱玻璃镶木板门 2. 洞口尺寸：1000mm×2400mm 3. 玻璃：玻璃厚3mm	m^2	14.1
11	010801001003	木质门 1. 门类型：无纱玻璃镶木板门 2. 洞口尺寸：900mm×2400mm 3. 玻璃：玻璃厚3mm	m^2	4.32
12	010801001004	木质门 1. 门类型：无纱玻璃镶木板门 2. 洞口尺寸：900mm×2100mm 3. 玻璃：玻璃厚3mm	m^2	1.89
13	010801005002	木门框 1. 门类型：无纱玻璃镶木板门 2. 洞口尺寸：1000mm×2400mm 3. 油漆种类、遍数：橘黄色调和漆三遍	m^2	14.1

(续)

序号	编码	项目名称	单位	工程量
14	010801005003	木门框 1. 门类型:无纱玻璃镶木板门 2. 洞口尺寸:900mm×2400mm 3. 油漆种类、遍数:橘黄色调和漆三遍	m²	4.32
15	010801005004	木门框 1. 门类型:无纱玻璃镶木板门 2. 洞口尺寸:900mm×2100mm 3. 油漆种类、遍数:橘黄色调和漆三遍	m²	1.89
16	010801006001	门锁安装 类型:普通执手锁	个	8
17	010802001002	金属(塑钢)门 1. 门类型:铝合金单扇平开门 2. 洞口尺寸:900mm×2750mm 3. 玻璃:平板玻璃厚5mm	m²	2.475
18	010807001001	金属(铝合金)推拉窗 1. 窗类型:三扇推拉窗 2. 材料:铝合金型材90系列 3. 玻璃:平板玻璃厚5mm	m²	19.44
19	010807001002	金属(铝合金)推拉窗 1. 窗类型:双扇推拉窗 2. 材料:铝合金型材90系列 3. 玻璃:平板玻璃厚5mm	m²	16.74
20	010807001004	金属(塑钢、断桥)窗 1. 窗类型:推拉窗 2. 材料:铝合金型材90系列 3. 玻璃:平板玻璃厚5mm	m²	1.62
21	011210006001	其他隔断 1. 材料:硅镁多孔板 2. 厚度:100mm	m²	13.44
22	011401001002	木门油漆 1. 门类型:无纱玻璃镶木板门 2. 洞口尺寸:1000mm×2400mm 3. 油漆种类、遍数:橘黄色调和漆三遍	m²	14.1
23	011401001003	木门油漆 1. 门类型:无纱玻璃镶木板门 2. 洞口尺寸:900mm×2400mm 3. 油漆种类、遍数:橘黄色调和漆三遍	m²	4.32
24	011401001004	木门油漆 1. 门类型:无纱玻璃镶木板门 2. 洞口尺寸:900mm×2100mm 3. 油漆种类、遍数:橘黄色调和漆三遍	m²	1.89
25	011503001002	露台栏杆、扶手 材料:不锈钢栏杆、扶手	m	9.65

2. 措施项目清单工程量

单击选择"措施项目",鼠标指针指到"清单汇总表"表格上,单击指针右键,单击"导出为EXCEL文件(.XLS)",三层措施项目清单工程量汇总表就完成了,见表4-2。

表4-2 三层措施项目清单工程量汇总

工程名称:土木实训楼　　　　　　　　　　　　　　　　　　编制日期:

序号	编码	项目名称	单位	工程量
1	011701002001	外脚手架 1. 脚手架搭设的方式:单排 2. 高度:3.6m以内 3. 材质:钢管脚手架	m^2	413.74
2	011701002003	外脚手架 1. 脚手架搭设的方式:双排 2. 高度:3.6m以内 3. 材质:钢管脚手架	m^2	262.88
3	011701002004	外脚手架 1. 脚手架搭设的方式:双排 2. 高度:15m以内 3. 材质:钢管脚手架	m^2	226.5885
4	011701002005	外脚手架 1. 脚手架搭设的方式:双排 2. 高度:6m以内 3. 材质:钢管脚手架	m^2	20.4015
5	011701003001	里脚手架 1. 脚手架搭设的方式:双排 2. 高度:3.6m以内 3. 材质:钢管脚手架	m^2	204.5495
6	011702002001	矩形柱 1. 模板的材质:胶合板 2. 支撑:钢管支撑	m^2	127.4165
7	011702003001	构造柱 1. 支撑高度:3.6m以内 2. 模板的材质:胶合板 3. 支撑:钢管支撑	m^2	12.288
8	011702006001	矩形梁 1. 支撑高度:3.6m以内 2. 模板的材质:胶合板 3. 支撑:钢管支撑	m^2	158.0409
9	011702009001	过梁 1. 支撑高度:3.6m以内 2. 模板的材质:胶合板 3. 支撑:钢管支撑	m^2	6.52
10	011702014001	有梁板 1. 支撑高度:3.6m以内 2. 模板的材质:胶合板 3. 支撑:钢管支撑	m^2	16.64

(续)

序号	编码	项目名称	单位	工程量
11	011702016001	平板 1. 支撑高度:3.6m 以内 2. 模板的材质:胶合板 3. 支撑:钢管支撑	m²	257.16
12	011702021001	栏板 1. 支撑高度:15m 以内 2. 模板的材质:胶合板 3. 支撑:钢管支撑	m²	11.58

从实体项目和措施项目清单工程量表可以看出,项目名称分得很细,如果绘图时出现计算值和本书数据对不上的情况,根据项目名称能很容易找到出错的地方。

项目五　闷顶层主体工程算量

子项一　画闷顶层的梁、墙和构造柱

对比识读附录中的"建施06"~"建施08"、"结施05"、"结施10"~"结施12"、"结施15"、"结施16"可知，除了有8根跨层构件伸到闷顶层的框架柱以外，三层的所有构件在闷顶层都没有，所以闷顶层的梁、墙、构造柱、圈梁、板等需要新画。

任务一　画闷顶层的梁

1. 定义构件属性

单击"构件工具栏"第3层右侧下拉箭头，选择"闷顶层"，单击"绘图输入"中"梁"文件夹前面的"+"使其展开，单击 梁(L)，打开"构件列表"和"属性编辑框"，单击"新建""新建矩形梁"建立"KL-1"，反复操作，建立"KL-2"，在"属性编辑框"中将"KL-1"的名称改为"YL"，将"KL-2"的名称改为"WL2"，其属性值如图5-1所示。

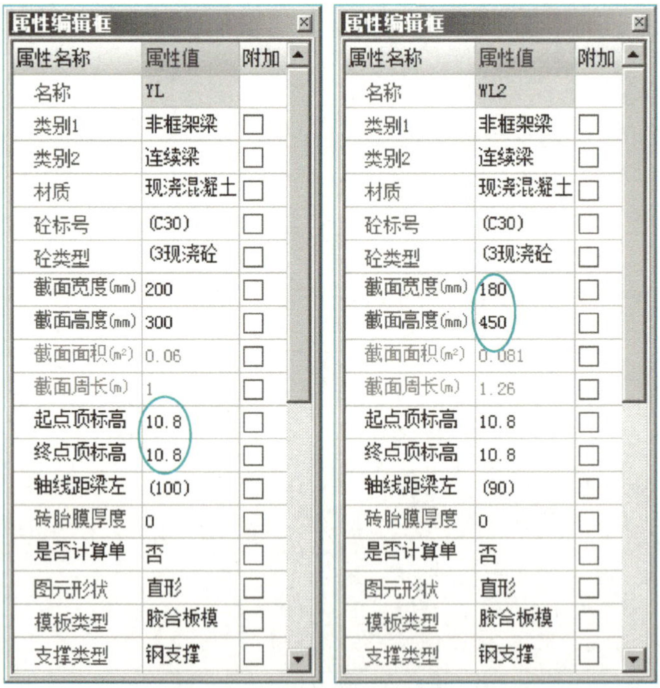

图5-1　YL、WL2属性

2. 添加清单项目名称及特征

单击 定义，弹出"添加清单"对话框，填写YL和WL2的清单项目名称及项目特征，如图5-2所示，填完后单击 绘图，返回绘图界面。

项目五 闷顶层主体工程算量

	编码	类别	项目名称	项目特征	单位	工程量	表达式说明	综合	措施项目
1	010503002	项	矩形梁	1、混凝土种类：泵送商品混凝土 2、混凝土强度等级：C30	m³	TJ	TJ〈体积〉		☐
2	011702006	项	矩形梁	1、支撑高度：3.6m以内 2、模板的材质：胶合板 3、支撑：钢管支撑	m²	MBMJ	MBMJ〈模板面积〉		☑

图 5-2　YL、WL2 清单项目名称及项目特征

3. 画 YL

1）显示跨层构件：选择主菜单 工具(T) →"选项"→"其他"选项，勾选 ☑显示跨层图元，勾选 ☑编辑跨层图元，单击"确定"。

2）画 YL：依次单击"构件列表"中的"YL"、"绘图工具栏"中的 ↘直线、绘图区中 4 个角柱处的轴网交点，单击鼠标右键结束命令。单击 ⇄对齐、"单对齐"，单击Ⓐ①轴处 KZ1 的下边线（边线变粗）、Ⓐ轴线 YL 的下边线，这时 YL 就已经位于图样位置。用同样方法，参照图样，依次调整其他 3 根 YL。单击 ⇉延伸，单击Ⓐ轴线 YL（中心线变粗）、①轴线 YL，这时①轴线 YL 就延伸到了Ⓐ轴线 YL 处。用同样方法，依次调整其他部位的 YL。

3）画四根斜脊处的 WL2：依次单击"构件列表"中的"WL2"、"绘图工具栏"中的 ↘直线、绘图区中Ⓐ轴与①轴交点、Ⓑ轴与②轴交点，单击鼠标右键；单击Ⓓ轴与①轴交点、Ⓒ轴与②轴交点，单击鼠标右键；单击Ⓐ轴与⑥轴交点、Ⓑ轴与④轴交点，单击鼠标右键；单击Ⓓ轴与⑥轴交点、Ⓒ轴与④轴交点，单击鼠标右键结束命令。

4）作辅助轴线：单击 ⫴平行、单击①轴线，在弹出的"请输入"对话框（图 5-3）中填写数据，单击"确定"。用同样方法，作②/₁轴，在①轴线右边，距①轴线 5700mm；作½轴，在②/₁轴右边，距②/₁轴 4500mm；作¼轴，在½轴右边，距½轴 4500mm；作²/₄轴，在⑥轴线左边，距⑥轴线 4900mm；作¹/ₐ轴，在Ⓐ轴线上边，距Ⓐ轴线 4500mm；作²/ₐ轴，在¹/ₐ轴线上边，距¹/ₐ轴线 4900mm；作¹/ᵦ轴，在Ⓑ轴线上边，距Ⓑ轴线 225mm；作²/ᵦ轴，在²/ₐ轴上边，距²/ₐ轴 2450mm；作⁰/c轴，在²/ₐ轴上边，距²/ₐ轴 4900mm。

4. 画 WL2

仔细识读附录中的"结施 12"，参照所作的辅助轴线，画 WL2，注意Ⓐ、Ⓑ轴线间屋面中部的 3 根 WL2 上端头要延伸到¹/ᵦ轴上，下部延伸到Ⓐ轴线 YL 的中心线。注意延伸屋面外围 4 个顶角处 4 根与 YL 相交的 WL2。

5. 汇总计算并查看工程量

单击 Σ 汇总计算，选中所有的 YL 和 WL2，然后单击 ⌬查看工程量，如图 5-4 所示。

图 5-3　"请输入"对话框

	编码	项目名称	单位	工程量
1	010503002	矩形梁	m³	8.1552
2	011702006	矩形梁	m²	85.3884

图 5-4　YL 和 WL2 清单工程量明细

任务二 画闷顶层的墙

1. 定义属性

单击"绘图输入"中"墙"文件夹前面的"+"使其展开,双击 墙(Q),单击"新建""新建内墙",建立"Q-1";单击"新建""新建外墙",建立"Q-2",在"属性编辑框"中将"Q-1"改为"闷顶内墙",将"Q-2"改为"闷顶外墙",其属性值如图 5-5 所示。

图 5-5 闷顶墙属性

2. 添加清单项目名称及特征

填写闷顶墙的清单项目名称及项目特征,如图 5-6 和图 5-7 所示。填完后单击 绘图,返回绘图界面。

	编码	类别	项目名称	项目特征	单位	工程量	表达式说明	综合	措施项目
1	010402001	项	砌块墙	1、砌块品种:加气混凝土砌块 2、墙体厚度:180mm 3、砂浆强度等级:M5.0混合砂浆	m³	TJ	TJ<体积>		☐
2	011701003	项	里脚手架	1、脚手架搭设的方式:双排 2、高度:3.6m以内 3、材质:钢管脚手架	m²	NQSJMJ	NQSJMJ<内墙脚手架面积>		☑

图 5-6 闷顶内墙清单项目名称及项目特征

	编码	类别	项目名称	项目特征	单位	工程量	表达式说明	综合	措施项目
1	010402001	项	砌块墙	1、砌块品种:加气混凝土砌块 2、墙体厚度:180mm 3、砂浆强度等级:M5.0混合砂浆	m³	TJ	TJ<体积>		☐
2	011701002	项	外脚手架	1、脚手架搭设的方式:双排 2、高度:15m以内 3、材质:钢管脚手架	m²	WQWJSJMJ	WQWJSJMJ<外墙外脚手架面积>		☑

图 5-7 闷顶外墙清单项目名称及项目特征

3. 画图

仔细识读附录中的"建施07",找出闷顶墙的位置。

(1)画闷顶外墙 单击"构件列表"中的"闷顶外墙",单击 智能布置,单击"梁中心线",依次单击闷顶四周的 YL,单击鼠标右键结束命令。单击 对齐、"单对齐",单击

Ⓐ轴 YL 的下边线（变粗）、Ⓐ轴外墙的下边线、①轴 YL 的左边线（变粗）、①轴外墙的左边线。用同样方法，分别将⑥轴、Ⓓ轴外墙外边线与各自的 YL 的外边线对齐。单击 延伸，单击①轴外墙（中心线变粗）、Ⓐ轴外墙、Ⓓ轴外墙。用同样方法，延长其他轴线外墙，使 4 堵外墙的中心线相交。

（2）画闷顶内墙　单击"构件列表"中的"闷顶内墙"，单击 智能布置▼，单击"梁中心线"，依次单击闷顶内的 WL2，单击鼠标右键结束命令。单击"修剪"，单击⑴ₐ轴（变粗）、⑴ₐ轴与⑴₂轴处 WL2 上部 3 段，单击鼠标右键结束命令。用同样方法，修剪其他部位的内墙。单击 延伸，单击Ⓐ轴线外墙、②轴~④轴处 3 堵内墙，这时已将此处 3 堵内墙与外墙中心线相交。注意延伸外墙 4 个墙角处的内斜墙。

4. 汇总计算并查看工程量

单击 Σ 汇总计算，选中所有闷顶外墙和闷顶内墙，然后单击 查看工程量，如图 5-8 所示。

编码	项目名称	单位	工程量
1	011701003	里脚手架	m²	350.2435
2	010402001	砌块墙	m³	124.1672
3	011701002	外脚手架	m²	385.2

图 5-8　闷顶墙清单工程量明细

任务三　画构造柱

1. 定义 GZ5 属性

识读附录中的"结施 12"，找出闷顶墙中 GZ5 和 GZ6 的平面位置和高度要求。

单击"绘图输入"中"柱"文件夹前面的"+"使其展开，单击"构造柱"，单击"构件列表"下的"新建""新建异形构造柱"，弹出"多边形编辑器"对话框；单击 定义网格，弹出"定义网格"对话框，"水平方向间距（mm）"输入"90＊2，106，21，106，44"，"垂直方向间距（mm）"输入"90＊2，106，21，106，44"，单击"确定"，软件返回"多边形编辑器"对话框，如图 5-9 所示。单击 画直线，依次单击图 5-9 中"1"~"9"点，然后单击图 5-9 中"1"点，单击 设置插入点；单击图 5-9 中"10"点，单击"确定"。在"属性编辑框"中将"GZ-1"改为"GZ5"，"底标高（m）"改为"层底标高+0.3"，"模板类型"改为"胶合板模板"。

2. 定义 GZ6 属性

单击"构件列表"下的"新建""新建参数化构造柱"，弹出"选择参数化图形"对话框，单击"L-e 形"，在右侧表中填写参数（图 5-10），单击"确定"。在"属性编辑框"中将名称"GZ-1"改为"GZ6"，其属性如图 5-11 所示。

3. 画 GZ5、GZ6

单击"构件列表"中的"GZ5"，单击 旋转点，单击⑴ₐ轴与⑴₂轴的交点、Ⓐ轴与⑵₁轴的交点；单击"构件列表"中的"GZ6"，单击 旋转点，单击⑵₄轴与⑵₅轴的交点、Ⓐ轴与⑥轴的交点。用同样方法，识读附录中的"结施 12"，画其他的 GZ6。

4. 添加清单项目名称及特征

双击构件列表中的"GZ5"，弹出"添加清单"对话框，填写 GZ5、GZ6 的清单项目名称及项目特征，如图 5-12 所示。填完后双击 GZ6，返回绘图界面。

5. 汇总计算并查看工程量

单击 Σ 汇总计算，选中 GZ5、GZ6，然后单击 查看工程量，如图 5-13 所示。

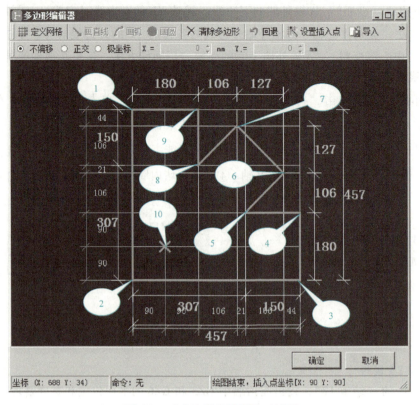

图 5-9 "多边形编辑器"对话框

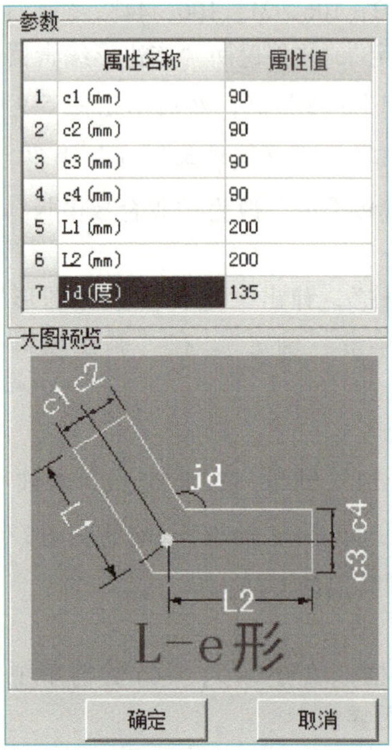

图 5-10 GZ6 参数填写

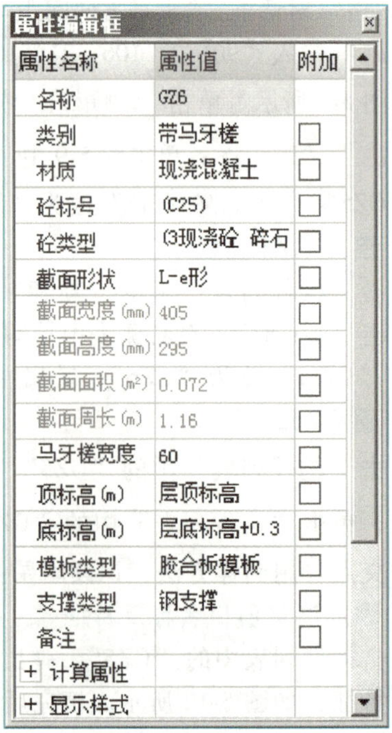

图 5-11 GZ6 属性

项目五 闷顶层主体工程算量

	编码	类别	项目名称	项目特征	单位	工程	表达式说明	综合	措施项目
1	010502002	项	异形构造柱	1、混凝土种类：泵送商品混凝土 2、混凝土强度等级：C25	m³	TJ	TJ〈体积〉		☐
2	011702003	项	异形构造柱	1、支撑高度：3.6m以内 2、模板的材质：胶合板 3、支撑：钢管支撑	m²	MBMJ	MBMJ〈模板面积〉		☑

图 5-12 GZ5、GZ6 清单项目名称及项目特征

	编码	项目名称	单位	工程量
1	010502002	异形构造柱	m³	2.6846
2	011702003	异形构造柱	m²	31.1432

图 5-13 GZ5、GZ6 清单工程量明细

子项二 画闷顶层的门洞、窗和圈梁

识读附录中的"建施07"，找出闷顶平面图墙洞的位置，查阅其他图样，找出各种墙洞、窗户的位置。

任务一 画门洞、过梁

1. 定义属性

单击"绘图输入"中"门窗洞"文件夹前面的"+"使其展开，单击"墙洞（D）"，单击"构件列表"下的"新建""新建矩形墙洞"，建立"D-1"；单击"新建矩形墙洞"，建立"D-2"。在"属性编辑框"中将"D-1"改为"QD1215"，将"D-2"改为"QD1227"，其属性值如图 5-14 所示。

2. 画门洞

单击构件列表中的"QD1215"，单击 <精确布置>，单击闷顶左下角的斜墙及斜墙右上角的端点，弹出"请输入偏移值"对话框，"偏移值（mm）"输入"−1000"，如图 5-15 所示，单击"确定"。这时，QD1215 就画到了图样位置。同样方法，画其他门洞。

图 5-14 QD1215、QD1227 属性

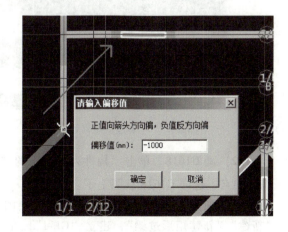

图 5-15 "请输入偏移值"对话框

3. 画过梁

选择主菜单"构件"→"从其他楼层复制构件",弹出"从其他楼层复制构件"对话框,只勾选其中的 ☑❋ GL2,单击"确定",弹出"构件复制完成"对话框,单击"确定"。单击 ⊠点,依次单击所有的门洞,过梁就绘制完成了。

4. 汇总计算并查看工程量

单击 Σ 汇总计算 ,选中所有 GL2,然后单击 👁 查看工程量 ,如图 5-16 所示。

	编码	项目名称	单位	工程量
1	010503005	过梁	m³	0.5508
2	011702009	过梁	m²	8.064

图 5-16 GL2 清单工程量明细

任务二 画 窗

1. 画 C1618 及过梁 GL4

(1)定义属性 单击"绘图输入"中的 ⊞ 窗(C),单击"构件列表"下的"新建""新建异形窗",弹出"多边形编辑器"对话框;单击 ⊞ 定义网格,弹出"定义网格"对话框,"水平方向间距(mm)"输入"800*2","垂直方向间距(mm)"输入"1000,800",单击"确定",软件返回"多边形编辑器"对话框,如图 5-17 所示。单击 ↘ 画直线 ,依次单击图 5-17 中"1"点、"2"点、"3"点、"4"点;单击 ⌒ 画弧 、"画逆小弧",弹出"请输入半径(mm)"对话框,输入"800",单击"确定",单击图 5-17 中"1"点,单击"确定"。在"属性编辑框"中将"C-1"改为"C1618",其属性如图 5-18 所示。

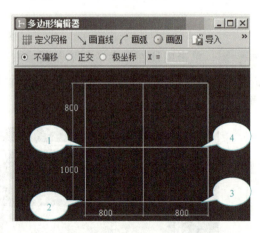

图 5-17 "多边形编辑器"对话框   图 5-18 C1618 属性

(2)画 C1618 单击"构件列表"中的"C1618",单击 ⊠点 ,单击⑫轴与Ⓐ轴交接处墙体中点,这样 C1618 就画上了。

(3)画 C1618 的过梁 GL4 单击"绘图输入"中的"过梁",单击"构件列表"下的"新建""新建矩形过梁",建立"GL-1",在"属性编辑框"中将"GL-1"改为"GL4",其属性值如图 5-19 所示。

单击"构件列表"中的"GL4",单击⊠点,单击①/②轴与Ⓐ轴交接处 C1618,单击 设置拱过梁右侧下拉箭头,选择"设置异形拱过梁",弹出"设置异形拱过梁"对话框,填写相关信息,如图 5-20 所示,单击"确定"。这样,GL4 就布置好了。

图 5-19　GL4 属性

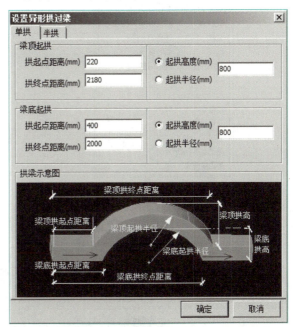

图 5-20　"设置异形拱过梁"对话框

2. 画 YCR500 及过梁 GL3

(1) 定义属性　单击"构件列表"下的"新建""新建参数化窗",弹出"选择参数化图形"对话框,单击"圆形门窗",在右侧中的"属性值 R(mm)"输入"500",单击"确定"。在"属性编辑框"中将"C-1"改为"YCR500",其属性如图 5-21 所示。

(2) 画 YCR500　单击"构件列表"中的"YCR500",单击⊠点,单击①/①轴、②/①轴与②/Ⓑ轴相交处闷顶墙体的中点,这样 YCR500 就画上了。

(3) 画 YCR500 的过梁 GL3　单击"绘图输入"中的"过梁",单击"构件列表"下的"新建""新建矩形过梁",建立"GL-1",在"属性编辑框"中将"GL-1"改为"GL3",其属性值如图 5-22 所示。

单击"构件列表"中的"GL3",单击⊠点,单击①/①轴与②/Ⓑ轴相交处的 YCR500,单击 设置拱过梁右侧下拉箭头,选择"设置异形拱过梁",弹出"设置异形拱过梁"对话框,填写相关信息,如图 5-23 所示,单击"确定"。用同样方法,画②/④轴与②/Ⓑ轴相交处 YCR500 的 GL3。

(4) 添加清单项目名称及特征　双击构件列表中的"GL3",弹出"添加清单"对话框,填写 GL3、GL4 的清单项目名称及项目特征,如图 5-24 所示。填完后双击"GL4",返回绘图界面。

(5) 汇总计算并查看工程量　单击 Σ 汇总计算,选中两根 GL3 和一根 GL4,然后单击 查看工程量,如图 5-25 所示。

图 5-21　YCR500 属性

图 5-22　GL3 属性

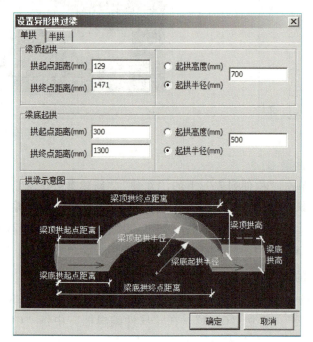

图 5-23　"设置异形拱过梁"对话框

	编码	类别	项目名	项目特征	单位	工程量表达式	表达式说明	综合	措施项目
1	010503006	项	弧形、拱形梁	1、混凝土种类：泵送商品混凝土 2、混凝土强度等级：C25	m³	TJ	TJ〈体积〉		□
2	011702010	项	弧形、拱形梁	1、支撑高度：3.6m以内 2、模板的材质：胶合板 3、支撑：钢管支撑	m²	MBMJ	MBMJ〈模板面积〉		✓

图 5-24　GL3、GL4 清单项目名称及项目特征

	编码	项目名称	单位	工程量
1	010503006	弧形、拱形梁	m³	0.2685
2	011702010	弧形、拱形梁	m²	3.8928

图 5-25　GL3、GL4 清单工程量明细（部分）

任务三 画 圈 梁

1. 定义圈梁属性

识读附录中的"结施16",找出圈梁的位置及相关信息。单击"绘图输入"中"梁"文件夹前面的"+"使其展开,单击 圈梁(E),单击"构件列表""新建""新建矩形圈梁",建立"QL-1",在"属性编辑框"中将"QL-1"改为"WQL",其属性值如图5-26所示。

2. 画 WQL

单击"智能布置""墙中心线",选中所有的内墙,单击鼠标右键,这时所有的内墙上部均画上了圈梁。单击 直线,在Ⓐ轴线上单击②轴线左边斜圈梁的端点,在Ⓐ轴线上单击④轴线右边斜圈梁的端点,完成WQL绘制。

3. 添加清单项目名称及特征

单击"构件工具栏"中的 定义,弹出"添加清单"对话框,填写WQL的清单项目名称及项目特征,如图5-27所示。填完后单击 绘图,返回绘图界面。

图 5-26 WQL 属性

图 5-27 WQL 清单项目名称及项目特征

4. 汇总计算并查看工程量

单击Σ 汇总计算,选中所有WQL,然后单击 查看工程量,如图5-28所示。

图 5-28 WQL 清单工程量明细

子项三 画屋面板和挑檐,计算排水管

任务一 定义屋面板属性,画屋面板

1. 定义屋面板属性

单击"绘图输入"中"板"文件夹前面的"+"使其展开,单击"现浇板",单击"构件列表"下的"新建""新建现浇板",建立"XB-1",在"属性编辑框"中将名称"XB-1"改为"WMB",其属性如图5-29所示。

2. 添加清单项目名称及特征

填写 WMB 的清单项目名称及项目特征，如图 5-30 所示。

3. 画图

（1）删除辅助轴线　单击"绘图输入"中"轴线"文件夹前面的"+"使其展开，单击 辅助轴线(O)，单击"选择"，选中所有的辅助轴线，按下〈Delete〉键。这样，图中所有的辅助轴线就被删除了。然后返回"现浇板"层。

（2）画 WMB　综合识读附录中的"建施 07"~"建施 11"和"结施 16"可知，闷顶的屋面板是由很多斜板组成的，可以将它们分成 6 块，如图 5-31 所示。以 B1 为例：单击 智能布置，单击"外墙外边线、内墙中心线"，依次单击 B1 周边的 4 堵墙体，单击鼠标右键结束命令。这样，B1 就画完了。用同样方法画其他板，注意先画 B5、B6，再画 B4。

图 5-29　WMB 属性

编码	类别	项目名称	项目特征	单位	工程	表达式说明	综合	措施项目
1	010505010	项	其他板	1、混凝土种类：泵送商品混凝土 2、混凝土强度等级：C30	m³	TJ	TJ〈体积〉		
2	011702020	项	其他板	1、支撑高度：3.6m以内 2、模板的材质：胶合板 3、支撑：钢管支撑	m²	MBMJ	MBMJ〈底面模板面积〉		✔

图 5-30　WMB 清单项目名称及项目特征

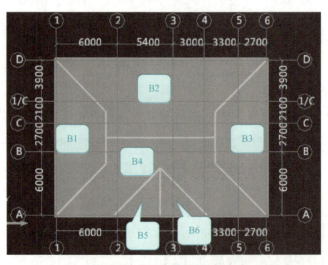

图 5-31　闷顶屋面板的组成

（3）定义斜板　单击 三点定义斜板，单击绘图区现浇板 B1（边线变粗），单击 B1 的左下角点，弹出数字框，输入"10.80"（图 5-32），按下〈Enter〉键；软件自动弹出 B1 的右下角数字框，输入"14.217"，按下〈Enter〉键；软件自动弹出 B1 的右上角数字框，输入"14.217"，按下〈Enter〉键结束命令；现浇板 B1 上出现标示板斜向的箭头，如图 5-33 所示。同样方法，识读附录中的"结施 16"，调整图 5-31 中其他屋面板的顶标高。

（4）拉伸斜板　仔细识读附录中的"结施 16"，在屋面板的屋脊、阳台处，板伸出圈梁

100mm，如图 5-34 所示（"1"~"6"处）。单击"选择"，选中 B4，单击鼠标右键；单击 偏移 ，弹出"请选择偏移方式"对话框，选择"多边偏移"，单击"确定"。鼠标指针移到绘图区图 5-34 中"1"所指的位置边线，在中间出现" △ "后单击鼠标左键，边线"1"中心线变粗，单击鼠标右键；鼠标指针移到边线"1"的左侧，在数字框内输入"190"，按下〈Enter〉键结束命令。用同样方法，移动图 5-34 中边线"2"~"4"处时，数字框内输入"190"；移动边线"5""6"处时，数字框内输入"100"。

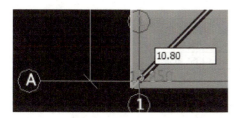

图 5-32　输入"10.80"

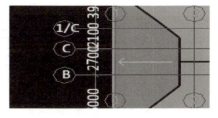

图 5-33　标示板斜向的箭头

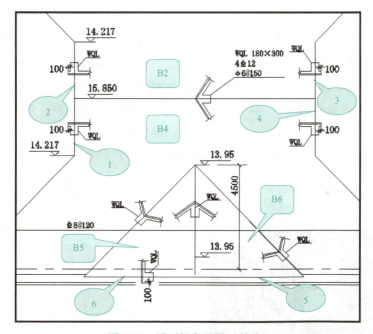

图 5-34　屋面板布置图（部分）

（5）平齐板顶　单击"绘图输入"中"墙"文件夹前面的"+"使其展开，单击"墙"，单击"选择"，选中绘图区所有的墙体，单击 平齐板顶 ，弹出"确认"对话框（"是否同时调整手动修改顶标高后的柱、墙、梁顶标高？"），单击"是"。单击"选择"，选中除Ⓐ轴线上②轴~④轴之间的外墙，单击 删除 。

单击"绘图输入"中"梁"文件夹前面的"+"使其展开，单击"圈梁"，单击"选择"、 批量选择 ，弹出"批量选择图元"对话框，只勾选圈梁（WQL），然后单击"确定"；单击 平齐板顶 ，弹出"确认"对话框（"是否同时调整手动修改顶标高后的柱、墙、梁顶标高？"），单击"是"。

单击"绘图输入"中"柱"文件夹前面的"+"使其展开,单击"构造柱",单击"选择"、 批量选择,弹出"批量选择图元"对话框,只勾选构造柱(GZ5、GZ6),然后单击"确定";单击 平齐板顶,弹出"确认"对话框("是否同时调整手动修改顶标高后的柱、墙、梁顶标高?"),单击"是"。然后返回"现浇板"层。

4. 汇总计算并查看工程量

单击 Σ 汇总计算,选中所有屋面板,然后单击 查看工程量,如图5-35所示。

编码	项目名称	单位	工程量
1	010505010	其他板	m³	45.9736
2	011702020	其他板	m²	351.932

图5-35 屋面板清单工程量明细

任务二 画 挑 檐

1. 定义挑檐属性

单击"绘图输入"中"其他"文件夹前面的"+"使其展开,单击 挑檐(T);单击"构件列表"下的"新建""新建线式异形挑檐",弹出"多边形编辑器"对话框;单击 定义网格,弹出"定义网格"对话框,"水平方向间距(mm)"输入"350,100","垂直方向间距(mm)"输入"100,350",单击"确定",软件返回"多边形编辑器"对话框,如图5-36所示;单击 画直线,依次单击图5-36中"1"点~"6"点,单击图5-36中"1"点,单击"确定"。在"属性编辑框"中将"TY-1"改为"挑檐",其属性如图5-37所示。

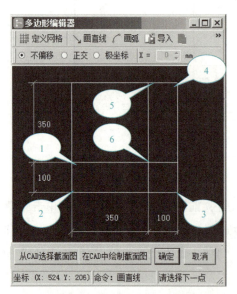

图5-36 "多边形编辑器"对话框   图5-37 挑檐属性

2. 利用辅助轴线画挑檐

(1)作辅助轴线 依次单击"轴网工具栏"中的 平行、绘图区中的Ⓐ轴线,弹出"请输入"对话框,"偏移距离(mm)"输入"-450","轴号"输入"1/0A",单击"确定"。

用同样方法，作⑩₁轴，在①轴线左边，距离①轴线 450mm；作⑪ᴅ轴，在Ⓓ轴线上边，距离Ⓓ轴线 450mm；作⑯轴，在⑥轴线右边，距离⑥轴线 450mm。

（2）延伸辅助轴线　单击"绘图输入"中"轴线"文件夹前面的"+"使其展开，单击 辅助轴线(O) 、 延伸 ，单击绘图区中⑩₁轴（轴线变粗）、⑩ᴀ轴、⑯轴，单击鼠标右键；单击⑩ᴀ轴（轴线变粗）、⑩₁轴、⑯轴，单击鼠标右键。用同样方法，延长其他辅助轴线，使4条辅助轴线两端相交，然后返回"挑檐"层。

（3）画挑檐　依次单击"构件列表"中的"挑檐"，"绘图工具栏"中的 直线 ，绘图区中⑩ᴀ轴与⑩₁轴交点、⑩ᴀ轴与⑯轴交点、⑪ᴅ轴与⑯轴交点、⑪ᴅ轴与⑩₁轴交点，单击鼠标右键结束命令。

（4）添加清单项目名称及特征　填写挑檐的清单项目名称及项目特征，如图 5-38 所示。

	编码	类别	项目名称	项目特征	单位	工程量	表达式说明	综合	措施项目
1	010505007	项	天沟(檐沟)、挑檐板	1、混凝土种类：泵送商品混凝土 2、混凝土强度等级：C25	m³	TJ	TJ<体积>		□
2	011702022	项	天沟、檐沟	1、类型：带上翻檐板式挑檐	m²	MBMJ	MBMJ<模板面积>		☑

图 5-38　挑檐清单项目名称及项目特征

（5）删除辅助轴线　单击"模块导航栏"中"轴线"文件夹前面的"+"使其展开，单击 辅助轴线(O) ，选中绘图区所有辅助轴线，单击"修改工具栏"中的 删除 ，这样辅助轴线就被删除了。

3. 汇总计算并查看工程量

单击 Σ 汇总计算 ，选中挑檐，然后单击 查看工程量 ，如图 5-39 所示。

	编码	项目名称	单位	工程量
1	010505007	天沟(檐沟)、挑檐板	m³	5.904
2	011702022	天沟、檐沟	m²	33.21

图 5-39　挑檐清单工程量明细

任务三　计算排水管

在附录中的"建施 01"、"建施 04"~"建施 11"中，很多地方表达了排水管的位置和形状。广联达 BIM 土建算量软件在"绘图输入"模式下没有合适的构件类型，对于这一类工程中工程量不大又比较特殊的构件，软件提供的"表格输入"模式可以非常灵活地处理。

单击"模块导航栏"下的 表格输入 ，单击"表格输入"中"其他"文件夹前面的"+"使其展开，单击 ★ 其他 ；单击"构件列表"下的"新建"，建立"QT-1"，在"属性编辑框"中将"QT-1"改为"排水管"，数量输入"4"，单击"添加清单"，填写清单表，如图 5-40 所示。

	编码	类别	项目名称	项目特征	单位	工程量表达式	工程量	措施项目
1	010902004	项	屋面排水管	1、品种：白色PVC管 2、直径：DN100mm	m	10.5+0.40-0.2	10.7	□

图 5-40　排水管清单项目名称及项目特征

子项四　计算闷顶层工程量

任务一　查看闷顶层三维图

单击"绘图输入"中"板"文件夹前面的"+"使其展开,单击"现浇板";选择主菜单 视图(V) → 构件图元显示设置(D)... F12,勾选所有构件,单击"确定"。单击 俯视 右侧下拉箭头,选择 西南等轴测(S),闷顶层屋面板布置如图 5-41 所示。单击"选择",分别按下键盘上的〈W〉键和〈B〉键(非同时),关闭"现浇板"层,可以看到闷顶的内部结构,如图 5-42 所示。单击 三维,在黑色绘图区按着鼠标左键不放,可以从任意角度观察闷顶所有的构件,滚动鼠标滚轮,可以放大或缩小闷顶的三维模型图。

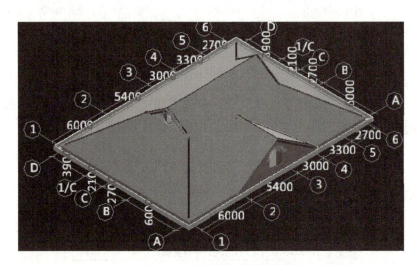

图 5-41　闷顶层屋面板布置

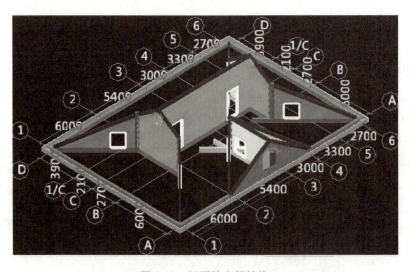

图 5-42　闷顶的内部结构

任务二 计 算 步 骤

单击 Σ 汇总计算，弹出"确定执行计算汇总"对话框，勾选"全楼"（打√），单击"确定"。软件开始计算，当软件弹出"汇总所选楼层影响到［第3层］的工程量，是否汇总计算影响层？"后，单击"是"，最后弹出"计算汇总成功"，单击"关闭"。

任务三 查看闷顶层工程量

1. 实体项目清单工程量

如果要查看闷顶层所有构件的工程量，需要从"报表预览"中查看，具体操作步骤是：单击"模块导航栏"中的 报表预览，弹出"设置报表范围"对话框，"绘图输入"和"表格输入"均只勾选"闷顶层"，单击"确定"。单击"做法汇总分析"文件夹下的 清单汇总表，单击 隐藏工程量明细，选择"实体项目"，鼠标指针指到"清单汇总表"表格上，单击鼠标右键，单击"导出为 EXCEL 文件（.XLS）"，闷顶层实体项目清单工程量汇总表就完成了，见表5-1。

表 5-1 闷顶层实体项目清单工程量汇总

工程名称：土木实训楼　　　　　　　　　　　　　　　　　　　　　　　编制日期：

序号	编码	项目名称	单位	工程量
1	010402001001	砌块墙 1. 砌块品种：加气混凝土砌块 2. 墙体厚度：180mm 3. 砂浆强度等级：M5.0 混合砂浆	m^3	23.9701
2	010502002001	异形构造柱 1. 混凝土种类：泵送商品混凝土 2. 混凝土强度等级：C25	m^3	1.6741
3	010503002001	矩形梁 1. 混凝土种类：泵送商品混凝土 2. 混凝土强度等级：C30	m^3	7.2441
4	010503004001	圈梁 1. 混凝土种类：泵送商品混凝土 2. 混凝土强度等级：C30	m^3	2.3718
5	010503005001	过梁 1. 混凝土种类：泵送商品混凝土 2. 混凝土强度等级：C25	m^3	0.5508
6	010503006001	弧形、拱形梁 1. 混凝土种类：泵送商品混凝土 2. 混凝土强度等级：C25	m^3	0.2685
7	010505007001	天沟（檐沟）、挑檐板 1. 混凝土种类：泵送商品混凝土 2. 混凝土强度等级：C25	m^3	5.904
8	010505010001	其他板 1. 混凝土种类：泵送商品混凝土 2. 混凝土强度等级：C30	m^3	45.9736
9	010902004001	屋面排水管 1. 品种：白色 PVC 管 2. 直径：$DN100mm$	m	42.8

2. 措施项目清单工程量

单击选择"措施项目",鼠标指针指到"清单汇总表"表格上,单击鼠标右键,单击"导出为 EXCEL 文件(.XLS)",闷顶层措施项目清单工程量汇总表就完成了,见表 5-2。

表 5-2 闷顶层措施项目清单工程量汇总

工程名称:土木实训楼　　　　　　　　　　　　　　　　　　　　　　　编制日期:

序号	编码	项目名称	单位	工程量
1	011701002004	外脚手架 1. 脚手架搭设的方式:双排 2. 高度:15m 以内 3. 材质:钢管脚手架	m^2	18.1443
2	011701003001	里脚手架 1. 脚手架搭设的方式:双排 2. 高度:3.6m 以内 3. 材质:钢管脚手架	m^2	204.3196
3	011702003001	异形构造柱 1. 支撑高度:3.6m 以内 2. 模板的材质:胶合板 3. 支撑:钢管支撑	m^2	18.9619
4	011702006001	矩形梁 1. 支撑高度:3.6m 以内 2. 模板的材质:胶合板 3. 支撑:钢管支撑	m^2	76.2898
5	011702008001	圈梁 1. 支撑高度:3.6m 以内 2. 模板的材质:胶合板 3. 支撑:钢管支撑	m^2	26.9683
6	011702009001	过梁 1. 支撑高度:3.6m 以内 2. 模板的材质:胶合板 3. 支撑:钢管支撑	m^2	8.064
7	011702010001	弧形、拱形梁 1. 支撑高度:3.6m 以内 2. 模板的材质:胶合板 3. 支撑:钢管支撑	m^2	3.8928
8	011702020001	其他板 1. 支撑高度:3.6m 以内 2. 模板的材质:胶合板 3. 支撑:钢管支撑	m^2	351.932
9	011702022001	天沟、檐沟 类型:带上翻檐板式挑檐	m^2	33.21

项目六　基础层主体工程算量

子项一　将首层构件图元复制到基础层，画楼梯基础梁

通过识读附录中的土木实训楼施工图中的基础图（"结施01"~"结施04"）和对应的"建施"图样，可以看出，基础由柱、独立基础、条形基础、筏板基础、地梁（DL）等构件组成。其中，只有框架柱（KZ1、KZ2、KZ3）的平面位置和数量与首层的完全一样，所以只需从首层中复制各种框架柱，基础层里的各种基础必须单独绘制。

任务一　将首层构件图元复制到基础层

单击"构件工具栏"中"闷顶层"右侧的下拉箭头切换到"基础层"，选择主菜单"楼层"→"从其他楼层复制图元（O）"，目标楼层选择"基础层"（默认），"源楼层选择"选"首层"（默认），图元选择如图6-1所示，勾选完以后单击"确定"。

图6-1　图元选择

任务二　画楼梯基础梁

1. 建立楼梯基础梁，定义属性

识读附录中的"建施12""结施15""结施17"，建立楼梯基础梁。软件在梁类别里没有专门的楼梯基础梁，根据它的受力特点，定义为非框架梁较为合适。单击"梁"，单击"构件列表"下的"新建""新建矩形梁"，建立"KL-1"，在"属性编辑框"中将"KL-1"改为

"TJL"，其属性值如图 6-2 所示。

属性名称	属性值	附加
名称	TJL	
类别1	非框架梁	☐
类别2	单梁	☐
材质	现浇混凝土	☐
砼标号	(C30)	☐
砼类型	(3现浇砼 碎石	☐
截面宽度(mm)	300	☐
截面高度(mm)	350	☐
截面面积(m^2)	0.105	☐
截面周长(m)	1.3	☐
起点顶标高	层顶标高	☐
终点顶标高	层顶标高	☐

图 6-2 TJL 属性

双击"构件列表"下的"TJL"，弹出"添加清单"对话框，填写相关信息，如图 6-3 所示。填完后，返回绘图界面。

2. 画图

1）作辅助轴线：依次单击"轴网工具栏"中的"平行"、绘图区中的Ⓒ轴，弹出"请输入"对话框，输入偏移距离"750"，输入轴号"01/C"，单击"确定"；单击④轴，弹出"请输入"对话框，输入偏移距离"-75"，输入轴号"1/3"，单击"确定"；单击⑤轴，弹出"请输入"对话框，输入偏移距离"75"，输入轴号"1/5"，单击"确定"，单击鼠标右键结束命令。说明：750mm = 900mm - 300mm/2；75mm = 300mm - 225mm。

	编码	类别	项目名称	项目特征	单位	工程	表达式	综合	措施项目
1	010503001	项	基础梁	1、混凝土种类：泵送商品混凝土 2、混凝土强度等级：C30	m^3	TJ	TJ<体积>		☐
2	011702005	项	基础梁	1、梁截面形状：矩形 2、模板的材质：胶合板 3、支撑：钢管支撑	m^2	MBMJ	MBMJ<模板面积>		☑

图 6-3 TJL 清单项目名称及项目特征

2）画 TJL：依次单击"绘图工具栏"中的"直线"，绘图区中(1/3)轴与(01/C)轴交点、(1/5)轴与(01/C)轴交点，单击鼠标右键结束命令。

3）删除辅助轴线：单击"绘图输入"中"轴线"文件夹前面的"+"使其展开，单击"辅助轴线(0)"，单击"选择"，选中所有的辅助轴线，按下<Delete>键。这样，图中所有的辅助轴线就被删除了。然后返回"梁"层。

3. 汇总计算并查看工程量

单击"Σ 汇总计算"，选中"TJL"，然后单击"查看工程量"，如图 6-4 所示。

	编码	项目名称	单位	工程量
1	010503001	基础梁	m^3	0.3623
2	011702005	基础梁	m^2	3.45

图 6-4 TJL 清单工程量明细

子项二 画独立基础、筏板基础

识读附录中的"结施 01"~"结施 03"可知，独立基础共有以下两种：独立基础 DJP-1，共 4 个；独立基础 DJJ-2，共 1 个。

任务一 画独立基础

1. 建立 DJP-1

1）单击"绘图输入"中"基础"文件夹前面的"+"使其展开，单击"独立基础(D)"，单击"构件列表"，弹出"构件列表"对话框；单击"属性"，弹出"属性编辑框"对话框；单击"构件列表"下的"新建""新建独立基础"，建立"DJ-1"，在"属性编辑框"中将"DJ-1"改为"DJP-1"，其他属性值不变。

2）单击"构件列表"下的"新建""新建参数化独立基础单元"，弹出"选择参数化图形"对话框；选择"四棱锥台形独立基础"，填写参数值，如图6-5所示。填完以后单击"确定"，然后修改"DJP-1-1"（系统自动生成）属性值，将"模板类型"由"组合钢模板"改为"胶合板模板"。

2. 建立 DJJ-2

1）单击"构件列表"下的"新建""新建独立基础"，建立"DJ-1"，在"属性编辑框"中将"DJ-1"改为"DJJ-2"，其他属性值不变。

2）单击"构件列表"下的"新建""新建矩形独立基础单元"，软件自动建立"DJJ-2-1"；单击"新建""新建矩形独立基础单元"，软件自动建立"DJJ-2-2"，其属性值如图6-6所示。

图 6-5 DJP-1-1 参数值

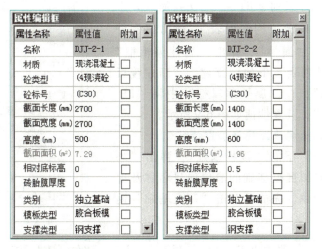

图 6-6 DJJ-2-1、DJJ-2-2 属性

3. 填写独立基础项目清单

双击"构件列表"下的"（底）DJP-1-1"，弹出"添加清单"对话框，分别填写"（底）DJP-1-1""（顶）DJJ-2-2""（底）DJJ-2-1"的项目清单名称及项目特征，如图6-7所示。填完后，双击"（底）DJJ-2-1"返回绘图界面。

图 6-7 独立基础清单项目名称及项目特征

4. 画图

单击"构件列表"下的"DJP-1"，单击"智能布置"，单击"柱"，依次单击Ⓐ轴、Ⓓ轴与①轴、②轴相交的"KZ1"，单击鼠标右键；单击"构件列表"下的"DJJ-2"，单击"智能布置"，单击"柱"，依次单击Ⓐ轴与⑥轴相交的"KZ3"，单击鼠标右键结束命令。

5. 汇总计算并查看工程量

单击 Σ 汇总计算，单击"批量选择"，选中所有的独立基础，然后单击 查看工程量，如图

6-8 所示。

编码	项目名称	单位	工程量
1	010501003	独立基础	m³	22.389
2	011702001	基础	m²	27.96

图 6-8　独立基础清单工程量明细

任务二　画筏板基础

土木实训楼在Ⓑ轴线、Ⓒ轴线下面有一块大面积的筏板基础（BPB），在Ⓐ轴、Ⓓ轴上两处条形基础。在土建算量软件中定义条形基础时，需要定义条形基础单元，清单项目套在条形基础单元上。

1. 建立筏板基础，定义属性

单击"基础"文件夹前面的"+"使其展开，单击 [筏板基础(M)]，单击"构件列表"，弹出"构件列表"对话框；单击"属性"，弹出"属性编辑框"对话框；单击"构件列表"下的"新建""新建筏板基础"，建立"FB-1"，在"属性编辑框"中将"FB-1"改为"筏板基础"，其属性值如图 6-9 所示。

2. 添加筏板基础的清单编码及项目特征

双击"构件列表"下的"筏板基础"，弹出"添加清单"对话框，添加筏板基础的清单项目名称及项目特征，如图 6-10 所示。完成后双击"筏板基础"返回绘图界面。

图 6-9　筏板基础属性

编码	类别	项目名称	项目特征	单位	工程量	表达式	综合	措施
1	010501004	项	满堂基础	1、混凝土种类：泵送商品混凝土 2、混凝土强度等级：C30	m³	TJ	TJ<体积>		
2	011702001	项	基础	1、基础类型：无梁式满堂基础 2、模板材质：胶合板模板	m²	MBMJ	MBMJ<模板面积>		✓

图 6-10　筏板基础清单项目名称及项目特征

3. 画筏板基础

单击"构件列表"中的"筏板基础"，单击 [矩形]，单击Ⓑ轴与①轴交点、Ⓒ轴与⑥轴交点，单击 [偏移]，单击"筏板基础"，单击鼠标右键，弹出"请选择偏移方式"，选择"整体偏移"（默认），单击"确定"；鼠标指针移到"筏板基础"图外侧，在数字框中输入"900"，按下〈Enter〉键。这时，筏板基础就画到了图样的设计位置上。

4. 汇总计算并查看工程量

单击Σ 汇总计算，选中"筏板基础"，然后单击 [查看工程量]，如图 6-11 所示。

编码	项目名称	单位	工程量
1	011702001	基础	m²	37.38
2	010501004	满堂基础	m³	69.93

图 6-11　筏板基础清单工程量明细

项目六 基础层主体工程算量

子项三 画条形基础、地梁（DL）和基础垫层

任务一 画条形基础

1. 建立 TJBP-1

1）单击"绘图输入"中"基础"文件夹前面的"+"使其展开，单击 条形基础(T)，单击"构件列表"下的"新建""新建条形基础"，建立"TJ-1"，在"属性编辑框"中将"TJ-1"改为"TJBP-1"。

2）单击"构件列表"下的"新建""新建参数化条形基础单元"，弹出"选择参数化图形"对话框，单击"砼条基-b"，在右侧表中填写参数（图6-12），单击"确定"。建立"TJBP-1-1"条形基础单元，其属性如图6-13所示。

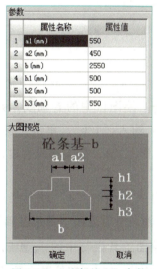

图6-12 "砼条基-b"参数

图6-13 TJBP-1-1属性

2. 建立 TJBJ-2

1）单击"构件列表"下的"新建""新建独立基础"，建立"TJ-1"，在"属性编辑框"中将"TJ-1"改为"TJBJ-2"，其他属性值不变。

2）单击"构件列表"下的"新建""新建异形条形基础单元"，弹出"多边形编辑器"对话框；单击 定义网格，弹出"定义网格"对话框，"水平方向间距（mm）"输入"450，400，600，400，450"，"垂直方向间距（mm）"输入"350，300，300"，填完后单击"确定"。单击 画直线，在绘图区依次单击1点~12点，单击1点，如图6-14所示，画完混凝土条形基础断面后单击"确定"，建立"TJBJ-2-1"，在"属性编辑框"中将"模板类型"改为"胶合板模板"。

3. 添加条形基础项目清单

双击"构件列表"下的"（底）TJBP-1-1"，弹出"添加清单"对话框，依次添加所有条形基础单元的清单项目名称及项目特征，如图6-15所示。完成后双击"（底）TJBJ-2-1"返回绘图界面。

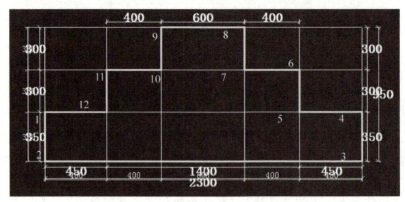

图 6-14　混凝土条形基础断面

	编码	类别	项目名称	项目特征	单位	工程量	表达式说明	综合	措施项目
1	010501002	项	条形基础	1、混凝土种类：泵送商品混凝土 2、混凝土强度等级：C30	m³	TJ	TJ〈体积〉		☐
2	011702001	项	基础	1、基础类型：条形基础 2、模板材质：胶合板模板	m²	MBMJ	MBMJ〈模板面积〉		☑

图 6-15　条形基础清单项目名称及项目特征

4. 利用辅助轴线画图

1）作辅助轴线：依次单击"轴网工具栏"中的 ⫫ 平行、绘图区中的⑥轴线，弹出"请输入"对话框，"偏移距离（mm）"输入"1000"，"轴号"输入"1/6"，单击"确定"。用同样方法，作½轴，在③轴线左边，距离③轴线 1000mm；作¼轴，在④轴线右边，距离④轴线 1000mm。

2）延伸辅助轴线：单击"绘图输入"中"轴线"文件夹前面的"+"使其展开，单击 辅助轴线(0)，单击 ⇒ 延伸，单击 1/6 轴（轴线变粗）及①轴，然后返回"条形基础"层。

3）画图：依次单击"构件列表"中的"TJBP-1"，"绘图工具栏"中的 ⬊ 直线，绘图区中①轴与½轴交点、①轴与 1/6 轴交点；单击"构件列表"中的"TJBJ-2"，单击Ⓐ轴与½轴交点、Ⓐ轴与¼轴交点。

4）计算条形基础工程量：单击 Σ 汇总计算，单击"批量选择"，选中所有条形基础，然后单击 🔍 查看工程量，如图 6-16 所示。

	编码	项目名称	单位	工程量
1	010501002	条形基础	m³	36.4775
2	011702001	基础	m²	32.6

图 6-16　条形基础清单工程量明细

任务二　画地梁（DL）

1. 建立地梁，定义属性

单击"绘图输入"中"梁"文件夹前面的"+"使其展开，单击"梁"，单击"构件列表"，弹出"构件列表"对话框；单击"属性"，弹出"属性编辑框"对话框；单击"构件列表"下的"新建"、"新建矩形梁"，建立"KL-1"，在"属性编辑框"中将"KL-1"改为

"DL",其属性值如图 6-17 所示。

2. 添加地梁(DL)的清单编码及项目特征

地梁清单项目名称及项目特征如图 6-18 所示。

3. 画图

以Ⓐ轴线、Ⓓ轴线地梁(DL)为例:依次单击"绘图工具栏"中的 直线,绘图区中Ⓐ轴与①轴交点、Ⓐ轴与⑥轴交点,单击鼠标右键结束命令;单击Ⓓ轴与①轴交点、Ⓓ轴与½轴交点,单击鼠标右键结束命令。其他部位地梁(DL)参照附录中的"结施 02"绘制,如图 6-19 所示。

地梁(DL)虽然画上了,但并没有画到图样位置上。这时,需要调整到图样位置。

4. 调整地梁(DL)位置

1)对齐:图 6-19 箭头指示的地梁都需要与对应的柱边对齐。以Ⓐ①轴地梁交点处为例,单击 对齐 、"单对齐",单击Ⓐ轴 KZ1(或 KZ3)下边线、Ⓐ轴地梁下边线、①轴 KZ1(或 KZ2)左边线、①轴地梁左边线。用同样方法,参照图 6-19 依次对齐其他部位的地梁,最后单击鼠标右键结束命令。

图 6-17 DL 属性

	编码	类别	项目名称	项目特征	单位	工程量	表达式说明	综合	措施项目
1	010503001	项	基础梁	1、混凝土种类:泵送商品混凝土 2、混凝土强度等级:C30	m³	TJ	TJ〈体积〉		☐
2	011702005	项	基础梁	1、梁截面形状:矩形 2、模板的材质:胶合板 3、支撑:钢管支撑	m²	MBMJ	MBMJ〈模板面积〉		☑

图 6-18 地梁清单项目名称及项目特征

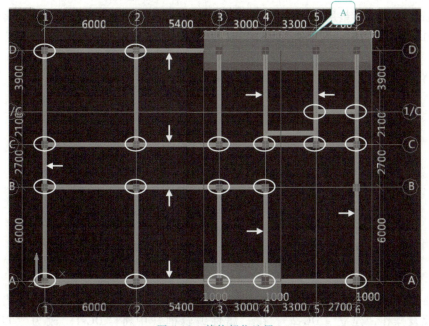

图 6-19 其他部位地梁

按下〈Z〉键，关闭"柱"层，滚动鼠标滚轮，放大地梁交点，如Ⓐ⑥轴地梁交点处（图6-20），可以发现，地梁的中心线并没有相交。这时，需要对地梁相交的点进行延伸。

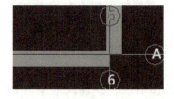

图6-20　Ⓐ⑥轴地梁交点处（延伸前）

2) 延伸：以Ⓐ⑥轴地梁交点处为例，依次单击 ⇥∥延伸 、⑥轴地梁（中心线变粗）、Ⓐ轴地梁，则Ⓐ轴地梁就延伸到了⑥轴地梁中心线；依次单击 ⇥∥延伸 、Ⓐ轴地梁（中心线变粗）、⑥轴地梁，则⑥轴地梁就延伸到了Ⓐ轴地梁中心线。这时，Ⓐ⑥轴地梁的中心线就相交了，如图6-21所示。用同样方法，参照图6-19（椭圆处）延伸其他部位地梁相交的点。按下〈Z〉键，显示"柱"层。

5．汇总计算，查看工程量

单击 Σ 汇总计算 ，单击"批量选择"，选中DL，然后单击 ⌒ 查看工程量 ，如图6-22所示。

	编码	项目名称	单位	工程量
1	010503001	基础梁	m³	13.3429
2	011702005	基础梁	m²	126.655

图6-21　Ⓐ⑥轴地梁交点处（延伸后）　　　图6-22　地梁清单工程量明细

任务三　画基础垫层

识读附录中的土木实训楼基础平面图和基础详图可知，独立基础、筏板基础和混凝土条形基础的下部都有C15的素混凝土垫层。

1．建立基础垫层

（1）建立独立基础垫层　单击"绘图输入"中的 ⊞ 垫层(X) ，单击"构件列表"下的"新建""新建点式矩形垫层"，建立"DC-1"，反复操作，建立"DC-2"。在"属性编辑框"中将"DC-1"改为"DJP-1"，将"DC-2"改为"DJJ-2"，其属性值如图6-23所示。

属性名称	属性值	附加
名称	DJP-1	□
材质	现浇混凝土	□
砼标号	(C15)	□
砼类型	(4)现浇砼 碎石	□
形状	点型	
长度(mm)	2600	□
宽度(mm)	2600	□
厚度(mm)	100	□
截面面积(m²)	6.76	
顶标高(m)	基础底标高	□

属性名称	属性值	附加
名称	DJJ-2	□
材质	现浇混凝土	□
砼标号	(C15)	□
砼类型	(4)现浇砼 碎石	□
形状	点型	
长度(mm)	2900	□
宽度(mm)	2900	□
厚度(mm)	100	□
截面面积(m²)	8.41	
顶标高(m)	基础底标高	□

图6-23　DJP-1、DJJ-2属性

（2）建立条形基础垫层　单击"构件列表"下的"新建""新建线式矩形垫层"，建立"DC-1"，反复操作，建立"DC-2"。在"属性编辑框"中将"DC-1"改为"TJBP-1"，将

"DC-2"改为"TJBJ-2",其属性值如图6-24所示。

图 6-24 TJBP-1、TJBJ-2 属性

（3）建立筏板基础垫层 单击"构件列表"下的"新建""新建面式垫层",建立"DC-1",在"属性编辑框"中将"DC-1"改为"筏板基础垫层",其属性值如图 6-25 所示。

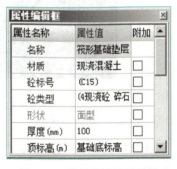

图 6-25 筏板基础垫层属性

2. 添加基础垫层项目清单

双击"构件列表"下的"DJP-1",弹出"添加清单"对话框,依次添加基础垫层的清单项目名称及项目特征,如图 6-26 所示。完成后双击"筏板基础垫层",返回绘图界面。

3. 画各基础垫层

（1）画独立基础垫层 单击"构件列表"中的"DJP-1",单击"智能布置",单击"独立基础",单击Ⓐ①轴独立基础、Ⓐ②轴独立基础、Ⓓ①轴独立基础、Ⓓ②轴独立基础,单击鼠标右键结束命令。用同样方法,画 DJJ-2 独立基础垫层。

编码	类别	项目名称	项目特征	单位	工程量	表达式说明	综合	措施项目
1	010501001	项	垫层	1、混凝土种类：泵送商品混凝土 2、混凝土强度等级：C15	m³	TJ	TJ〈体积〉		
2	011702001	项	基础	1、类型：基础垫层	m²	MBMJ	MBMJ〈模板面积〉		☑

图 6-26 基础垫层清单项目名称及项目特征

（2）画条形基础垫层 单击"构件列表"中的"TJBP-1",单击"智能布置",单击"条形基础中心线",单击Ⓓ轴线上的条形基础,单击鼠标右键结束命令。用同样方法,画 TJBJ-2 条形基础垫层。

（3）画筏板基础垫层 单击"构件列表"中的"筏板基础垫层",单击"智能布置",单击"筏板",单击绘图区筏板基础,单击鼠标右键,弹出"请输入出边距离"对话框,输入"出边距离（mm）"为"100",单击"确定"。这样,筏板基础的垫层就画完了。

单击"模块导航栏"中"轴线"文件夹前面的"+"使其展开,单击 辅助轴线(0) ,选中绘图区所有辅助轴线,单击"修改工具栏"中的 删除 。这样,辅助轴线就被删除了。然后返回垫层。

4. 观察基础层所有构件

选择 视图(V) → 构件图元显示设置(D)... F12 ,弹出"构件图元显示设置-垫层"对话框,勾选所有构件,单击"确定"。单击 俯视 右侧下拉箭头,选择 东南等轴测,滚动鼠标滚轮,并且配合使用 三维,结合图样仔细观察基础各种构件所画的位置是否正确,如图 6-27 所示。

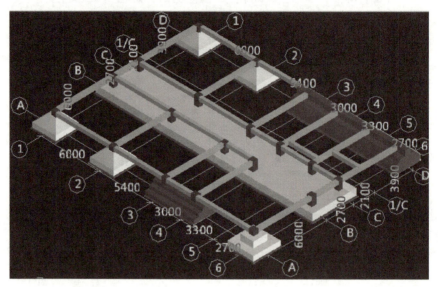

图 6-27 基础各种构件位置

5. 计算基础垫层工程量

单击 Σ 汇总计算,单击"批量选择",选中所有基础垫层,然后单击 查看工程量,如图 6-28 所示。

	编码	项目名称	单位	工程量
1	010501001	垫层	m³	18.348
2	011702001	基础	m²	14.99

图 6-28 基础垫层清单工程量明细

子项四 画基础挖土(石)方

《房屋建筑与装饰工程工程量计算规范》(GB 50854—2013)规定:挖基础土方按设计图示尺寸以垫层底面积乘以挖土深度计算。本书计算基础挖土所需的工作面混凝土垫层为 300mm,混凝土基础为 300mm。

任务一 画基坑土方

1. 建立基坑土方

单击"绘图输入"中"土方"文件夹前面的"+"使其展开,单击 基坑土方(K),单击"构件列表"下的"新建""新建矩形基坑土方",建立"JK-1",反复操作,建立"JK-2"。在"属性编辑框"中将"JK-1"改为"DJP-1",将"JK-2"改为"DJJ-2",其属性值如图 6-29 所示。

2. 添加清单

双击"构件列表"下的"DJP-1",弹出"添加清单"对话框,添加"DJP-1""DJJ-2"

属性编辑框

属性名称	属性值	附加
名称	DJP-1	
深度(mm)	1300	□
坑底长(mm)	2600	□
坑底宽(mm)	2600	□
工作面宽(mm)	300	□
放坡系数	0	□
顶标高(m)	层底标高+1.2	□
底标高(m)	层底标高-0.1	□
土壤类别	坚土	□
挖土方式	挖掘机	□

属性编辑框

属性名称	属性值	附加
名称	DJJ-2	
深度(mm)	1300	□
坑底长(mm)	2900	□
坑底宽(mm)	2900	□
工作面宽(mm)	300	□
放坡系数	0	□
顶标高(m)	层底标高+1.2	□
底标高(m)	层底标高-0.1	□
土壤类别	坚土	□
挖土方式	挖掘机	□

图 6-29　DJP-1、DJJ-2 属性

的清单项目名称及项目特征，如图 6-30 所示。完成后双击“DJJ-2”返回绘图界面。

	编码	类别	项目名	项目特征	单位	工程量	表达式说明	综合	措施项目
1	010101004	项	挖基坑土方	1、土壤类别：坚土 2、挖土深度：1.30m 3、弃土距离：2km	m³	TFTJ	TFTJ<土方体积>		□
2	010103001	项	回填方	1、材料要求：原素土回填 2、质量要求：压实系数≥0.9	m³	STHTTJ	STHTTJ<素土回填体积>		□

图 6-30　DJP-1、DJJ-2 清单项目名称及项目特征

3. 画图

单击“构件列表”下的“DJP-1”，单击“智能布置”，单击“点式垫层”，单击Ⓐ轴、Ⓓ轴上的 4 个 DJP-1 垫层，单击鼠标右键结束命令。单击“构件列表”下的“DJJ-2”，单击“智能布置”，单击“点式垫层”，单击Ⓐ⑥轴上的 DJJ-2 垫层，单击鼠标右键结束命令。

4. 汇总计算并查看工程量

单击 Σ 汇总计算，单击“批量选择”选中“DJP-1”“DJJ-2”，然后单击 查看工程量，如图 6-31 所示。

	编码	项目名称	单位	工程量
1	010103001	回填方	m³	43.133
2	010101004	挖基坑土方	m³	69.173

图 6-31　独立基础挖土、回填土清单工程量明细

任务二　画基槽土方

1. 建立基槽土方

单击“绘图输入”中“土方”文件夹前面的“+”使其展开，单击 基槽土方(C)，单击“构件列表”下的“新建”“新建基槽土方”，建立“JC-1”；单击“新建基槽土方”，建立“JC-2”。在“属性编辑框”中将“JC-1”改为“TJBP-1”，将“JC-2”改为“TJBJ-2”，其属性值如图 6-32 所示。

2. 添加条形基础的清单编码及项目特征

双击“构件列表”下的“TJBP-1”，弹出“添加清单”对话框，添加“TJBP-1”“TJBJ-2”基槽的清单项目名称及项目特征，如图 6-33 所示。完成后双击“TJBJ-2”，返回绘图界面。

属性名称	属性值	附加
名称	TJBP-1	
槽深(mm)	1300	☐
槽底宽(mm)	2750	☐
左工作面宽	300	☐
右工作面宽	300	☐
左放坡系数	0	☐
右放坡系数	0	☐
起点底标高	层底标高-0.1	☐
终点底标高	层底标高-0.1	☐
轴线距基槽	(1375)	☐
土壤类别	坚土	☐
挖土方式	挖掘机	☐

属性名称	属性值	附加
名称	TJBJ-2	
槽深(mm)	1300	☐
槽底宽(mm)	2500	☐
左工作面宽	300	☐
右工作面宽	300	☐
左放坡系数	0	☐
右放坡系数	0	☐
起点底标高	层底标高-0.1	☐
终点底标高	层底标高-0.1	☐
轴线距基槽	(1250)	☐
土壤类别	坚土	☐
挖土方式	挖掘机	☐

图 6-32　TJBP-1、TJBJ-2 属性

	编码	类别	项目名称	项目特征	单位	工程量	表达式说明
1	010101003	项	挖沟槽土方	1、土壤类别：坚土 2、挖土深度：1.30m 3、弃土距离：2km	m^3	TFTJ	TFTJ<土方体积>
2	010103001	项	回填方	1、材料要求：原素土回填 2、质量要求：压实系数≥0.9	m^3	STHTTJ	STHTTJ<素土回填体积>

图 6-33　TJBP-1、TJBJ-2 清单项目名称及项目特征

3. 画图

单击“构件列表”下的“TJBP-1”，单击“智能布置”，单击“线式垫层中心线”，单击Ⓓ轴线上 TJBP-1 条形基础垫层，单击鼠标右键结束命令。单击“构件列表”下的“TJBJ-2”，单击“智能布置”，单击“线式垫层中心线”，单击Ⓐ轴线上 TJBJ-2 条形基础垫层，单击鼠标右键结束命令。

4. 汇总计算并查看工程量

单击 Σ 汇总计算，单击“批量选择”，选中基槽挖土，然后单击 查看工程量，如图 6-34 所示。

	编码	项目名称	单位	工程量
1	010103001	回填方	m^3	29.3069
2	010101003	挖沟槽土方	m^3	68.055

图 6-34　基槽土方清单工程量明细

任务三　画筏板基础土方

1. 建立筏板基础土方

单击 大开挖土方(W)，单击“构件列表”下的“新建”“新建大开挖土方”，建立“DKW-1”，在“属性编辑框”中将“DKW-1”改为“筏板基础土方”，其属性值如图 6-35 所示。

项目六 基础层主体工程算量

2. 添加筏板基础挖土方的清单编码及项目特征

双击"构件列表"下的"筏板基础土方",弹出"添加清单"对话框,添加"筏板基础土方"的清单项目名称及项目特征,如图6-36所示,完成后双击"筏板基础土方"返回绘图界面。

3. 画筏板基础土方

单击"构件列表"下的"筏基垫层土方",单击"智能布置",单击"面式垫层",单击绘图区的筏板基础垫层,单击鼠标右键结束命令。这样,筏板基础土方就画完了。

图 6-35 筏板基础土方属性

4. 汇总计算并查看工程量

单击 Σ 汇总计算 ,单击"批量选择",选中筏板基础土方,然后单击 查看工程量 ,如图6-37所示。

图 6-36 筏板基础土方清单项目名称及项目特征

图 6-37 筏板基础土方清单工程量明细

子项五 计算基础层工程量

至此,土木实训楼建筑工程部分的土建算量就全部输入完了。主体部分的工程量在前述内容中已分层校对过,在这里仍然只汇总基础层的工程量。

任务一 汇总基础层工程量

单击 Σ 汇总计算 ,弹出"确定执行计算汇总"对话框,勾选全部楼层,单击"确定";最后弹出"计算汇总成功"对话框,单击"确定"。

任务二 查看基础层工程量

1. 实体项目清单工程量

单击"模块导航栏"中的 报表预览 ,弹出"设置报表范围"对话框(勾选"基础层",同时撤选 表格输入 中的"闷顶层"),单击"关闭"。单击"做法汇总分析"文件夹下的 清单汇总表 ,单击 隐藏工程量明细 ,选择"实体项目",鼠标指针指到"清单汇总表"表格上,单击鼠标右键,单击"导出为 EXCEL 文件(.XLS)",基础层实体项目清单工程量汇总表就完成了,见表6-1。

表 6-1　基础层实体项目清单工程量汇总

工程名称：土木实训楼　　　　　　　　　　　　　　　　　　　　　　　　编制日期：

序号	编码	项目名称	单位	工程量
1	010101002001	挖一般土方 1. 土壤类别：坚土 2. 挖土深度：1.30m 3. 弃土距离：2km	m³	158.47
2	010101003001	挖沟槽土方 1. 土壤类别：坚土 2. 挖土深度：1.30m 3. 弃土距离：2km	m³	68.055
3	010101004001	挖基坑土方 1. 土壤类别：坚土 2. 挖土深度：1.30m 3. 弃土距离：2km	m³	69.173
4	010103001001	回填方 1. 材料要求：原素土回填 2. 质量要求：压实系数≥0.9	m³	149.2906
5	010501001001	垫层 1. 混凝土种类：泵送商品混凝土 2. 混凝土强度等级：C15	m³	18.348
6	010501002001	条形基础 1. 混凝土种类：泵送商品混凝土 2. 混凝土强度等级：C30	m³	36.4775
7	010501003001	独立基础 1. 混凝土种类：泵送商品混凝土 2. 混凝土强度等级：C30	m³	22.389
8	010501004001	满堂基础 1. 混凝土种类：泵送商品混凝土 2. 混凝土强度等级：C30	m³	69.93
9	010502001001	矩形柱 1. 混凝土种类：泵送商品混凝土 2. 混凝土强度等级：C30	m³	2.7226
10	010503001001	基础梁 1. 混凝土种类：泵送商品混凝土 2. 混凝土强度等级：C30	m³	13.6421

2. 措施项目清单工程量

单击选择"措施项目"，鼠标指针指到"清单汇总表"表格上，单击鼠标右键，单击"导出为EXCEL文件（.XLS）"，基础层措施项目清单工程量汇总表就完成了，见表6-2。

表 6-2　基础层措施项目清单工程量汇总

工程名称：土木实训楼　　　　　　　　　　　　　　　　　　　　　　　　编制日期：

序号	编码	项目名称	单位	工程量
1	011701002001	外脚手架 1. 脚手架搭设的方式：单排 2. 高度：3.6m以内 3. 材质：钢管脚手架	m²	103.15

(续)

序号	编码	项目名称	单位	工程量
2	011702001001	基础 1. 基础类型:独立基础 2. 模板材质:胶合板模板	m²	27.96
3	011702001002	基础 1. 基础类型:无梁式满堂基础 2. 模板材质:胶合板模板	m²	37.38
4	011702001003	基础 1. 基础类型:条形基础 2. 模板材质:胶合板模板	m²	32.6
5	011702001004	基础 类型:基础垫层	m²	4.16
6	011702002001	矩形柱 1. 模板的材质:胶合板 2. 支撑:钢管支撑	m²	18.445
7	011702005001	基础梁 1. 梁截面形状:矩形 2. 模板的材质:胶合板 3. 支撑:钢管支撑	m²	129.505

项目七 装饰装修工程算量

子项一 首层室内外装饰装修

在广联达 BIM 算量软件中,画完建筑主体构件以后,就可以绘制装饰装修工程了。在画室内装修时,最好按组建房间的方法来画图,如果按楼地面、墙面、天棚等单构件分别来画,很容易出错,而且画起来比较麻烦。

任务一 定义室内各部位装饰装修

1. 定义地面

1)单击"绘图输入"中"装修"文件夹前面的"+"使其展开,单击 楼地面 。单击"构件列表",弹出"构件列表"对话框;单击"属性",弹出"属性编辑框"对话框。单击"构件列表"下的"新建""新建楼地面",建立"DM-1",在"属性编辑框"中将"DM-1"改为"地面1"。用同样方法建立"地面2""地面3""地面4",其属性值如图 7-1 所示。

属性编辑框		属性编辑框		属性编辑框		属性编辑框	
属性名称	属性值	属性名称	属性值	属性名称	属性值	属性名称	属性值
名称	地面1	名称	地面2	名称	地面3	名称	地面4
块料厚度(mm)	100	块料厚度(mm)	95	块料厚度(mm)	70	块料厚度(mm)	95
顶标高(m)	层底标高+0.05	顶标高(m)	层底标高+0.05	顶标高(m)	层底标高+0.05	顶标高(m)	层底标高+0.02
是否计算防	否	是否计算防	否	是否计算防	否	是否计算防	否
备注		备注		备注		备注	

图 7-1 首层地面属性

2)双击"构件列表"下的"地面1",弹出"添加清单"对话框,添加"地面1"~"地面4"的清单项目名称及项目特征,如图 7-2~图 7-5 所示。完成后双击"地面4",返回绘图界面。

	编码	类别	项目名称	项目特征	单位	工程量表达式	表达式说明
1	011102001	项	石材楼地面	1、面层:20mm厚大理石板 2、结合层:30厚1:2干硬性水泥砂浆 3、垫层:50mm厚C15混凝土	m²	KLDMJ	KLDMJ<块料地面积>

图 7-2 地面1清单项目名称及项目特征

	编码	类别	项目名称	项目特征	单位	工程量	表达式说明
1	011102003	项	块料楼地面	1、面层:800mm*800mm全瓷防滑地砖 2、找平层:30mm厚1:2干硬性水泥砂浆 3、垫层:50mm厚C15混凝土	m²	KLDMJ	KLDMJ<块料地面积>

图 7-3 地面2清单项目名称及项目特征

	编码	类别	项目名称	项目特征	单位	工程量	表达式说明
1	011101001	项	水泥砂浆楼地面	1、面层:20mm厚1:2水泥砂浆 2、垫层:50厚C15混凝土	m²	DMJ	DMJ<地面积>

图 7-4 地面3清单项目名称及项目特征

项目七 装饰装修工程算量

编码	类别	项目名称	项目特征	单位	工程量	表达式说明
1	011102003	项	块料楼地面	1、面层：500mm*500mm全瓷防滑地砖 2、找平层：30mm厚1:2干硬性水泥砂浆 3、垫层：50mm厚C15混凝土	m²	KLDMJ	KLDMJ〈块料地面积〉

图 7-5 地面 4 清单项目名称及项目特征

2. 定义墙面、墙裙和踢脚

1）墙面：单击"绘图输入"中"装修"文件夹前面的"+"使其展开，单击 墙面 。单击"构件列表"下的"新建""新建内墙面"，建立"QM-1［内墙面］"，在"属性编辑框"中将"QM-1［内墙面］"改为"墙面 1"，其属性值如图 7-6 所示。

双击"构件列表"下的"墙面 1"，弹出"添加清单"对话框，添加"墙面 1"的清单项目名称及项目特征，如图 7-7 所示。完成后双击"墙面 1"，返回绘图界面。

2）墙裙：单击 墙裙 ，单击"构件列表"下的"新建""新建内墙裙"，建立"QQ-1［内墙裙］"，在"属性编辑框"中将"QQ-1［内墙裙］"改为"墙裙 1"。用同样方法，建立"墙裙 3"，其属性值如图 7-8 所示。

图 7-6 墙面 1 属性

编码	类别	项目名称	项目特征	单位	工程量	表达式说明
1	011201001	项	墙面一般抹灰	1、墙体类型：填充墙 2、面层：7mm厚1:3石膏砂浆 3、中层：6mm厚1:1:4混合砂浆 4、底层：7mm厚1:1:6混合砂浆	m²	QMMHMJ	QMMHMJ〈墙面抹灰面积〉
2	011407001	项	墙面喷刷涂料	1、基层：石膏砂浆 2、腻子：满刮两遍 3、涂料：乳胶漆两遍	m²	QMKLMJ	QMKLMJ〈墙面块料面积〉

图 7-7 墙面 1 清单项目名称及项目特征

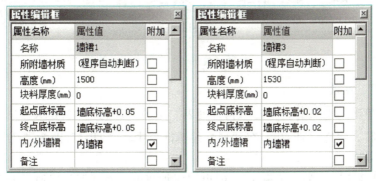

图 7-8 "墙裙 1""墙裙 3"属性

双击"构件列表"下的"墙裙 1［内墙裙］"，弹出"添加清单"对话框，分别添加"墙裙 1"和"墙裙 3"的清单项目名称及项目特征，如图 7-9 所示。完成后双击"墙裙 3［内墙裙］"，返回绘图界面。

3）踢脚：单击 踢脚 ，单击"构件列表"下的"新建""新建踢脚"，建立"TIJ-1"，

	编码	类别	项目名称	项目特征	单位	工程量	表达式说明
1	011204003	项	块料墙面	1、墙体类型：填充墙 2、面层材料：瓷砖 3、铺贴形式：水泥砂浆粘贴	m²	QQKLMJ	QQKLMJ<墙裙块料面积>

图 7-9 “墙裙 1”“墙裙 3”清单项目名称及项目特征

在“属性编辑框”中将“TIJ-1”改为“踢脚 1”。用同样方法，建立“踢脚 2”，其属性值如图 7-10 所示。

属性编辑框

属性名称	属性值	附加
名称	踢脚1	
块料厚度(mm)	0	☐
高度(mm)	100	☐
起点底标高	墙底标高+0.05	☐
终点底标高	墙底标高+0.05	☐
备注		☐

属性编辑框

属性名称	属性值	附加
名称	踢脚2	
块料厚度(mm)	0	☐
高度(mm)	100	☐
起点底标高	墙底标高+0.05	☐
终点底标高	墙底标高+0.05	☐
备注		☐

图 7-10 “踢脚 1”“踢脚 2”属性

双击“构件列表”下的“踢脚 1”，弹出“添加清单”对话框，添加“踢脚 1”和“踢脚 2”的清单项目名称及项目特征，如图 7-11、图 7-12 所示。完成后双击“踢脚 2”，返回绘图界面。

	编码	类别	项目名称	项目特征	单位	工程量	表达式说明
1	011105003	项	块料踢脚	1、面层：块料 2、踢脚高度：100mm 3、粘结层：5mm素水泥砂浆	m²	TJKLMJ	TJKLMJ<踢脚块料面积>

图 7-11 踢脚 1 清单项目名称及项目特征

	编码	类别	项目名称	项目特征	单位	工程量	表达式说明
1	011105001	项	水泥砂浆踢脚	1、踢脚高度：100mm 2、面层：1：2水泥砂浆	m²	TJMHMJ	TJMHMJ<踢脚抹灰面积>

图 7-12 踢脚 2 清单项目名称及项目特征

3. 定义天棚、吊顶

1）天棚：单击“天棚”，单击“构件列表”下的“新建”“新建天棚”，建立“TP-1”；单击“新建天棚”，建立“TP-2”。在“属性编辑框”中将“TP-1”改为“天棚 1”，将“TP-2”改为“天棚 4”。

双击“构件列表”下的“天棚 1”，弹出“添加清单”对话框，添加“天棚 1”和“天棚 4”的清单项目名称及项目特征，如图 7-13、图 7-14 所示，完成后双击“天棚 1”，返回绘图界面。

2）吊顶：单击“吊顶”，单击“构件列表”下的“新建”“新建吊顶”，建立“DD-1”，在“属性编辑框”中将“DD-1”改为“棚 2（吊顶）”，将“离地高度”改为“3350mm”。“棚 2（吊顶）”清单项目名称及项目特征如图 7-15 所示。

项目七 装饰装修工程算量

编码	类别	项目名称	项目特征	单位	工程量	表达式说明
1	011301001	项	天棚抹灰	1、基层类型：现浇混凝土板 2、底层：7mm厚1:2水泥砂浆 3、面层：7mm厚1:3水泥砂浆	m²	TPMHMJ	TPMHMJ<天棚抹灰面积>
2	011407002	项	天棚喷刷涂料	1、基层：水泥砂浆 2、腻子：满刮两遍 3、涂料：乳胶漆两遍	m²	TPMHMJ	TPMHMJ<天棚抹灰面积>
3	011502004	项	石膏装饰线	1、线条形式：石膏线 2、规格：100mm*100mm	m	TPZC	TPZC<天棚周长>

图 7-13 天棚1清单项目名称及项目特征

编码	类别	项目名称	项目特征	单位	工程量	表达式说明
1	011301001	项	天棚抹灰	1、基层类型：现浇混凝土板 2、底层：7mm厚1:2水泥砂浆 3、面层：7mm厚1:3水泥砂浆	m²	TPMHMJ	TPMHMJ<天棚抹灰面积>
2	011407002	项	天棚喷刷涂料	1、基层：水泥砂浆 2、腻子：满刮两遍 3、涂料：乳胶漆两遍	m²	TPMHMJ	TPMHMJ<天棚抹灰面积>

图 7-14 天棚4清单项目名称及项目特征

编码	类别	项目名称	项目特征	单位	工程量表达式	表达式说明
1	011302001	项	吊顶天棚	1、吊顶形式：平面 2、龙骨材料：铝合金 3、面层材料：钙塑板	m²	DDMJ	DDMJ<吊顶面积>

图 7-15 棚2（吊顶）清单项目名称及项目特征

4. 房心回填

（1）定义房心回填 单击"绘图输入"中"土方"文件夹前面的"+"使其展开，单击"房心回填"，单击"构件列表"下"新建""新建房心回填"，建立"FXHT-1"，反复操作，建立"FXHT-2"~"FXHT-4"。单击"属性"，在"属性编辑框"中将"FXHT-1"改为"房心回填1"，将"FXHT-2"改为"房心回填2"，将"FXHT-3"改为"房心回填3"，将"FXHT-4"改为"房心回填4"，其属性如图7-16所示。图7-16各分图中"厚度（mm）"说明：300mm=400mm－（20+30+50）mm，305mm=400mm－（10+5+30+50）mm，330mm=400mm－（20+50）mm，275mm=400mm－30mm－（10+5+30+50）mm。

属性编辑框	
属性名称	属性值
名称	房心回填1
厚度(mm)	300
顶标高(m)	层底标高-0.05
回填方式	机械
备注	

属性编辑框	
属性名称	属性值
名称	房心回填2
厚度(mm)	305
顶标高(m)	层底标高-0.045
回填方式	机械
备注	

属性编辑框	
属性名称	属性值
名称	房心回填3
厚度(mm)	330
顶标高(m)	层底标高-0.02
回填方式	机械
备注	

属性编辑框	
属性名称	属性值
名称	房心回填4
厚度(mm)	275
顶标高(m)	层底标高-0.075
回填方式	机械
备注	

图 7-16 首层房心回填属性

（2）添加房心回填的清单编码及项目特征 双击"构件列表"下的"房心回填1"，弹出"添加清单"对话框，添加"房心回填1"~"房心回填4"的清单项目名称及项目特征，如图7-17所示。完成后双击"房心回填1"，返回绘图界面。

编码	类别	项目名称	项目特征	单位	工程量	表达式说明
1	010103001	项	回填方	1、材料要求：原素土回填 2、质量要求：压实系数≥0.9	m³	FXHTTJ	FXHTTJ<房心回填体积>

图 7-17 "房心回填1"~"房心回填4"清单项目名称及项目特征

任务二 组建房间，画房间装修

1. 建立房间

单击"绘图输入"中"装修"文件夹前面的"+"使其展开，单击 房间(F)，单击"构件列表"下的"新建""新建房间"，建立"FJ-1"，反复操作，分别建立"FJ-2"~"FJ-5"。单击"属性"，弹出"属性编辑框"对话框，在"属性编辑框"中将"FJ-1"改为"大厅"，将"FJ-2"改为"办公室"，将"FJ-3"改为"实验室"，将"FJ-4"改为"走廊、楼梯间"，将"FJ-5"改为"厕所、洗漱间"，其属性值如图7-18、图7-19所示。

图7-18 大厅、办公室、实验室属性

2. 组合房间

在前面，首层所有房间各部位的属性和做法都已经输入完了，下面以大厅和实验室为例，识读附录中"建施01"的"1.室内装修组合"来组建各个房间。

1) 画"大厅"装修具体步骤：双击"构件列表"下的"大厅"，弹出"组建房间"对话框，单击"构件类型"下的 楼地面，

图7-19 走廊、楼梯间，厕所、洗漱间属性

单击"添加依附构件"，软件会自动默认为"地面1"；单击 墙裙，单击"添加依附构件"，软件自动默认为"墙裙1[内墙裙]"；单击 墙面，单击"添加依附构件"，软件自动默认为"墙面1[内墙面]"；单击 吊顶，单击"添加依附构件"，软件自动默认为"棚2（吊顶）"。在"依附构件离地高度"内输入"3350"，单击 房心回填，单击"添加依附构件"，软件自动默认为"房心回填1"（图7-20）。这样，房间"大厅"就组合完了。说明：3350mm = 3600mm − 300mm + 50mm。

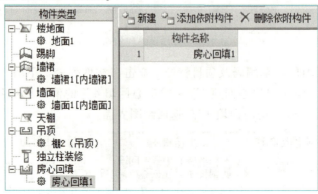

图7-20 大厅装修组合

2）画"实验室"装修具体步骤：双击"构件列表"下的"实验室"，单击"构件类型"下的 楼地面 ，单击"添加依附构件"，软件弹出"地面1"；单击"构件名称"下的"地面1"，单击"地面1"右侧下拉箭头，选择"地面3"；单击 踢脚 ，单击"添加依附构件"，软件弹出"踢脚1"；单击"构件名称"下的"踢脚1"，单击"踢脚1"右侧下拉箭头，选择"踢脚2"（"依附构件离地高度"默认为"100"，不必修改）；单击 墙面 ，单击"添加依附构件"，软件自动默认为"墙面1"；单击 天棚 ，单击"添加依附构件"，软件自动默认为"天棚1"；单击 房心回填 ，单击"添加依附构件"，软件弹出"房心回填1"，单击"房心回填1"右侧下拉箭头，选择"房心回填3"（图7-21）。这样，房间"实验室"就组合完了。同样方法，识读附录中"建施01"的"1.室内装修组合"分别组建"办公室""走廊、楼梯间""厕所、洗漱间"。组建完房间后，单击 绘图 返回绘图界面。

3. 画虚墙

1）定义虚墙属性：单击"绘图输入"中"墙"文件夹前面的"+"使其展开，单击"墙"，单击"构件列表"下的"新建""新建虚墙"，建立"Q-1"。在"属性编辑框"中将"Q-1"改为"虚墙"，其属性值如图7-22所示。

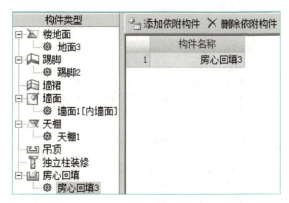

图7-21 实验室装修组合

图7-22 虚墙属性

2）作辅助轴线：依次单击"轴网工具栏"中的 平行 、绘图区中的Ⓑ轴，弹出"请输入"对话框，输入"偏移距离（mm）"为"225"，输入"轴号"为"1/B"，单击"确定"。依次单击"轴网工具栏"中的 平行 、绘图区中的Ⓒ轴，弹出"请输入"对话框，输入"偏移距离（mm）"为"-225"，输入"轴号"为"2/B"，单击"确定"。

3）画虚墙：依次单击"构件列表"中的"虚墙"，"绘图工具栏"中的 直线 ，绘图区中1/B轴与④轴交点、1/B轴和⑥轴交点，单击鼠标右键结束命令。单击2/B轴与④轴交点、2/B轴和⑤轴交点，单击鼠标右键结束命令。

4. 画房间装修

以"大厅"和"实验室"为例，单击"绘图输入"中"装修"文件夹前面的"+"使其展开，单击"房间"。依次单击"构件列表"中的"大厅"、"绘图工具栏"中的 点 、绘图区中大厅房间内任意一点，单击鼠标右键结束命令；依次单击"构件列表"中的"实验室"、"绘图工具栏"中的 点 、绘图区中房间实验室内任意一点，单击鼠标右键结束命令。这样，大厅、实验室就画完了。同样方法布置其他房间内部装修,画完后如图7-23所示。

图7-23 首层房间内部装修

5. 删除辅助轴线

单击"绘图输入"中"轴线"文件夹前面的"+"使其展开,单击 辅助轴线(O) ,选中所有辅助轴线,单击鼠标右键,单击 删除 ,弹出"是否删除当前选中的图元"对话框,单击"是"。这样,辅助轴线就被删除了。然后切换到"房间"层。

6. 汇总计算并查看工程量

单击 ∑ 汇总计算 ,单击"批量选择",选中所有已画房间,然后单击 查看工程量 ,如图7-24所示。

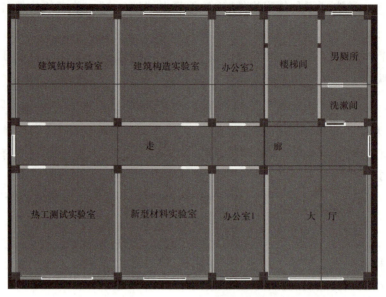

	编码	项目名称	单位	工程量
1	011102003	块料楼地面	m²	15.1227
2	011102003	块料楼地面	m²	34.8595
3	011102001	石材楼地面	m²	35.572
4	011101001	水泥砂浆楼地面	m²	197.5779
5	011502004	石膏装饰线	m	126
6	011301001	天棚抹灰	m²	245.5765
7	011407002	天棚喷刷涂料	m²	245.5765
8	011302001	吊顶天棚	m²	33.63
9	011407001	墙面喷刷涂料	m²	549.6765
10	011201001	墙面一般抹灰	m²	551.9824
11	011204003	块料墙面	m²	120.18
12	011105003	块料踢脚线	m²	3.426
13	011105001	水泥砂浆踢脚线	m²	8.87
14	010103001	回填方	m³	96.2028

图7-24 首层室内装修清单工程量明细

任务三 画室外装饰装修

1. 定义外墙面

单击"绘图输入"中"装修"文件夹前面的"+"使其展开,单击 墙面 。单击"构件列表",弹出"构件列表"对话框;单击"属性",弹出"属性编辑框"对话框。单击"构件列表"下的"新建""新建外墙面",建立"QM-1",在"属性编辑框"中将"QM-1"改为"外墙面",其属性值如图7-25所示。

2. 添加外墙面的清单编码及项目特征

外墙面清单项目名称及项目特征如图7-26所示。

3. 画外墙面

依次单击"构件列表"中的"外墙面"、"绘图工具栏"中的 点 、绘图区中土木实训楼四周外墙的外边线，单击鼠标右键结束命令。这样，外墙面就画好了。

4. 汇总计算并查看工程量

单击 Σ 汇总计算，单击"批量选择"，勾选"外墙面"，然后单击 查看工程量，如图7-27所示。

图 7-25 外墙面属性

图 7-26 外墙面清单项目名称及项目特征

图 7-27 外墙面清单工程量明细

子项二 二层室内外装饰装修

二层的室内外装饰装修很多地方与一层一样，这时可以将一层、二层相同或类似的部分从一层复制到二层，从而大幅度减少二层的工作量。

任务一 定义室内各部位装饰装修

1. 定义楼面

单击"构件工具栏"中"首层"右侧下拉箭头切换到"第2层"。单击"绘图输入"中"装修"文件夹前面的"+"使其展开，单击 楼地面。单击"构件列表"，弹出"构件列表"对话框；单击"属性"，弹出"属性编辑框"对话框。单击"构件列表"下的"新建""新建楼地面"，建立"DM-1"，在"属性编辑框"中将"DM-1"改为"楼面2"。同样方法建立"楼面3""楼面4"和"楼面5"，其属性值如图7-28所示。

2. 添加楼面的清单编码及项目特征

双击"构件列表"下的"楼面2"，弹出"添加清单"对话框，添加"楼面2"～"楼面5"的清单项目名称及项目特征，如图7-29～图7-32所示。完成后双击"楼面5"，返回绘图界面。

属性编辑框		属性编辑框		属性编辑框		属性编辑框	
属性名称	属性值	属性名称	属性值	属性名称	属性值	属性名称	属性值
名称	楼面2	名称	楼面3	名称	楼面4	名称	楼面5
块料厚度(mm)	50	块料厚度(mm)	50	块料厚度(mm)	50	块料厚度(mm)	70
顶标高(m)	层底标高+0.05	顶标高(m)	层底标高+0.05	顶标高(m)	层底标高+0.05	顶标高(m)	层底标高+0.02
是否计算防水	否	是否计算防水	否	是否计算防水	否	是否计算防水	否
备注		备注		备注		备注	

图 7-28　楼面属性

	编码	类别	项目名称	项目特征	单位	工程	表达式说明
1	011104002	项	竹、木（复合）地板	1、面层：10mm厚木地板 2、垫层：40mm厚C20细石混凝土	m²	KLDMJ	KLDMJ〈块料地面积〉

图 7-29　楼面 2 清单项目名称及项目特征

	编码	类别	项目名称	项目特征	单位	工程	表达式说明
1	011102003	项	块料楼地面	1、面层：800mm*800mm全瓷地砖 2、粘结层：5mm厚素水泥浆 3、找平层：35mm厚1:2干硬性水泥砂浆	m²	KLDMJ	KLDMJ〈块料地面积〉

图 7-30　楼面 3 清单项目名称及项目特征

	编码	类别	项目名称	项目特征	单位	工程	表达式说明
1	011101001	项	水泥砂浆楼地面	1、面层：20mm厚1:2水泥砂浆 2、找平层：30mm厚C20细石混凝土	m²	DMJ	DMJ〈地面积〉

图 7-31　楼面 4 清单项目名称及项目特征

	编码	类别	项目名称	项目特征	单位	工程	表达式说明
1	011102003	项	块料楼地面	1、面层：500mm*500mm全瓷地砖 2、粘结层：5mm厚素水泥浆 3、找平层：35mm厚1:2干硬性水泥砂浆	m²	KLDMJ	KLDMJ〈块料地面积〉

图 7-32　楼面 5 清单项目名称及项目特征

3. 从首层复制室内装饰装修

识读附录中的土木实训楼施工图的室内装饰装修设计可知，二层很多部位的装修与首层是一样的；这时，把相同部分复制到二层，从而避免重复定义。具体操作步骤是：双击"装修"下的 墙面 ，单击 从其他楼层复制构件 ，勾选要复制的构件（图 7-33），单击"确定"，软件提示"构件复制完成"，单击"确定"。这样，首层的踢脚、墙裙、天棚等构件就复制到了二层。

4. 补充二层部分装修

1）建立"墙面 2""墙面 3"：单击 墙面 ，单击"构件列表"下的"新建""新建内墙面"，建立"QM-1"，在"属性编辑框"中将"QM-1"改为"墙面 2"。用同样方法建立"墙面 3"，其属性值如图 7-34 所示。

双击"构件列表"下的"墙面 2"，弹出"添加清单"对话框，添加"墙面 2"和"墙面 3"的清单项目名称及项目特征，如图 7-35、图 7-36 所示。完成后双击"墙面 3"，返回绘图界面。

项目七　装饰装修工程算量

图 7-33　勾选要复制的构件

图 7-34　墙面 2、墙面 3 属性

	编码	类别	项目名称	项目特征	单位	工程量	表达式说明
1	011201001	项	墙面一般抹灰	1、墙体类型：填充墙 2、面层：6mm厚1:1:4混合砂浆 3、底层：14mm厚1:1:6混合砂浆	m²	QMMHMJ	QMMHMJ〈墙面抹灰面积〉
2	011408001	项	墙纸裱糊	1、面层：墙面贴对花墙纸	m²	QMKLMJ	QMKLMJ〈墙面块料面积〉

图 7-35　墙面 2 清单项目名称及项目特征

	编码	类别	项目名称	项目特征	单位	工程量	表达式说明
1	011201001	项	墙面一般抹灰	1、墙体类型：填充墙 2、面层：6mm厚1:1:4混合砂浆 3、底层：14mm厚1:1:6混合砂浆	m²	QMMHMJ	QMMHMJ〈墙面抹灰面积〉
2	011407001	项	墙面喷刷涂料	1、基层：混合砂浆外墙 2、腻子：满刮两遍 3、涂料：丙烯酸外墙涂料	m²	QMKLMJ	QMKLMJ〈墙面块料面积〉

图 7-36　墙面 3 清单项目名称及项目特征

2)新建"墙裙2":单击 墙裙,单击"构件列表"下的"新建""新建内墙裙",建立"QQ-1[内墙裙]";单击"新建内墙裙",建立"QQ-2[内墙裙]"。在"属性编辑框"中将"QQ-1[内墙裙]"改为"墙裙2(砖)",将"QQ-2[内墙裙]"改为"墙裙2(混凝土)",其属性值如图7-37所示,墙裙2的清单项目名称及项目特征如图7-38、图7-39所示。

图 7-37 墙裙2属性

图 7-38 墙裙2(砖)清单项目名称及项目特征

图 7-39 墙裙2(混凝土)清单项目名称及项目特征

3)新建"踢脚3":单击 踢脚,单击"构件列表"下的"新建""新建踢脚",建立"TIJ-1",在"属性编辑框"中将名称改为"踢脚3",其属性值如图7-40所示,踢脚3的清单项目名称及项目特征如图7-41所示。

图 7-40 踢脚3属性

图 7-41 踢脚3清单项目名称及项目特征

4）新建"棚3（吊顶）"：单击 凹吊顶，单击"构件列表"下的"新建""新建吊顶"，建立"DD-1"，在"属性编辑框"中将"DD-1"改为"棚3（吊顶）"，其属性值如图7-42所示，棚3（吊顶）的清单项目名称及项目特征如图7-43所示。图7-42中"离地高度（mm）"说明：3200mm＝3600mm－450mm+50mm。

图 7-42　棚3（吊顶）属性

	编码	类别	项目名称	项目特征	单位	工程量	表达式说明	综合单价
1	011302001	项	吊顶天棚	1、吊顶形式：三级天棚 2、龙骨：木龙骨 3、面层：纸面石膏板	m²	DDMJ	DDMJ〈吊顶面积〉	

图 7-43　棚3（吊顶）清单项目名称及项目特征

任务二　组建房间，画房间装修

1. 定义房间

单击"绘图输入"中"装修"文件夹前面的"+"使其展开，单击"房间"。单击"新建""新建房间"，建立"FJ-1"；反复操作，分别建立"FJ-2"～"FJ-8"。单击"属性"，弹出"属性编辑框"对话框，在"属性编辑框"中将"FJ-1"改为"接待室"，将"FJ-2"改为"办公室"，将"FJ-3"改为"实验室"，将"FJ-4"改为"走廊、楼梯间"，将"FJ-5"改为"阳台"，将"FJ-6"改为"厕所、洗漱间"，将"FJ-7"改为"活动室"，将"FJ-8"改为"露台"，其属性值如图7-44和图7-45所示。

属性编辑框		属性编辑框		属性编辑框		属性编辑框	
属性名称	属性值	属性名称	属性值	属性名称	属性值	属性名称	属性值
名称	接待室	名称	办公室	名称	实验室	名称	走廊、楼梯间
底标高(m)	层底标高+0.05	底标高(m)	层底标高+0.05	底标高(m)	层底标高+0.05	底标高(m)	层底标高+0.05
备注		备注		备注		备注	

图 7-44　接待室，办公室，实验室，走廊、楼梯间属性

属性编辑框		属性编辑框		属性编辑框		属性编辑框	
属性名称	属性值	属性名称	属性值	属性名称	属性值	属性名称	属性值
名称	阳台	名称	厕所、洗漱间	名称	活动室	名称	露台
底标高(m)	层底标高+0.05	底标高(m)	层底标高+0.02	底标高(m)	层底标高+0.05	底标高(m)	层底标高
备注		备注		备注		备注	

图 7-45　阳台，厕所、洗漱间，活动室，露台属性

2. 组合房间

前面已经建好了各个房间构件的属性和做法，识读附录中的"建施02"，组合二层的各个房间。

以接待室为例，具体组合步骤是：双击"构件列表"下的"接待室"，单击"构件类型"下的 楼地面，单击"添加依附构件"，软件自动弹出"楼面2"；单击 踢脚，单击"添加依附构件"，软件弹出"踢脚1"；单击"构件名称"下的"踢脚1"，单击"踢脚1"右侧下拉箭头，选择"踢脚3"；单击 墙面，单击"添加依附构件"，软件自动默认为"墙面1"；单击"构件名称"下的"墙面1"，单击"墙面1"右侧下拉箭头，选择"墙面2"；单击 凹吊顶，单击"添加依附构件"，软件自动默认为"棚3（吊顶）"（图7-46）。这样房间接待室就组合完了。

用同样方法，组合办公室，实验室，走廊、楼梯间，阳台，厕所、洗漱间，活动室，露台等房间。组合露台时，墙裙选择"墙裙2（砖）"。组建完房间后，单击 绘图 返回绘图界面。

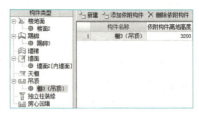

图7-46 棚3（吊顶）

3. 画虚墙

依次单击"轴网工具栏"中的 井平行、绘图区中的Ⓒ轴，弹出"请输入"对话框，输入"偏移距离（mm）"为"-225"，输入"轴号"为"2/B"，单击"确定"。单击"绘图输入"中"墙"文件夹前面的"+"，使其展开，依次单击"构件列表"中的"虚墙"、"绘图工具栏"中的 直线、绘图区中②/B轴与④轴交点、②/B轴和⑤轴交点，单击鼠标右键结束命令。

4. 画房间装修

在这里以接待室，走廊、楼梯间为例，具体步骤为：单击"绘图输入"中"装修"文件夹前面的"+"使其展开，单击"房间"。依次单击"构件列表"中的"接待室"、"绘图工具栏"中的 点、绘图区中接待室内任意一点，单击鼠标右键结束命令。依次单击"构件列表"中的"走廊、楼梯间"、"绘图工具栏"中的 点、绘图区中走廊内任意一点、楼梯间内任意一点，单击鼠标右键结束命令。这样，接待室，走廊、楼梯间就画完了。用同样方法，布置其他房间室内装修，画完后如图7-47所示。

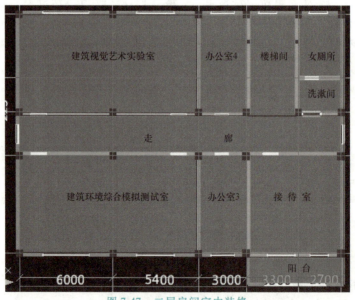

图7-47 二层房间室内装修

5. 删除辅助轴线

单击"绘图输入"中"轴线"文件夹前面的"+"使其展开，单击 辅助轴线(O)，单击"绘图工具栏"中的"选择"，选中所有辅助轴线，单击鼠标右键，单击"删除"，然后返回"房间"层。

6. 汇总计算并查看工程量

单击 Σ 汇总计算，单击"批量选择"，选中所有已画房间，然后单击 查看工程量，如

图 7-48 所示。

编码	项目名称	单位	工程量
1	011102003	块料楼地面	m²	15.1227
2	011102003	块料楼地面	m²	44.4013
3	011101001	水泥砂浆楼地面	m²	199.7487
4	011104002	竹、木（复合）地板	m²	34.582
5	011502004	石膏装饰线	m	126
6	011301001	天棚抹灰	m²	258.967
7	011407002	天棚喷刷涂料	m²	258.967
8	011302001	吊顶天棚	m²	33.63
9	011407001	墙面喷刷涂料	m²	494.1018
10	011201001	墙面一般抹灰	m²	493.7952
11	011201001	墙面一般抹灰	m²	65.963
12	011408001	墙纸裱糊	m²	65.438
13	011204003	块料墙面	m²	104.01
14	011105003	块料踢脚	m²	4.856
15	011105005	木质踢脚	m²	2.198
16	011105001	水泥砂浆踢脚	m²	6.722

图 7-48　二层室内装修清单工程量明细

任务三　画室外装饰装修

1. 复制构件

双击"装修"下的 [墙面]，单击 [从其他楼层复制构件]，勾选"外墙面［外墙面］"（图 7-49），单击"确定"，软件提示"构件复制完成"，单击"确定"。这样，首层的"外墙面"就复制到了二层，双击 [墙面] 返回绘图界面。

2. 外墙面属性修改

单击选中"构件列表"里的"外墙面"，观察"属性编辑框"中的"起点底标高"和"终点底标高"属性值，可以看出，从一层复制上来的"外墙面"不符合二层外墙的装饰要求，这时应进行修改，修改后的属性值如图 7-50 所示。

图 7-49　勾选"外墙面［外墙面］"　　　图 7-50　外墙面属性修改

3. 画外墙装修

依次单击"构件列表"中的"外墙面"、"绘图工具栏"中的 ，从Ⓐ轴和①轴相交处，按顺时针依次单击所有外墙（含阳台外墙）的外边线，单击鼠标右键结束命令。这样，二层外墙装修就画好了。

4. 查看工程量

单击 Σ 汇总计算，单击"批量选择"，勾选"外墙面"，然后单击 查看工程量，如图 7-51 所示。

	编码	项目名称	单位	工程量
1	011407001	墙面喷刷涂料	m²	231.5215
2	011201001	墙面一般抹灰	m²	223.6555

图 7-51　二层外墙面清单工程量明细

子项三　三层室内外装饰装修

三层的大部分房间与二层一样，只需要做一下修改就可以了。

任务一　复制二层房间的所有构件

单击"第 2 层"右侧下拉箭头切换到"第 3 层"。单击"绘图输入"中"装修"文件夹前面的"+"使其展开，双击 房间(F)，单击 从其他楼层复制构件，勾选要复制的构件（图 7-52），单击"确定"，软件提示"构件复制完成"，单击"确定"。这样，二层的装修构件就复制到了三层。

图 7-52　勾选要复制的构件

任务二　画房间装修

1. 画虚墙

参照第一层或第二层的方法，画楼梯间与走廊间的虚墙。

2. 画房间装修

在这里以活动室、露台为例，具体步骤为：依次单击"构件列表"中的"活动室"、"绘图工具栏"中的 点、绘图区中活动室内任意一点，单击鼠标右键结束命令。依次单击"构件列表"中的"露台"、"绘图工具栏"中的 点、绘图区中露台内任意一点，单击鼠标右键结束命令。这样，活动室、露台就画完了。用同样方法，布置其他房间室内装修。

3. 修改露台的房间装修

单击"绘图输入"中的 墙面(W)，单击"选择"，选中④轴线露台栏板内侧的"墙面1"、⑥轴线露台栏板内侧的"墙面1"、露台下边栏板内侧的"墙面1"，单击"删除"。这样，露台栏板的三面内墙装修"墙面1"就被删除了。

单击"绘图输入"中的 墙裙(U)，单击"选择"，选中④轴线露台栏板内侧的"墙裙2（砖）"、⑥轴线露台栏板内侧的"墙裙2（砖）"、露台下边栏板内侧的"墙裙2（砖）"，单击"属性编辑框"中"墙裙2（砖）"右侧下拉箭头，选择"墙裙2（混凝土）"，弹出"构件［墙裙2（混凝土）］已经存在，是否修改当前图元的构件名称为墙裙2（混凝土）"对话框，单击"是"。

4. 汇总计算并查看工程量

单击 ∑汇总计算，单击"批量选择"，选中所有房间，然后单击 查看工程量，如图7-53所示。

	编码	项目名称	单位	工程量
1	011102003	块料楼地面	m²	15.1227
2	011102003	块料楼地面	m²	34.8595
3	011101001	水泥砂浆楼地面	m²	244.1635
4	011502004	石膏装饰线	m	237.0316
5	011301001	天棚抹灰	m²	295.7215
6	011407002	天棚喷刷涂料	m²	295.7215
7	011407001	墙面喷刷涂料	m²	477.9432
8	011407001	墙面喷刷涂料	m²	12.7705
9	011201001	墙面一般抹灰	m²	479.204
10	011201001	墙面一般抹灰	m²	11.5825
11	011204003	块料墙面	m²	136.419
12	011201001	墙面一般抹灰	m²	5.1975
13	011201001	墙面一般抹灰	m²	2.9985
14	011105003	块料踢脚	m²	3.426
15	011105001	水泥砂浆踢脚	m²	7.612

图7-53 三层室内装修清单工程量明细

任务三 画室外装饰装修

1. 画室外装饰装修

单击"绘图输入"中的 墙面(W)，单击"构件列表"中的"外墙面"，单击"绘图工具栏"中的 点，从Ⓐ轴和①轴相交处，按顺时针依次单击外墙的外边线，露台栏板外侧按外墙面装饰，单击鼠标右键结束命令。这样，外墙面就画好了。

单击"构件列表"中的"外墙面"，单击鼠标右键，单击"复制"，建立"外墙面-1"构件；单击 定义，弹出"添加清单"对话框，修改原来的清单项目名称及项目特征，如图7-54所示。

	编码	类别	项目名称	项目特征	单位	工程量	表达式说明
1	011201001	项	墙面一般抹灰外墙1(混凝土)	1. 墙体类型：填充墙 2. 底层：14mm厚1:1:6混合砂浆 3. 面层：6mm厚1:1:4混合砂浆	m²	QMMHMJ	QMMHMJ〈墙面抹灰面积〉
2	011407001	项	墙面喷刷涂料外墙1	1. 基层：混合砂浆外墙 2. 腻子：满刮两遍 3. 涂料：橘黄色丙烯酸外墙涂料	m²	QMKLMJ	QMKLMJ〈墙面块料面积〉

图7-54 外墙面-1清单项目名称及项目特征

单击"选择"，选中④轴线露台栏板外侧外墙面、⑥轴线露台栏板外侧外墙面、露台下边栏板外侧外墙面，单击"属性编辑框"中"外墙面"右侧下拉箭头，选择"外墙面-1"，弹出"构件 [外墙面-1] 已经存在，是否修改当前图元的构件名称为外墙面-1"对话框，单击"是"。

2. 汇总计算并查看工程量

单击 Σ 汇总计算，单击"批量选择"，勾选"外墙面"和"外墙面-1"，然后单击 查看工程量，如图 7-55 所示。

	编码	项目名称	单位	工程量
1	011407001	墙面喷刷涂料	m²	193.9515
2	011201001	墙面一般抹灰	m²	181.3325
3	011201001	墙面一般抹灰(混凝土)	m²	6.292

图 7-55 三层外墙面清单工程量明细

子项四　屋面的装饰装修

任务一　定义屋面

识读附录中的"建施01"，查找屋面做法。

1. 建立屋面

单击"第3层"右侧下拉箭头转换到"闷顶层"，单击"其他"文件夹前面的"+"使其展开，单击 屋面(W)。单击"构件列表"，弹出"构件列表"对话框；单击"属性"，弹出"属性编辑框"对话框。单击"构件列表"下的"新建""新建屋面"，建立"WM-1"，在"属性编辑框"里将名称"WM-1"改为"屋面"。

2. 添加清单编码及项目特征

双击"构件列表"下的"屋面"，弹出"添加清单"对话框，添加"屋面"清单项目名称及项目特征，如图 7-56 所示。完成后双击"屋面"，返回绘图界面。

	编码	类别	项目名称	项目特征	单位	工程量	表达式说明
1	010901001	项	瓦屋面	1、平瓦 2、钢挂瓦条L30mm×4mm，中距按瓦材规格 3、钢顺水条 -25mm×5mm，中距600mm，固定用Φ3.5长40mm水泥钉@600mm	m²	MJ	MJ〈面积〉
2	010902002	项	屋面涂膜防水	1、防水材料：高聚物改性沥青	m²	MJ	MJ〈面积〉
3	010902003	项	屋面刚性层	1、35mm厚C20细石混凝土找平层 2、内配Φ4@150mm×150mm钢筋网与屋面板预留Φ10钢筋头绑牢	m²	MJ	MJ〈面积〉
4	011001001	项	保温隔热屋面	1、50mm厚聚氨酯发泡剂保温层	m²	MJ	MJ〈面积〉

图 7-56 屋面清单项目名称及项目特征

任务二　画屋面装修

1. 画图

单击 智能布置，单击"现浇板"，依次选择所有屋面板，单击鼠标右键结束命令。这样，屋面就画好了。

2. 汇总计算并查看工程量

单击 Σ 汇总计算，单击"批量选择"，勾选"屋面"，单击"确定"；单击 查看工程量，选择"做法工程量"选项卡，如图 7-57 所示。查看完毕，单击 退出 。

	编码	项目名称	单位	工程量
1	011001001	保温隔热屋面	m²	383.1136
2	010901001	瓦屋面	m²	383.1136
3	010902003	屋面刚性层	m²	383.1136
4	010902002	屋面涂膜防水	m²	383.1136

图 7-57 屋面装修清单工程量明细

项目八 强化训练 土建算量软件的灵活应用

在前面曾经提到，广联达 BIM 土建算量软件提供了多种计量模式——清单模式、定额模式、清单—定额模式。那么，同一个工程用清单模式做完以后，在不重新画图的前提下，如何快速转换到其他模式呢？

任务一 转换计算模式

下面就以"土木实训楼（清单模式）"转换为"土木实训楼（清单-定额模式）"为例简单介绍一下。

打开前面已经做好的"土木实训楼"土建算量文件，选择主菜单"文件"→"导出 GCL 工程"，弹出"导出工程：第一步，工程名称"对话框，然后将"工程名称""定额规则""定额库"按要求做如下修改，如图 8-1 所示。

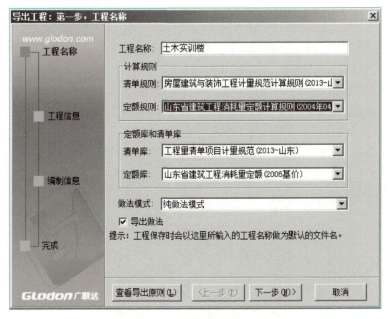

图 8-1 转换计算模式

单击"下一步"，直至"完成"，弹出"另存为"对话框，文件名存为"土木实训楼（清单—定额模式）"，单击"保存"，弹出"确认"对话框，如图 8-2 所示，单击"是"。这样，在原来"土木实训楼（清单模式）.GCL"文件的基础上就建立了一个新文件——"土木实训楼（清单—定额模式）.GCL"文件，"土木实训楼（清单模式）.GCL"里的所有构件图元全部转到了新文件中。

任务二 添加定额编号

打开土建算量文件"土木实训楼（清单—定额模式）.GCL"，添加定额编号。

图 8-2 "确认"对话框

以首层"KZ1"为例:单击"绘图输入"中"柱"文件夹前面的"+"使其展开,双击 柱(Z),单击 构件列表 中的"KZ1",单击清单编号"010502001-矩形柱"一行,单击 添加定额,单击右侧下方"查询匹配定额",双击"4-2-17 C254 现浇矩形柱"。这时,定额"4-2-17 C254 现浇矩形柱"就添加到了清单"010502001-矩形柱"的下方。用同样方法,添加其他柱子的定额编号。

参照柱子的方法,添加所有构件(墙、梁、板、基础及装饰装修等)的定额编号,最后汇总计算,在"查看工程量"和"报表预览"中将显示出定额工程量,在这里不一一细述。

模块二

广联达BIM钢筋算量软件应用

项目九 建立文件，设置楼层，新建轴网

子项一 建 立 文 件

任务一 打 开 软 件

双击桌面上的"广联达 BIM 钢筋算量软件 GGJ2013"图标，打开广联达 BIM 钢筋算量软件，或选择"开始"→"程序"→"广联达第三代整体解决方案"→广联达 BIM 钢筋算量软件 GGJ2013 选项（弹出"新版特性、荣誉榜"对话框，直接单击 关闭即可），弹出"欢迎使用 GGJ2013"对话框，如图 9-1 所示。

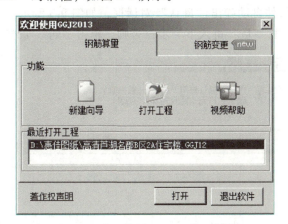

图 9-1 "欢迎使用 GGJ2013"对话框

"欢迎使用 GGJ2013"对话框提供了以下三种功能：

1）新建向导：此功能适用于新建工程，可引导建立一个计算新建工程的钢筋算量文件。

2）打开工程：打开已经建立的工程钢筋算量文件，在"最近打开工程"列表框中，可直接双击文件打开，也可以单击选中文件，再单击"打开"，无须再从资源管理器中一级一级地查找文件。

3）视频帮助：为辅助功能。

任务二 建 立 文 件

1. 填写工程名称

"土木实训楼"属于新建工程(以后可直接打开文件),单击"新建向导"进入"新建工程:第一步,工程名称"对话框,如图9-2所示。说明:损耗模板提供"不计算损耗"和"各省市的(某年份)损耗"选项,通常选"不计算损耗"。

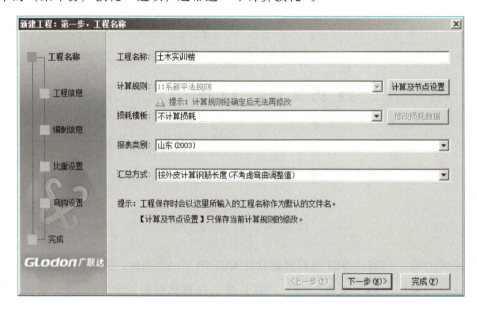

图9-2 "新建工程:第一步,工程名称"对话框

单击"下一步",软件自动弹出"确认"对话框,如图9-3所示。如果工程的钢筋计算规则确认采用"11G",单击"是"进入下一步;否则,单击"否"重新选择计算规则。

图9-3 "确认"对话框

2. 填写工程信息

单击"下一步",弹出"新建工程:第二步,工程信息"对话框,根据土木实训楼施工图选择"工程类别"和"结构类型",输入"地下层数(层)"和"地上层数(层)"等,如图9-4所示。

单击"下一步",在弹出的"新建工程:第三步,编制信息"对话框中填写相应信息;单击"下一步",弹出"新建工程:第四步,比重设置"对话框;单击"下一步",弹出"新建工程:第五步,弯钩设置"对话框。

说明:第四步中的"比重设置"和第五步中的"弯钩设置"一般不要更改,若已更改

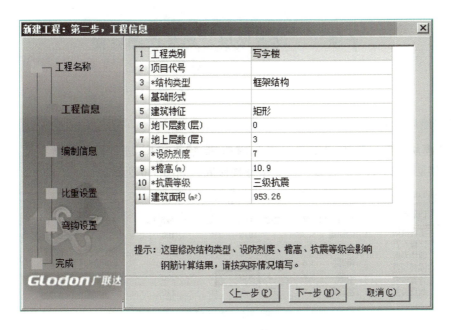

图 9-4　填写工程信息

（显示为黄色），可单击对话框下部“默认值”，软件可立即恢复默认值。填写过程中可单击“上一步”和“下一步”反复修改。

3. 整理检查

最后单击“完成”，弹出“工程信息”对话框。在这里，可综览前面的信息，并做最后修改，如图 9-5 所示。

	属性名称	属性值
1	− 工程信息	
2	工程名称	土木工程实训楼
3	项目代号	
4	工程类别	写字楼
5	*结构类型	框架结构
6	基础形式	
7	建筑特征	矩形
8	地下层数(层)	0
9	地上层数(层)	3
10	*设防烈度	7
11	*檐高(m)	10.95
12	*抗震等级	三级抗震
13	建筑面积(m²)	1422.34
14	− 工程设置	
15	损耗模板	不计算损耗
16	报表类别	山东(2003)
17	计算规则	11系新平法规则
18	汇总方式	按外皮计算钢筋长度(不考虑弯曲调整值)

图 9-5　工程信息

4. 保存文件

文件建完以后要及时保存，记清文件的存储位置，便于以后继续编辑文件。

子项二 设置楼层，熟悉绘图界面

任务一 设置楼层

1. 填写楼层信息

单击"模块导航栏"中"工程设置"内的 **楼层设置** 进行楼层设置，使用"插入楼层""删除楼层""上移""下移"命令填好楼层表，如图 9-6 所示。

楼层名称	层高(m)	首层	底标高(m)	相同层数	板厚(mm)	建筑面积(m²)
闷顶层	5.35	□	10.5	1	120	输入建筑面积，可以计算指标。
第3层	3.35	□	7.15	1	120	输入建筑面积，可以计算指标。
第2层	3.6	□	3.55	1	120	输入建筑面积，可以计算指标。
首层	3.6	☑	-0.05	1	120	输入建筑面积，可以计算指标。
基础层	1.55	□	-1.6	1	120	输入建筑面积，可以计算指标。

图 9-6 楼层信息

2. 填写构件信息

填好楼层表以后，同时应详细填写其下方的构件信息表。填写时，识读附录中的"建施02""结施01"的结构设计说明，修改后的属性值变为黄色，如图 9-7 所示。如果想恢复原值，单击表格下方的"默认值"，修改好以后单击表格右下方的"复制到其他楼层"，弹出"选择楼层"对话框，勾选"所有楼层"，单击"确定"。这样，土木实训楼的其他楼层构件属性值就不用再一一修改了。在这里要特别注意，如果各层楼构件的信息不一样，选择复制楼层时要区别对待。

	抗震等级	混凝土标号	锚固			搭接		冷轧扭	保护层厚(mm)
			HPB235(A) HPB300(A)	HRB335(B) HRB335E(BE) HRBF335(BF) HRBF335E(BFE)	HPB235(A) HPB300(A)	HRB400(C) HRB400E(CE) HRBF400(CF) HRBF400E(CFE) RRB400(D)			
基础	(三级抗震)	C30	(32)	(31/34)	(45)	(52/58)		(49)	(40)
基础梁/承台梁	(三级抗震)	C30	(32)	(31/34)	(45)	(52/58)		(49)	(40)
框架梁	(三级抗震)	C30	(32)	(31/34)	(45)	(52/58)		(49)	(20)
非框架梁	(非抗震)	C30	(30)	(29/32)	(42)	(49/55)		(49)	(20)
柱	(三级抗震)	C30	(32)	(31/34)	(45)	(52/58)		(49)	(20)
现浇板	(非抗震)	C30	(30)	(29/32)	(42)	(49/55)		(49)	(15)
剪力墙	(三级抗震)	C35	(30)	(29/32)	(36)	(41/45)		(42)	(15)
人防门框墙	(三级抗震)	C30	(32)	(31/34)	(45)	(52/58)		(49)	(15)
墙梁	(三级抗震)	C35	(30)	(29/32)	(42)	(48/52)		(49)	(20)
墙柱	(三级抗震)	C35	(30)	(29/32)	(42)	(48/52)		(49)	(20)
圈梁	(三级抗震)	C30	(32)	(31/34)	(45)	(52/58)		(49)	(20)
构造柱	(三级抗震)	C25	(36)	(35/39)	(51)	(59/66)		(56)	20
其他	(非抗震)	C25	(34)	(33/37)	(48)	(56/62)		(56)	20

图 9-7 构件信息

任务二 熟悉绘图界面

填完构件信息表以后，单击"模块导航栏"内的"绘图输入"，软件进入"绘图输入"

项目九　建立文件，设置楼层，新建轴网

界面，如图9-8所示。

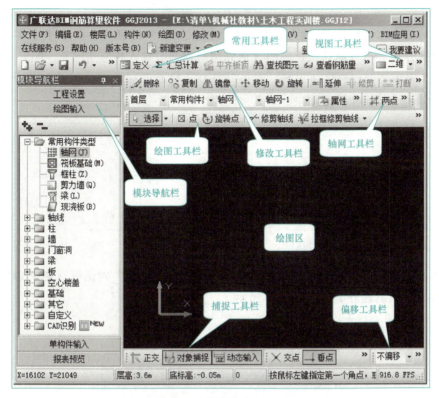

图9-8　"绘图输入"界面

子项三　新建轴网

任务一　输入轴距

单击"绘图输入"中"轴线"文件夹前面的"+"使其展开，双击打开"轴网"，单击、**新建正交轴网**，建立"轴网-1"，识读附录中的"建施04"，分别填写"下开间"和"右进深"，如图9-9所示。

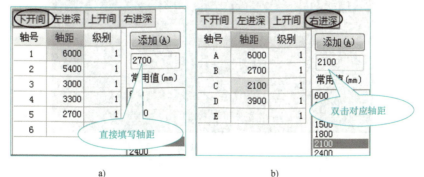

图9-9　轴线信息

任务二　画　轴　网

双击 ⊕ 轴网-1 ，弹出"请输入角度"对画框，如图9-10所示。由于土木实训楼纵轴与水平方向角度为0°，软件默认是正确的（遇到倾斜轴网时输入相应角度），单击"确定"。单击 修改轴号 ，单击绘图区①轴线中部，弹出"请输入轴号"对话框，将轴号"D"改为"1/C"，单击"确定"，如图9-11所示。

图9-10　"请输入角度"对话框

图9-11　"请输入轴号"对话框

用同样方法，将图上的Ⓔ轴线轴号改为"D"，弹出"确认"对话框（图9-12）时，单击"是"。这样，轴网就建好了，如图9-13所示。

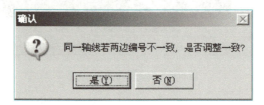

图9-12　"确认"对话框

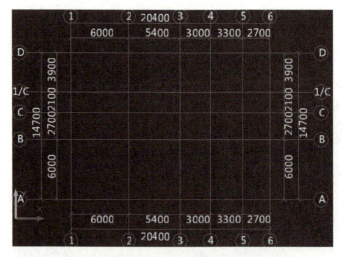

图9-13　轴网

项目十 首层钢筋工程算量

识读附录中的土木实训楼施工图可知,该工程为三层框架结构,钢筋算量软件没有规定具体的画图顺序,但是从大量的实践经验来看,最好遵循柱、梁、墙、门、窗、板的顺序画图,这样做可以避免不必要的麻烦和错误。

子项一 画框架柱、梯柱

任务一 建立框架柱,定义属性

1. 新建框架柱

单击"绘图输入"中"柱"文件夹前面的"+"使其展开,依次单击 框柱(Z) 、"构件工具栏"里的 构件列表 ,弹出"构件列表"对话框;单击"构件列表"下的"新建""新建矩形框柱",建立"KZ-1",反复操作,建立"KZ-2""KZ-3"。

2. 定义框架柱属性

单击"构件工具栏"中的 属性 ,弹出"属性编辑器"对话框。仔细识读附录中的"结施05",在"属性编辑器"中将"KZ-1"改为"KZ1",将"KZ-2"改为"KZ2",将"KZ-3"改为"KZ3",将"KZ-4"改为"KZ4",然后分别填写"KZ1"~"KZ4"的属性,如图10-1所示。输入"全部纵筋"时,要先把"角筋""B边一侧中部筋""H边一侧中部筋"后面的属性值删除。

软件规定:Ⅰ级(HPB300)钢筋用 A(a)表示,Ⅱ级(HRB335)钢筋用 B(b)表示,Ⅲ级(HRB400、RRB400)钢筋用 C(c)表示。

	属性名称	属性值		属性名称	属性值		属性名称	属性值
1	名称	KZ1	1	名称	KZ2	1	名称	KZ3
2	类别	框架柱	2	类别	框架柱	2	类别	框架柱
3	截面编辑	否	3	截面编辑	否	3	截面编辑	否
4	截面宽(B边)(mm)	450	4	截面宽(B边)(mm)	450	4	截面宽(B边)(mm)	500
5	截面高(H边)(mm)	450	5	截面高(H边)(mm)	450	5	截面高(H边)(mm)	500
6	全部纵筋		6	全部纵筋		6	全部纵筋	
7	角筋	4⌀22	7	角筋	4⌀25	7	角筋	4⌀22
8	B边一侧中部筋	1⌀22	8	B边一侧中部筋	2⌀25	8	B边一侧中部筋	2⌀20
9	H边一侧中部筋	1⌀22	9	H边一侧中部筋	1⌀25	9	H边一侧中部筋	2⌀20
10	箍筋	⌀8@100/200	10	箍筋	⌀8@100/200	10	箍筋	⌀8@100/200
11	肢数	2*2	11	肢数	4*2	11	肢数	4*4
12	柱类型	(中柱)	12	柱类型	(中柱)	12	柱类型	(中柱)
13	其他箍筋		13	其他箍筋				

先按默认设置,以后个别调整。

图 10-1 KZ1、KZ2、KZ3 属性

任务二 画框架柱

1. 画图

依次单击"构件列表"中的"KZ1"、"绘图工具栏"中的 点 、绘图区中①轴与Ⓐ

轴交点,识读附录中的"结施04",依次单击鼠标左键画完所有 KZ1 后,单击鼠标右键结束命令。

依次单击"构件列表"中的"KZ2"、"绘图工具栏"中的 ⊠点 、绘图区中①轴与Ⓑ轴交点,识读附录中的"结施05",依次单击鼠标左键画完所有 KZ2 后,单击鼠标右键结束命令。用同样方法,画 KZ3。

2. 修改框架柱位置

仔细识读附录中的"结施04",发现 KZ3 的位置与图样不符,这时需要调整其位置。

将鼠标指针移到屏幕绘图区(黑色区)任意位置,单击鼠标右键,单击 查改标注 ,软件显示出了每根柱子与轴线的定位尺寸。

将鼠标指针移到Ⓐ④轴 KZ3 处,滚动鼠标中间的滚轮,将此处的 KZ3 放大,单击柱右下角绿色的数字"250",输入"225"后,按下〈Enter〉键,如图 10-2 所示。用同样方法,仔细识读附录中的"结施05",将所有的 KZ3 调整到图样位置。

修改完以后,识读附录中的"结施05",逐一检查每根框架柱的位置是否正确,检查无误后,单击鼠标右键结束"查改标注"命令。首层框架柱的布置如图 10-3 所示。

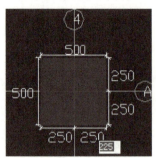

图 10-2 修改数字

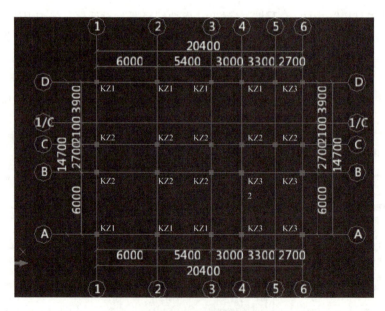

图 10-3 首层框架柱的布置

任务三 修改角柱和边柱的属性

1. 修改角柱属性

单击"绘图工具栏"中的 选择 ,移动鼠标指针,同时选中Ⓐ①轴、Ⓓ①轴、Ⓐ⑥轴、Ⓓ⑥轴相交处的 KZ1 和 KZ3,单击"构件工具栏"中的"属性",弹出"属性编辑器"

对话框，单击“12-柱类型”后面的“中柱”栏，将“中柱”修改为“角柱”，如图 10-4 所示。将鼠标指针移动到绘图区（黑色区）单击鼠标右键，单击“取消选择”。这样，四根角柱的类型就修改好了。

	属性名称	属性值
1	名称	?
2	类别	框架柱
3	截面编辑	否
4	截面宽(B边)(mm)	?
5	截面高(H边)(mm)	?
6	全部纵筋	
7	角筋	4⌀22
8	B边一侧中部筋	?
9	H边一侧中部筋	?
10	箍筋	⌀8@100/200
11	肢数	?
12	柱类型	中柱
13	其他箍筋	(默认值)
14	备注	角柱
15	+ 芯柱	边柱-B / 边柱-H / 中柱
20	+ 其他属性	

图 10-4　框架柱属性修改

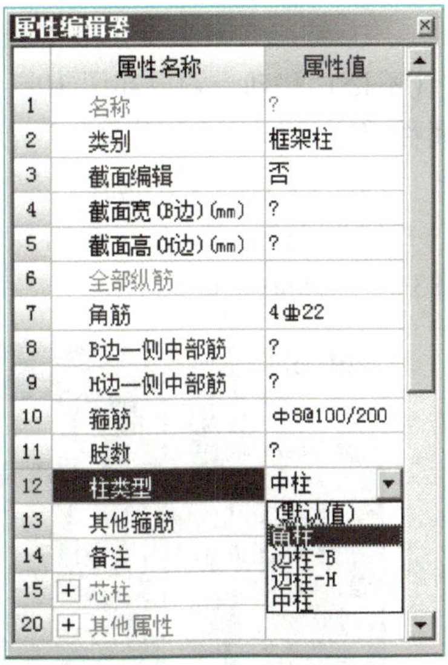

2. 修改边柱属性

单击“绘图工具栏”中的“选择”，移动鼠标指针，同时选中Ⓐ轴和Ⓓ轴中部的所有框架柱，单击“属性编辑器”中“12-柱类型”后面的“中柱”栏，将“中柱”修改为“边柱-B”。将鼠标指针移动到绘图区（黑色区）单击鼠标右键，单击“取消选择”。

同时选中①轴和⑥轴中部的所有框架柱，单击“属性编辑器”中“12-柱类型”后面的“中柱”栏，将“中柱”修改为“边柱-H”。将鼠标指针移动到绘图区（黑色区）单击鼠标右键，单击“取消选择”。至此，首层的框架柱就画完了。

任务四　画　梯　柱

1. 建立“TZ1”，定义属性

识读附录中的“结施 04”“结施 15”“结施 17”，定义“TZ1”的属性。单击“新建”“新建矩形框柱”，建立“KZ-1”，将“属性编辑器”中的名称“KZ-1”改为“TZ1”。填写“全部纵筋”时，必须把其下部的三种钢筋属性值全部删除，其属性值修改如图 10-5 所示。

2. 作辅助轴线

单击“轴网工具栏”中的“平行”，选中Ⓓ轴线，软件自动弹出“请输入”对话框（图 10-6），输入“偏移距离（mm）”为“-1680”，“轴号”为“2/C”，单击“确定”。说明：-(1800mm-240/2mm) = -1680mm。

	属性名称	属性值	附加
1	名称	TZ1	
2	类别	框架柱	☐
3	截面编辑	否	
4	截面宽(B边)(mm)	240	☐
5	截面高(H边)(mm)	240	☐
6	全部纵筋	4⌀14	☐
7	角筋		☐
8	B边一侧中部筋		☐
9	H边一侧中部筋		☐
10	箍筋	⌀8@150	☐
11	肢数	2*2	
12	柱类型	(中柱)	☐
13	其他箍筋		

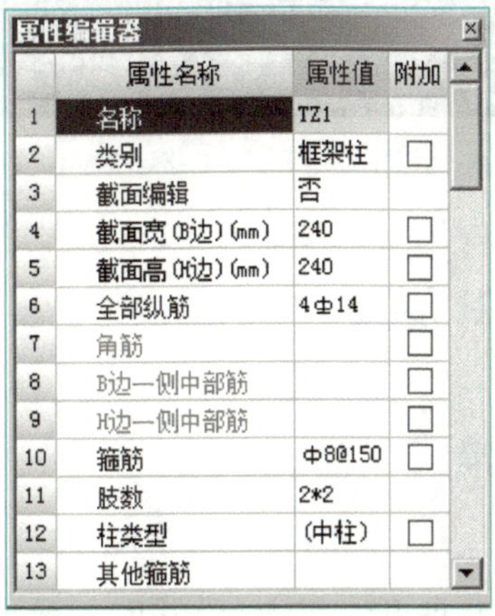

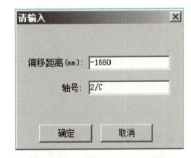

图 10-5　TZ1 属性修改

图 10-6　“请输入”对话框

3. 画图

依次单击“构件列表”中的“KZ1”，“绘图工具栏”中的“点”，绘图区中$\frac{2}{C}$轴与④轴

交点、㉖轴与⑤轴交点，单击鼠标右键结束命令。单击 [动态观察]，在绘图区按下鼠标左键（不松）移动，调成如图10-7所示的角度；单击"选择"，选中两根画好的"TZ1"，单击"属性编辑器"中"其他属性"前面的"+"使其展开，单击"顶标高（m）"后面"层顶标高"右侧的下拉箭头，选择"层底标高"，单击提示框中的"确定"，将属性值改为"层底标高+1.83"，按〈Enter〉键确认，观察绘图区TZ1的高度变化，如图10-8所示。说明：1.83m=1.78m+0.05m。

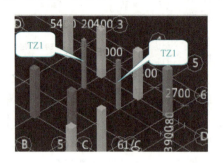

图10-7 调整绘图区状态

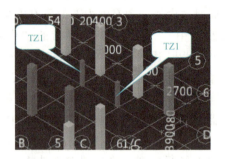

图10-8 修改属性值后的绘图区变化

4. 调整"TZ1"的位置

移动左边TZ1：单击 [俯视]，单击"选择"，选中左边TZ1，单击鼠标右键；单击"移动"，单击TZ1中心位置，按下〈Shift〉键后再次单击TZ1中心位置，软件自动出现"输入偏移量"对话框，如图10-9所示，输入"X"="105"，单击"确定"，左边TZ1自动往右移动105mm。用同样方法移动右边TZ1，输入"X"值时改为"-105"，如图10-10所示。

图10-9 "输入偏移量"对话框

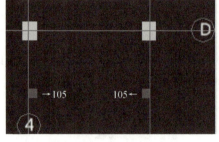

图10-10 TZ1移动后

子项二 画框架梁及其他梁

任务一 画框架梁

1. 建立框架梁，定义属性

单击"绘图输入"中"梁"文件夹前面的"+"使其展开，双击 [梁(L)]，弹出"构件列表"对话框，单击"新建""新建矩形梁"，建立"KL-1"，反复操作建立"KL-2"～"KL-13"。单击"构件工具栏"中的"属性"，弹出"属性编辑器"对话框，仔细识读附录中的"结施06""结施07"，分别填写"KL-1"～"KL-13"的属性，如图10-11～图10-15所示。

填写时注意将“KL-1”～“KL-13”分别改成“KL1”～“KL13”。

属性编辑器

	属性名称	属性值
1	名称	KL1
2	类别	楼层框架梁
3	截面宽度(mm)	300
4	截面高度(mm)	600
5	轴线距梁左边	(150)
6	跨数量	
7	箍筋	φ8@100/150(2)
8	肢数	2
9	上部通长筋	2Φ20
10	下部通长筋	3Φ25
11	侧面构造或受	N2Φ12
12	拉筋	(φ6)

属性编辑器

	属性名称	属性值
1	名称	KL2
2	类别	楼层框架梁
3	截面宽度(mm)	300
4	截面高度(mm)	600
5	轴线距梁左边	(150)
6	跨数量	
7	箍筋	φ8@100/150(2)
8	肢数	2
9	上部通长筋	2Φ20
10	下部通长筋	3Φ25
11	侧面构造或受	N4Φ12
12	拉筋	(φ6)

属性编辑器

	属性名称	属性值
1	名称	KL4
2	类别	楼层框架梁
3	截面宽度(mm)	300
4	截面高度(mm)	600
5	轴线距梁左边	(150)
6	跨数量	
7	箍筋	φ8@100/200(2)
8	肢数	2
9	上部通长筋	3Φ22
10	下部通长筋	2Φ18
11	侧面构造或受	N4Φ12
12	拉筋	(φ6)

图 10-11 KL1、KL2、KL4 属性

属性编辑器

	属性名称	属性值
1	名称	KL5
2	类别	楼层框架梁
3	截面宽度(mm)	250
4	截面高度(mm)	600
5	轴线距梁左边	(125)
6	跨数量	
7	箍筋	φ8@100/200(2)
8	肢数	2
9	上部通长筋	2Φ20
10	下部通长筋	3Φ22
11	侧面构造或受	G4Φ12
12	拉筋	(φ6)

属性编辑器

	属性名称	属性值
1	名称	KL6
2	类别	楼层框架梁
3	截面宽度(mm)	250
4	截面高度(mm)	600
5	轴线距梁左边	(125)
6	跨数量	
7	箍筋	φ8@100/200(2)
8	肢数	2
9	上部通长筋	2Φ20
10	下部通长筋	3Φ22
11	侧面构造或受	
12	拉筋	

属性编辑器

	属性名称	属性值
1	名称	KL7
2	类别	楼层框架梁
3	截面宽度(mm)	250
4	截面高度(mm)	600
5	轴线距梁左边	(125)
6	跨数量	
7	箍筋	φ8@100/200(2)
8	肢数	2
9	上部通长筋	2Φ20
10	下部通长筋	3Φ25
11	侧面构造或受	G4Φ12
12	拉筋	(φ6)

图 10-12 KL5、KL6、KL7 属性

属性编辑器

	属性名称	属性值
1	名称	KL8
2	类别	楼层框架梁
3	截面宽度(mm)	250
4	截面高度(mm)	350
5	轴线距梁左边	(125)
6	跨数量	
7	箍筋	φ8@150(2)
8	肢数	2
9	上部通长筋	4Φ20
10	下部通长筋	2Φ25
11	侧面构造或受	
12	拉筋	

属性编辑器

	属性名称	属性值
1	名称	KL9
2	类别	楼层框架梁
3	截面宽度(mm)	300
4	截面高度(mm)	600
5	轴线距梁左边	(150)
6	跨数量	
7	箍筋	φ8@100/150(2)
8	肢数	2
9	上部通长筋	2Φ20+(2φ12)
10	下部通长筋	3Φ25
11	侧面构造或受	N2Φ14
12	拉筋	(φ6)

属性编辑器

	属性名称	属性值
1	名称	KL10
2	类别	楼层框架梁
3	截面宽度(mm)	250
4	截面高度(mm)	600
5	轴线距梁左边	(125)
6	跨数量	
7	箍筋	φ8@100/200(2)
8	肢数	2
9	上部通长筋	2Φ14+(2φ12)
10	下部通长筋	
11	侧面构造或受	N2Φ10
12	拉筋	(φ6)

图 10-13 KL8、KL9、KL10 属性

2. 画直线型框架梁

依次单击“构件列表”中的“KL1”，“绘图工具栏”中的 直线 ，绘图区中Ⓐ轴与①轴交点、Ⓐ轴与⑥轴交点，单击鼠标右键结束命令（KL1 画好了）。依次单击“构件列表”中

属性编辑器

	属性名称	属性值
1	名称	KL11
2	类别	楼层框架梁
3	截面宽度(mm)	250
4	截面高度(mm)	600
5	轴线距梁左边	(125)
6	跨数量	
7	箍筋	Φ8@100/200(2)
8	肢数	2
9	上部通长筋	2Φ22
10	下部通长筋	3Φ25
11	侧面构造或受	
12	拉筋	

属性编辑器

	属性名称	属性值
1	名称	KL12
2	类别	楼层框架梁
3	截面宽度(mm)	250
4	截面高度(mm)	600
5	轴线距梁左边	(125)
6	跨数量	
7	箍筋	Φ8@100/200(2)
8	肢数	2
9	上部通长筋	3Φ18
10	下部通长筋	3Φ25
11	侧面构造或受	
12	拉筋	

属性编辑器

	属性名称	属性值
1	名称	KL13
2	类别	楼层框架梁
3	截面宽度(mm)	250
4	截面高度(mm)	600
5	轴线距梁左边	(125)
6	跨数量	
7	箍筋	Φ10@100/200(2)
8	肢数	2
9	上部通长筋	2Φ22
10	下部通长筋	3Φ25
11	侧面构造或受	
12	拉筋	

图 10-14 KL11、KL12、KL13 属性

的“KL2”，“绘图工具栏”中的 直线，绘图区中Ⓓ轴与①轴交点、Ⓓ轴与④轴交点，单击鼠标右键结束命令（KL2 画好了）。

用同样方法，详细识读附录中的“结施 06”“结施 07”，画其他直线型框架梁（除 KL8 外）。

按下〈Shift+L〉键，这时，屏幕上出现各种梁的图元名称和梁的集中标注，如果在绘图过程中出现错误，如将③轴 KL10 画成了 KL9，第一种处理方法：单击“选择”，选中画错的③轴 KL9 按下〈Delete〉键，然后重画 KL10 即可；第二种处理方法：单击“选择”，选中画错的③轴 KL9，单击“修改工具栏”中的 删除，然后重画即可；第三种处理方法：单击“选择”，选中画错的③轴 KL9，单击“属性编辑器”中“名称”右侧“KL9”的下拉箭头，选择“KL10”，弹出“构件［KL10］已经存在，是否修改当前图元的构件名称为 KL10”，单击“是”，软件自动把错画的 KL9 改为 KL10，如图 10-16、图 10-17 所示。对照图样仔细检查有无错误，再次按下〈Shift+L〉键，这时，屏幕将关闭各种梁的图元名称和梁的集中标注。

属性编辑器

	属性名称	属性值
1	名称	KL3
2	类别	楼层框架梁
3	截面宽度(mm)	240
4	截面高度(mm)	350
5	轴线距梁左边	(120)
6	跨数量	
7	箍筋	Φ8@100/150(2)
8	肢数	2
9	上部通长筋	2Φ20
10	下部通长筋	3Φ25
11	侧面构造或受	N4Φ12
12	拉筋	(Φ6)
13	其他箍筋	
14	备注	
15	− 其他属性	
16	汇总信息	梁
17	保护层厚度	(20)
18	计算设置	按默认计算设置
19	节点设置	按默认节点设置
20	搭接设置	按默认搭接设置
21	起点顶标高	层顶标高-1.77
22	终点顶标高	层顶标高-1.77

特殊部位仔细填写

图 10-15 KL3 属性

属性编辑器

	属性名称	属性值
1	名称	KL9
2	类别	
3	截面宽度(mm)	
4	截面高度(mm)	
5	轴线距梁左边线距	
6	跨数量	
7	箍筋	
8	肢数	
9	上部通长筋	
10	下部通长筋	3Φ25

KL1 KL2 KL3 KL4 KL5 KL6 KL7 KL8 KL9 KL10 KL11 KL12

图 10-16 属性修改

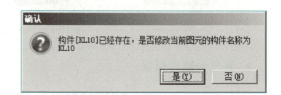

图 10-17 “确认”对话框

3. 修改框架梁

框架梁虽然画完了，但并不在图样所要求的位置上。这时，应根据图样（图10-18箭头所示）进行修改，具体步骤如下：

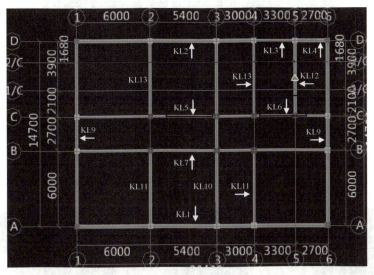

图 10-18　框架梁

（1）对齐　以 KL1 为例，依次单击"修改工具栏"中的 ![对齐]，"单对齐"，绘图区中 KZ1 下边线（图10-19）、KL1 下边线，这时，KL1 与 KZ1 的下边线就对齐了（图10-20）。"对齐"命令可以连续使用，对齐时应参照图样逐一检查，以免遗漏，对完后单击鼠标右键结束命令。

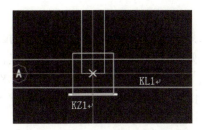
图 10-19　对齐前

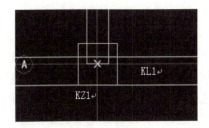
图 10-20　对齐后

梁虽然偏移到图样位置，但是各梁头之间并没有相交到梁中心线上。这时应延伸各条梁，为了观察清楚，单击"选择"，按下〈Z〉键，把柱子关闭（不显示），具体延伸位置如图10-21所示。

（2）延伸　以①Ⓐ轴线 KL9 与 KL1 相交处为例，梁延伸前如图10-22a所示；依次单击"修改工具栏"中的 ![延伸]，绘图区中的 KL1（中心线变粗）、KL9，单击鼠标右键结束命令，如图10-22b所示；再依次单击 KL9（中心线变粗）、KL1，单击鼠标右键结束命令，如图10-22c所示。如此反复操作，对照图10-21，把各梁相交处延伸到中心线位置。梁全部延伸完毕，检查无误后，单击"选择"，按下〈Z〉键，打开柱子（显示）。

（3）原位标注钢筋

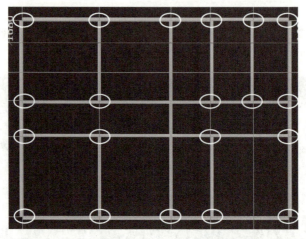

图 10-21 具体延伸位置

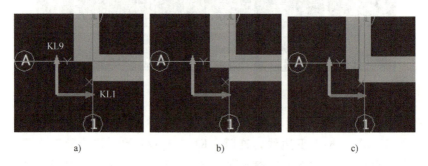

图 10-22 梁的延伸
a) 延伸前 b) 延伸中 c) 延伸后

1) 在图上原位标注。以 KL1 为例,单击"绘图工具栏"中 原位标注 右侧下拉箭头,选择"原位标注",选中 KL1,这时,KL1 上下两边出现很多可输入梁内配筋的文本框,通过"小手"形鼠标指针或〈Enter〉键调整输入 KL1 钢筋,输入完后单击鼠标右键确认,KL1 由粉红色变为绿色,这时软件才能计算梁内配筋,如图 10-23 所示。详细识读附录中的"结施06""结施 07",填写其他框架梁配筋。

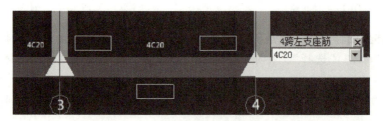

图 10-23 原位标注钢筋

2) 梁平法表格标注。修改 KL7:单击"绘图工具栏"中 原位标注 右侧下拉箭头,选择"梁平法标注",选中 KL7,在黑色绘图区下边梁平法表格中将第 4 跨的"截面(B * H)"由"(250 * 600)"改为"250 * 750"(图 10-24),并在后面下部钢筋表格中输入"5Φ20 2/3"。改完后,在绘图区单击鼠标右键,单击"取消选择"。

跨号		尺寸(mm)			上通长筋	上部钢筋			下部钢筋	
		跨长	截面(B*H)	距左边线距离		左支座钢筋	跨中钢筋	右支	下通长筋	下部钢筋
1	1	(6075)	(250*600)	(125)	2Φ20	4Φ20		4Φ2	3Φ25	
2	2	(5400)	(250*600)	(125)				4Φ2		
3	3	(3000)	(250*600)	(125)			4Φ20			
4	4	(6075)	250*750	(125)		4Φ20		4Φ2		5Φ20 2/3

图 10-24　KL7 截面尺寸修改

（4）汇总计算　单击 ∑汇总计算，单击汇总层（软件默认当前层为"首层"），单击"计算"（图 10-25），计算成功后，单击"关闭"（图 10-26）。

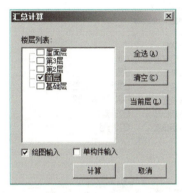

图 10-25　汇总计算

图 10-26　计算汇总

如果软件提示"楼层中有未提取跨的梁，是否退出计算，进行调整？"（表示有的梁未原位标注），单击"是"进行调整，单击"否"继续进行计算，如图 10-27 所示。

单击"构件工具栏"中的 编辑钢筋，选中 KL1，查看钢筋表内 KL1 钢筋计算是否正确。

图 10-27　"确认"对话框

任务二　画非框架梁

1. 建立并定义非框架梁

根据"结施 06""结施 07""结施 15"，单击"构件列表"下的"新建"，分别建立"KL-1"（改为"L1"）、"KL-2"（改为"L2"）、"KL-3"（改为"XL1"）、"KL-4"（改为"TL2"），然后分别修改其属性值，如图 10-28、图 10-29 所示。

2. 作辅助轴线并延长

（1）作辅助轴线　单击"轴网工具栏"中的 井平行，选中Ⓐ轴线，软件自动弹出"请输入"对话框，输入"偏移距离（mm）"为"-75"，输入轴号"1/0A"，单击"确定"。说明：225mm-300mm/2=75mm。

同样方法，作㉖A轴：在Ⓐ轴下边，距离为 1925mm（1800mm+225mm-200mm/2=

属性编辑器				属性编辑器		
	属性名称	属性值			属性名称	属性值
1	名称	L1		1	名称	L2
2	类别	非框架梁		2	类别	非框架梁
3	截面宽度(mm)	250		3	截面宽度(mm)	200
4	截面高度(mm)	400		4	截面高度(mm)	400
5	轴线距梁左边线距	(125)		5	轴线距梁左边线距	(100)
6	跨数量			6	跨数量	
7	箍筋	Φ6@200(2)		7	箍筋	Φ8@150(2)
8	肢数	2		8	肢数	2
9	上部通长筋	3Φ18		9	上部通长筋	2Φ20
10	下部通长筋	3Φ22		10	下部通长筋	3Φ22
11	侧面构造或受扭筋			11	侧面构造或受扭筋	G2Φ10
12	拉筋			12	拉筋	(Φ6)
13	其他箍筋			13	其他箍筋	
14	备注			14	备注	
15	− 其他属性			15	− 其他属性	
16	汇总信息	梁		16	汇总信息	梁
17	保护层厚度(mm)	(20)		17	保护层厚度(mm)	(20)
18	计算设置	按默认计算设置		18	计算设置	按默认计算设置
19	节点设置	按默认节点设置		19	节点设置	按默认节点设置
20	搭接设置	按默认搭接设置		20	搭接设置	按默认搭接设置
21	起点顶标高(m)	层顶标高-0.05		21	起点顶标高(m)	层顶标高
22	终点顶标高(m)	层顶标高-0.05		22	终点顶标高(m)	层顶标高

图 10-28 L1、L2 属性

1925mm）；作 ④ 轴：在 ④ 轴右边，距离为 100mm（225mm−250mm/2=100mm）；作 ⑥ 轴：在 ⑥ 轴右边，距离为 100mm（225mm−250mm/2=100mm）；作 ⓒ 轴：在 ⓒ 轴上边，距离为 780mm（900mm−240mm/2=780mm）。

（2）延长辅助轴线 单击"绘图输入"中"轴线"文件夹前面的"+"使其展开，单击 辅助轴线(O)，单击 延伸，单击 ② 轴（变粗）、④ 轴、⑥ 轴，单击鼠标右键；单击 ⑥ 轴（变粗）、④ 轴、⑥ 轴，单击鼠标右键，然后返回"梁"层。

属性编辑器				属性编辑器		
	属性名称	属性值			属性名称	属性值
1	名称	XL1		1	名称	TL2
2	类别	非框架梁		2	类别	非框架梁
3	截面宽度(mm)	250		3	截面宽度(mm)	240
4	截面高度(mm)	600		4	截面高度(mm)	350
5	轴线距梁左边线距	(125)		5	轴线距梁左边线距	(120)
6	跨数量			6	跨数量	
7	箍筋	Φ8@150(2)		7	箍筋	Φ6@200(2)
8	肢数	2		8	肢数	2
9	上部通长筋	4Φ20		9	上部通长筋	3Φ10
10	下部通长筋	3Φ18		10	下部通长筋	3Φ18
11	侧面构造或受扭筋	N2Φ12		11	侧面构造或受扭筋	
12	拉筋	(Φ6)		12	拉筋	
13	其他箍筋			13	其他箍筋	
14	备注			14	备注	

图 10-29 XL1、TL2 属性

3. 画图

1）画 L1：依次单击"构件列表"中的"L1"，"绘图工具栏"中的 直线，绘图区中 ⑤ 轴与 ⓒ 轴交点、⑥ 轴与 ⓒ 轴交点，单击鼠标右键结束命令。

2）画 TL2：依次单击"构件列表"中的"TL2"，绘图区中 ④ 轴与 ⓒ 轴交点、⑤ 轴与 ⓒ 轴交点，单击鼠标右键结束命令。

3）画 L2：依次单击"构件列表"中的"L2"，绘图区中 ④ 轴与 ②ₐ 轴交点、⑥ 轴与 ②ₐ 轴交点，单击鼠标右键结束命令。

4) 画 XL1：依次单击"构件列表"中的"XL1"，绘图区中 L2 的左端点、⑭轴与⑩A轴交点，单击鼠标右键；单击 L2 的右端点、⑯轴与⑩A轴交点，单击鼠标右键结束命令。

4. 延伸"L1"

依次单击"修改工具栏"中的 ▣延伸 ，绘图区中⑤轴线上的 KL12（梁中线变粗）、L1，单击鼠标右键；单击⑥轴线上的 KL9（梁中线变粗），单击 L1。这时，L1 左端延伸到了 KL13 的中心线，如图 10-30 所示。

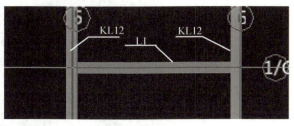

图 10-30　延伸"L1"

5. 修剪 TL2 端部

依次单击"修改工具栏"中的 修剪 ，绘图区中⑤轴线上的 KL12（梁中线变粗）、TL2 右端头（A 处），TL2 超出 KL12 的部分就被剪去了。TL2 修剪前如图 10-31 所示，TL2 修剪后如图 10-32 所示。

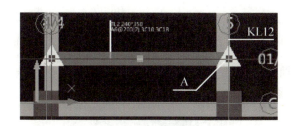 

图 10-31　TL2 修剪前　　　　　　　　图 10-32　TL2 修剪后

6. 原位标注

梁在进行"汇总计算"前必须进行"原位标注"，否则计算时就会出现"出错提示"，影响计算结果。未进行"原位标注"的梁，软件显示为"粉红色"。单击 原位标注 ，依次单击黑色绘图区中的 L1、TL2、L2，单击鼠标右键结束命令。

单击 原位标注 右侧下拉箭头，选择"梁平法标注"，单击④轴线的 XL1，弹出"此梁类别为非框架梁且以柱为支座，是否将其更改为框架梁"，单击"否"，将下面表格中的"截面（B*H）"由"250*600"改为"250*600/400"；用同样方法，将⑥轴线上的 XL1 的"截面（B*H）"由"250*600"改为"250*600/400"。

删除辅助轴线：单击"绘图输入"中"轴线"文件夹前面的"+"使其展开，单击 辅助轴线(O) ，单击"选择"选中所有辅助轴线，按下〈Delete〉键。这样，图中所有的辅助轴线就被删除了，然后返回"梁"层。

7. 查看立体图

观察 L1 是否正确。单击 俯视 右侧下拉箭头，选择"西南等轴测"，观察"L1"的顶标高是否比"KL12""KL9"低 0.05m。这是因为 L1 在设置属性时设定了"起点（终点）顶标高(m)=层顶标高(m)−0.05(m)"，如图 10-33 所示。

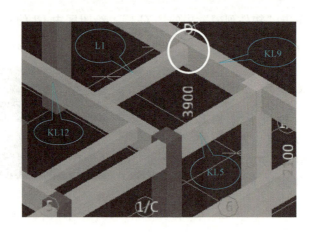

图 10-33 查看立体图

任务三 画曲线梁 KL8

1. 作辅助轴线

仔细识读附录中的"结施 06""结施 07",观察 KL8 的尺寸和平面位置。依次单击"轴网工具栏"中的 ⊞平行 、绘图区中的①号轴线,弹出"请输入"对话框,"偏移距离(mm)"输入"-825","轴号"输入"1/01"(图 10-34),单击"确定"。

2. 画曲线梁 KL8

依次单击"构件列表"中的"KL8"、绘图工具栏中的 ╲直线 、绘图区中 KL7 的左端(出现 ▫ 后单击),将鼠标指针水平移到⑴ₐ轴线附近出现 ⌐ 后单击鼠标左键(若不出现,单击"捕捉工具栏"中的 ⊥垂点),然后单击鼠标右键;单击绘图区中 KL5 的左端,将鼠标指针水平移到⑴₀₁轴线附近出现 ⌐ 后单击

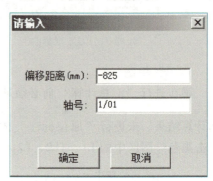

图 10-34 "请输入"对话框

⌒三点画弧 右侧下拉箭头,选择"逆小弧","半径"填写"1500",单击Ⓑ轴线上 KL8 的左端,单击鼠标右键结束命令。单击 ✎原位标注▾ ,依次单击 3 段 KL8,单击鼠标右键结束命令。

任务四 画 PTL1 和 TL1

1. 建立并定义 PTL1 和 TL1

识读附录中的"结施 15""结施 17"的 PTL1 和 TL1 配筋图。单击"绘图输入"中"梁"文件夹前面的"+"使其展开,双击 ᴾ梁(L),弹出"构件列表"对话框。单击"新建""新建矩形梁",建立"KL-1",反复操作,建立"KL-2"。在"属性编辑器"中将"KL-1"改为"PTL1",将"KL-2"改为"TL1",其属性值如图 10-35 所示。

属性编辑器

	属性名称	属性值	附加
1	名称	PTL1	
2	类别	非框架梁	☐
3	截面宽度(mm)	240	☐
4	截面高度(mm)	200	☐
5	轴线距梁左边线距	(120)	☐
6	跨数量		☐
7	箍筋	Φ6@200(2)	☐
8	肢数	2	
9	上部通长筋	2Φ12	☐
10	下部通长筋	2Φ16	☐
11	侧面构造或受扭筋		☐
12	拉筋		☐
13	其他箍筋		
14	备注		☐
15	− 其他属性		
16	汇总信息	梁	☐
17	保护层厚度(mm)	(20)	☐
18	计算设置	按默认计算设	
19	节点设置	按默认节点设	
20	搭接设置	按默认搭接设	
21	起点顶标高(m)	层底标高+1.83	☐
22	终点顶标高(m)	层底标高+1.83	☐

属性编辑器

	属性名称	属性值	附加
1	名称	TL1	
2	类别	非框架梁	☐
3	截面宽度(mm)	240	☐
4	截面高度(mm)	350	☐
5	轴线距梁左边线距	(120)	☐
6	跨数量		☐
7	箍筋	Φ6@200(2)	☐
8	肢数	2	
9	上部通长筋	2Φ10	☐
10	下部通长筋	3Φ16	☐
11	侧面构造或受扭筋		☐
12	拉筋		☐
13	其他箍筋		
14	备注		☐
15	− 其他属性		
16	汇总信息	梁	☐
17	保护层厚度(mm)	(20)	☐
18	计算设置	按默认计算设	
19	节点设置	按默认节点设	
20	搭接设置	按默认搭接设	
21	起点顶标高(m)	层底标高+1.83	☐
22	终点顶标高(m)	层底标高+1.83	☐

图 10-35 PTL1、TL1 属性

2. 画图

（1）画 PTL1 依次单击“构件列表”中的“PTL1”，“绘图工具栏”中的“直线”，绘图区中④轴上 TZ1 中心点、Ⓓ轴线上 KL3 中心线处的垂直点，单击鼠标右键；单击⑤轴上 TZ1 中心点、Ⓓ轴线上 KL3 中心线处的垂直点，单击鼠标右键结束命令。

（2）画 TL1 依次单击“构件列表”中的“TL1”，绘图区中④轴上 TZ1 中心点、⑤轴上 TZ1 中心点，单击鼠标右键结束命令。

3. 原位标注

单击“俯视”右侧下拉箭头，选择“东南等轴测”，绘图区出现立体图，如图 10-36 所示。单击“俯视”，单击“选择”，框选左边 PTL1（从左上向右下），单击“原位标注”，软件提示“此梁类别为非框架梁且以柱为支座，是否将其更改为框架梁”，单击“否”，单击鼠标右键结束命令。用同样方法，对右边的 PTL1 进行原位标注；单击“俯视”右侧下拉箭头，选择“东南等轴测”，观察 PTL1 由红色变为绿色，如图 10-37 所示。

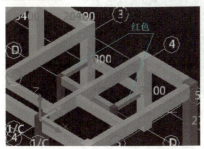

图 10-36 原位标注前

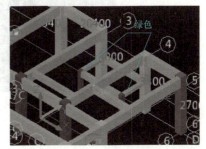

图 10-37 原位标注后

子项三 画墙体、门和窗

任务一 画 墙 体

1. 建立墙体，定义属性

识读附录中的“建施 01”“建施 04”建立各种墙体。单击“绘图输入”中“墙”文件夹前面的“+”使其展开，双击 砌体墙(Q)，弹出“构件列表”对话框。单击“新建”“新建砌体墙”，建立“QTQ-1”，反复操作，建立“QTQ-2”，在“属性编辑器”中将“QTQ-1”名称改为“240 墙”，将“QTQ-2”名称改为“180 墙”，其属性值如图 10-38 所示。

属性编辑器

	属性名称	属性值
1	名称	240墙
2	厚度(mm)	240
3	轴线距左墙皮距离	(120)
4	砌体通长筋	
5	横向短筋	
6	砌体墙类型	框架间填充墙
7	备注	
8	+ 其他属性	
17	+ 显示样式	

属性编辑器

	属性名称	属性值
1	名称	180墙
2	厚度(mm)	180
3	轴线距左墙皮距离	(90)
4	砌体通长筋	
5	横向短筋	
6	砌体墙类型	框架间填充墙
7	备注	
8	+ 其他属性	
17	+ 显示样式	

图 10-38 “240 墙”“180 墙”属性

2. 画图

依次单击“构件列表”中的 240墙、“绘图工具栏”中的 直线、绘图区中 4 个角柱处的轴线交点，单击鼠标右键结束命令。用同样方法，画其他墙体，如图 10-39 所示。对照图样不难看出，所画的很多墙体位置与图样不符，这时应对墙体进行调整。

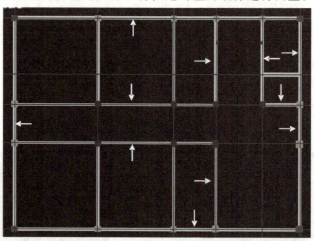

图 10-39 画墙体

3. 调整墙体

（1）对齐 以Ⓐ轴线为例，单击“修改工具栏”中的 对齐、“单对齐”，单击Ⓐ轴与①轴相交处 KZ1 下边线，单击①轴外墙外边线，这时①轴外墙与柱外边就对齐了，外墙就移到了图样位置。重复以上步骤，参照图 10-39，把墙体偏移到图样所示位置，偏移到位的墙体如图 10-40 所示。

（2）延伸　墙体虽然移到了正确位置，但是墙体中心线并没有相交，这时应将墙体相交处延伸，使它们的中心线相交，这样是为了以后计算结果准确无误。单击"选择"，按下〈Z〉键，这样就把所有的柱子关掉了（屏幕上不显示）。墙体需要延伸的部位见图 10-40 中的椭圆处。

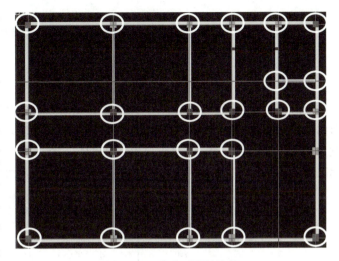

图 10-40　偏移到位的墙体

以左下角墙角为例，依次单击"修改工具栏"中的 延伸 ，绘图区中①轴线上外墙（墙中心线变粗）、Ⓐ轴线上外墙；单击 延伸 ，Ⓐ轴线上外墙（墙中心线变粗）、①轴线上外墙。墙体延伸前后对比如图 10-41 所示。用同样方法，延伸其他部位墙体相交处。

（3）修改属性　单击 俯视 右侧下拉箭头，选择 西南等轴测(S)，单击"选择"，选中厕所与洗漱间之间的墙，如图 10-42a 所示。单击"属性"，弹出"属性编辑器"对话框，单击"其他属性"前面的"+"使其展开；单击"起点顶标高"后的"层顶标高"，将"层顶标高"改为"层顶标高 -0.05"；单击"终点顶标高"后的"层顶标高"，将"层顶标高"改为"层顶标高 -0.05"；将鼠标指针放在绘图区后单击鼠标右键，单击"取消选择"。修改后的墙体如图 10-42b 所示，单击"动态观察"，查看修改前后墙体的变化。

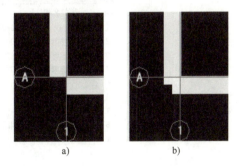

图 10-41　墙体延伸前后对比
a）延伸前　b）延伸后

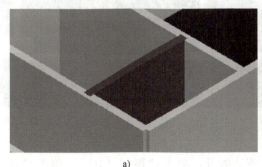

图 10-42　墙体修改前后对比
a）修改前　b）修改后

任务二 画门、墙洞

1. 创建门，定义属性

识读附录中的“建施 03”“建施 04”，创建各种门。单击“绘图输入”中“门窗洞”文件夹前面的“+”使其展开，双击 门(M)，弹出“构件列表”对话框，单击“新建”“新建矩形门”，建立“M-1”，反复操作，建立“M-2” ~ “M-5”。在“属性编辑器”中将“M-1”名称改为“M3229”，将“M-2”名称改为“M1224”，将“M-3”名称改为“M1024”，将“M-4”名称改为“M0924”，将“M-5”名称改为“M0921”，其属性值如图 10-43、图 10-44 所示。

属性编辑器

	属性名称	属性值
1	名称	M3229
2	洞口宽度(mm)	3200
3	洞口高度(mm)	2950
4	离地高度(mm)	50
5	洞口每侧加强筋	
6	斜加筋	
7	其他钢筋	
8	汇总信息	洞口加强筋
9	备注	

属性编辑器

	属性名称	属性值
1	名称	M1224
2	洞口宽度(mm)	1200
3	洞口高度(mm)	2400
4	离地高度(mm)	50
5	洞口每侧加强筋	
6	斜加筋	
7	其他钢筋	
8	汇总信息	洞口加强筋
9	备注	

属性编辑器

	属性名称	属性值
1	名称	M1024
2	洞口宽度(mm)	1000
3	洞口高度(mm)	2400
4	离地高度(mm)	50
5	洞口每侧加强筋	
6	斜加筋	
7	其他钢筋	
8	汇总信息	洞口加强筋
9	备注	

图 10-43 M3229、M1224、M1024 属性

属性编辑器

	属性名称	属性值
1	名称	M0924
2	洞口宽度(mm)	900
3	洞口高度(mm)	2400
4	离地高度(mm)	50
5	洞口每侧加强筋	
6	斜加筋	
7	其他钢筋	
8	汇总信息	洞口加强筋
9	备注	

属性编辑器

	属性名称	属性值
1	名称	M0921
2	洞口宽度(mm)	900
3	洞口高度(mm)	2100
4	离地高度(mm)	20
5	洞口每侧加强筋	
6	斜加筋	
7	其他钢筋	
8	汇总信息	洞口加强筋
9	备注	

图 10-44 M0924、M0921 属性

2. 画门

以 M3229 为例，依次单击“构件列表”中的“M3229”、“绘图工具栏”中的 点，移动鼠标指针到图 10-45 位置，在门两边数字框中输入门的一处定位尺寸（按〈Tab〉键调整）即可，在右边数字框输入“1500”，按〈Enter〉键结束。M3229 就画到了图样的准确位置。用同样的方法画其他门。

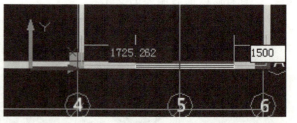

图 10-45 输入数字（画 M3229）

3. 墙洞的画法

（1）建立 QD1224，定义属性 单击“绘图输入”中“门窗洞”文件夹前面的“+”使其展开，单击“墙洞（D）”，单击“新建”“新建矩形墙洞”，建立“D-1”，在“属性编辑器”中修改名称为“QD1224”，其属性值如图 10-46 所示。

（2）画 QD1524　单击 ⊠点，移动鼠标指针到图 10-47 位置，在左边数字框中输入“330”，按〈Enter〉键确认，单击鼠标右键结束命令。说明：330mm＝450mm－240mm/2。

属性编辑器

	属性名称	属性值	附加
1	名称	QD1224	
2	洞口宽度(mm)	1200	☐
3	洞口高度(mm)	2400	☐
4	离地高度(mm)	50	☐
5	洞口每侧加强筋		☐
6	斜加筋		☐

图 10-46　QD1224 属性

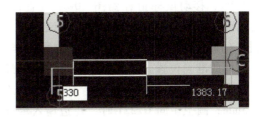

图 10-47　输入数字（画 QD1524）

任务三　画　　窗

1. 建立窗，定义属性

识读附录中的“建施 03”“建施 04”，创建各种窗。单击“绘图输入”中“门窗洞”文件夹前面的“+”使其展开，双击 窗(C)。单击“新建”“新建矩形窗”，建立“C-1”。反复操作，建立“C-2”“C-3”“C-4”。在“属性编辑器”中将“C-1”名称改为“C3021”，将“C-2”名称改为“C2421”，将“C-3”名称改为“C1521”，将“C-4”名称改为“C1221”，其属性值如图 10-48、图 10-49 所示。

属性编辑器

	属性名称	属性值	附加
1	名称	C3021	
2	洞口宽度(mm)	3000	☐
3	洞口高度(mm)	2100	☐
4	离地高度(mm)	900	☐
5	洞口每侧加强筋		☐
6	斜加筋		☐
7	其他钢筋		
8	汇总信息	洞口加强筋	☐
9	备注		☐

属性编辑器

	属性名称	属性值	附加
1	名称	C2421	
2	洞口宽度(mm)	2400	☐
3	洞口高度(mm)	2100	☐
4	离地高度(mm)	900	☐
5	洞口每侧加强筋		☐
6	斜加筋		☐
7	其他钢筋		
8	汇总信息	洞口加强筋	☐
9	备注		☐

图 10-48　C3021、C2421 属性

属性编辑器

	属性名称	属性值	附加
1	名称	C1521	
2	洞口宽度(mm)	1500	☐
3	洞口高度(mm)	2100	☐
4	离地高度(mm)	900	☐
5	洞口每侧加强筋		☐
6	斜加筋		☐
7	其他钢筋		
8	汇总信息	洞口加强筋	☐
9	备注		☐

属性编辑器

	属性名称	属性值	附加
1	名称	C1221	
2	洞口宽度(mm)	1200	☐
3	洞口高度(mm)	2100	☐
4	离地高度(mm)	900	☐
5	洞口每侧加强筋		☐
6	斜加筋		☐
7	其他钢筋		
8	汇总信息	洞口加强筋	☐
9	备注		☐

图 10-49　C1521、C1221 属性

2. 画图

以 C3021 为例,依次单击"构件列表"中的"C3021"、"绘图工具栏"中的 ⊠点,移动鼠标指针到图 10-50 位置,在门两边数字框中输入窗的一处定位尺寸

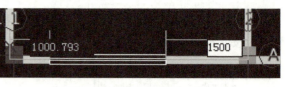

图 10-50 输入数字(画窗)

(按〈Tab〉键调整)即可,在右边数字框输入"1500",按〈Enter〉键结束。C3021 就画到了图样的准确位置。用同样的方法画其他窗。

说明:画走廊 C1221 时,上部输入定位尺寸为(2700−450−1200)mm/2 + 240mm/2 = 645mm;画卫生间 C1221 时,左边输入定位尺寸为(750+225−240/2)mm = 855mm。

子项四 画过梁、构造柱

任务一 画 过 梁

1. 新建过梁,定义属性

识读附录中的"建施 03""建施 04""结施 01",新建各种过梁。单击"绘图输入"中"门窗洞"文件夹前面的"+"使其展开,双击 过梁(G)。单击"新建""新建矩形过梁",建立"GL-1",反复操作,建立"GL-2"。在"属性编辑器"中将"GL-1"名称改为"GL1",将"GL-2"名称改为"GL2",其属性值如图 10-51 所示。

属性名称	属性值	附加
1 名称	GL1	
2 截面宽度(mm)		
3 截面高度(mm)	180	
4 全部纵筋		
5 上部纵筋		
6 下部纵筋	3Φ10	
7 箍筋	Φ8@200	
8 肢数	1	
9 备注		

属性名称	属性值	附加
1 名称	GL2	
2 截面宽度(mm)		
3 截面高度(mm)	200	
4 全部纵筋		
5 上部纵筋	2Φ8	
6 下部纵筋	3Φ14	
7 箍筋	Φ6@200	
8 肢数	2	
9 备注		

图 10-51 GL1、GL2 属性

2. 画图

1) 用 智能布置▼ 画过梁。单击"构件列表"中的"GL1",单击 智能布置▼,单击"按洞口宽度布置过梁",软件弹出如图 10-52 所示的对话框,分别输入"850""1100",单击"确定"。这样,M1024、M0924、M0921 上面的过梁就全画上了。

2) 用 ⊠点 布置过梁。单击"构件列表"中的

图 10-52 "按洞口宽度布置过梁"对话框

"GL2",单击 ⊠点,单击①轴线上 M1224 处,单击鼠标右键结束命令。

任务二 画构造柱

1. 新建构造柱,定义属性

识读附录中的"结施01""结施04",新建构造柱。单击"绘图输入"中"柱"文件夹前面的"+"使其展开,单击 构造柱(Z),单击"构件列表",弹出"构件列表"对话框。单击"新建""新建矩形构造柱",建立"GZ-1",反复操作,建立"GL-2""GL-3"。单击"属性",弹出"属性编辑器"对话框,将"GZ-1"改名为"GZ1",将"GZ-2"改名为"GZ2",将"GZ-3"改名为"GZ3",其属性值如图10-53所示。

	属性名称	属性值		属性名称	属性值		属性名称	属性值
1	名称	GZ1	1	名称	GZ2	1	名称	GZ3
2	类别	构造柱	2	类别	构造柱	2	类别	构造柱
3	截面编辑	否	3	截面编辑	否	3	截面编辑	否
4	截面宽(B边)	240	4	截面宽(B边)	240	4	截面宽(B边)	240
5	截面高(H边)	240	5	截面高(H边)	240	5	截面高(H边)	240
6	全部纵筋	4Φ12	6	全部纵筋	4Φ12	6	全部纵筋	4Φ12
7	角筋		7	角筋		7	角筋	
8	B边一侧中部		8	B边一侧中部		8	B边一侧中部	
9	H边一侧中部		9	H边一侧中部		9	H边一侧中部	
10	箍筋	Φ6@200	10	箍筋	Φ6@200	10	箍筋	Φ6@200
11	肢数	2*2	11	肢数	2*2	11	肢数	2*2

图 10-53 GZ1、GZ2、GZ3 属性

2. 作辅助轴线

单击 平行,单击①轴,软件自动弹出"请输入"对话框,输入"偏移距离(mm)"为"1380",输入"轴号"为"1/1",单击"确定"。说明:1380mm=1500mm-120mm。

用同样方法:作辅助轴线 2/1 轴,在②轴线左边 1380mm;作辅助轴线 1/4 轴,在④轴线右边 1285mm(3300mm+2700m+225mm-240mm-1500mm-3200mm=1285mm);作辅助轴线 1/5 轴,在⑥轴线左边 1275mm(1500mm-225mm=1275mm)。

3. 画图

依次单击"构件列表"中的"GZ1"、"绘图工具栏"中的 ⊠点、绘图区中辅助轴线 1/1 轴与Ⓓ轴线的交点,单击鼠标右键;单击 ⊠点,单击辅助轴线 2/1 轴与Ⓓ轴线的交点。用同样方法,认真识读附录中的"结施08",画 GZ2 和 GZ3。

4. 调整构造柱位置

构造柱虽然画上了,但很多构造柱并不在图样位置,这时需要调整构造柱位置。以辅助轴线 1/1 轴和Ⓓ轴线相交处 GZ1 为例:单击 对齐、"单对齐",单击Ⓓ轴线墙体下边线(目标线变粗),单击 GZ1 的下边线(对齐线),这时 GZ1 就移到了图样位置。用同样方法,调整Ⓓ轴线上 3 根 GZ1,最后单击鼠标右键结束命令。

5. 删除辅助轴线

单击"绘图输入"中"轴线"文件夹前面的"+"使其展开,单击 辅助轴线(O),选中

绘图区中所有辅助轴线，单击"修改工具栏"中的 ![删除] ，这样辅助轴线就被删除了。

任务三　检查一层构件

到此为止，除了楼层现浇混凝土板以外，一层的构件已经全部画完了。

选择主菜单 ![视图(V)] → ![构件图元显示设置(D)...] F12，弹出"构件图元名称显示设置-柱"对话框，勾选所有构件，单击"确定"。单击 ![俯视] 右侧下拉箭头，选择 ![东南等轴测] （也可以单击 ![动态观察] ），在绘图区按下鼠标左键移动鼠标，调整观看角度。这样就能看到已画的全部构件，从而检查有无漏画（错画）的构件，如图10-54所示，若有漏画（错画）的构件，应及时补画（修改）。

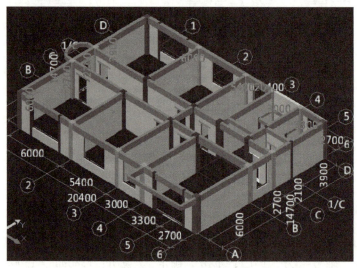

图10-54　检查一层构件

子项五　画钢筋混凝土现浇板

任务一　画现浇板

1. 新建现浇板，定义属性

识读附录中"结施01"的第12条，"结施03"的马凳布置图，"结施13"的现浇板配筋情况。单击"绘图输入"中"板"文件夹前面的"+"使其展开，单击 ![现浇板(B)] ，单击"构件列表"，弹出"构件列表"对话框；单击"属性"，弹出"属性编辑器"对话框。单击"新建""新建现浇板"，建立"B-1"，在"属性编辑器"中将名称"B-1"改为"LB1"。反复操作，建立"LB2"~"LB11"，注意将名称"LB11"改为"PTB1"。

单击"构件列表"中的"LB1"，单击"属性编辑器"中"马凳筋参数图"后面的"属性值"栏，软件出现 ![...] ，单击 ![...] ，软件自动弹出"马凳筋设置"对话框，单击"Ⅰ型"，单击右侧大图中的"L1"并输入"100"，单击"L2"并输入"100"，单击"L3"并输入

"100"；单击"马凳筋信息"后边空格，输入"Φ8@1000*1000"，单击"确定"。同样方法，确定 LB2~PTB1 的马凳筋（Ⅰ型）信息：

LB2 马凳筋信息：Φ8@1000*1000；L1=100，L2=100，L3=100。

LB3 马凳筋信息：Φ8@1000*1000；L1=100，L2=100，L3=100。

LB4、LB5、LB6 马凳筋信息：Φ6@1000*1000；L1=90，L2=90，L3=85。

LB7、LB8 马凳筋信息：Φ8@1000*1000；L1=90，L2=90，L3=85。

LB9 马凳筋信息：Φ6@1000*1000；L1=80，L2=80，L3=80。

LB10、PTB1 马凳筋信息：Φ8@1000*1000；L1=80，L2=80，L3=80。

LB1~PTB1 的属性值如图 10-55~图 10-58 所示。

图 10-55　LB1、LB2、LB3 属性

图 10-56　LB4、LB5、LB6 属性

图 10-57　LB7、LB8、LB9 属性

2. 画图

以 LB1 为例：单击"构件列表"中的"LB1"，单击 智能布置▼ ，单击"梁中心线"，依次单击①轴线 KL9、②轴线 KL11、Ⓐ轴线 KL1、Ⓑ轴线 KL7，单击鼠标右键结束命令。重复以上步骤，画完 LB2～PTB1。

单击 动态观察 ，调整观察角度，仔细观察 LB7、LB8 等细部板的位置是否正确。

图 10-58　LB10、PTB1 属性

任务二　画现浇板受力筋

1. 画 LB1 底筋

单击"绘图输入"中"板"文件夹前面的"+"使其展开，单击 板受力筋(S) 。单击"构件列表"，弹出"构件列表"对话框；单击"属性"，弹出"属性编辑器"对话框。单击 XY方向 ，单击 单板 ，单击 LB1，弹出"智能布置"对话框；单击"XY 向布置"，输入底筋信息（图 10-59），单击"确定"，最后单击鼠标右键结束命令。这样 LB1 的底筋就画完了。

2. 画 LB3 的底筋、面筋

单击 XY方向 ，单击 多板 ，依次单击大厅和阳台处的 LB3，单击鼠标右键，弹出"智能布置"对话框，单击"XY 向布置"，输入底筋、面筋信息（图 10-60），单击"确定"，最后单击鼠标右键结束命令。这样，LB3 的底筋、面筋就画完了。

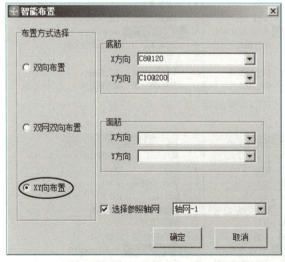

图 10-59　输入 LB1 底筋信息

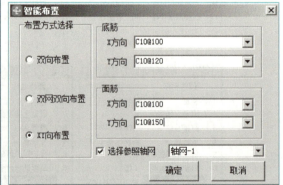

图 10-60　输入 LB3 底筋、面筋信息

3. 画其他板

参照 LB1、LB3 的画法，画 LB2、LB4～LB10、PTB1 的受力筋。

任务三　画跨板负筋

1. 新建并定义跨板负筋

单击“构件列表”中的“新建”“新建跨板受力筋”，建立“KBSLJ-1”，反复操作，建立“KBSLJ-2”，并在“属性编辑器”中将“KBSLJ-1”改为“3号跨板负筋”，将“KBSLJ-2”改为“4号跨板负筋”，其属性值如图10-61所示。

属性编辑器

	属性名称	属性值	附加
1	名称	3号跨板负筋	
2	钢筋信息	ф10@150	□
3	左标注(mm)	1630	□
4	右标注(mm)	0	□
5	马凳筋排数	1/1	□
6	标注长度位置	(支座中心线)	□
7	左弯折(mm)	(0)	□
8	右弯折(mm)	(0)	□
9	分布钢筋	ф8@250	□
10	钢筋锚固	(35)	

属性编辑器

	属性名称	属性值	附加
1	名称	4号跨板负筋	
2	钢筋信息	ф10@150	□
3	左标注(mm)	1570	□
4	右标注(mm)	1570	□
5	马凳筋排数	1/1	□
6	标注长度位置	(支座中心线)	□
7	左弯折(mm)	(0)	□
8	右弯折(mm)	(0)	□
9	分布钢筋	ф8@250	□
10	钢筋锚固	(35)	

图 10-61　3号、4号跨板负筋属性

2. 画图

单击“构件列表”中的“3号跨板负筋”，单击“绘图工具栏”中的［水平］、［单板］，单击绘图区的LB5、LB6；单击“构件列表”中的“4号跨板负筋”，单击“绘图工具栏”中的［垂直］、［单板］，单击绘图区的①、③轴线之间的LB4。画图时，有时会出现在绘图区布置的钢筋与图样上的钢筋位置正好相反的情况，这时可以利用［交换左右标注］调整钢筋位置。

任务四　画现浇板负筋

1. 新建并定义现浇板负筋

识读附录中的“结施13”，新建各种现浇板负筋。单击“绘图输入”中“板”文件夹前面的“+”使其展开，双击［板负筋(F)］。单击“新建”“新建板负筋”，建立“FJ-1”，反复操作，建立“FJ-2”~“FJ-5”，并将“FJ-3”改为“FJ-6”，其属性值如图10-62、图10-63所示。

属性编辑器

	属性名称	属性值
1	名称	FJ-1
2	钢筋信息	ф8@200
3	左标注(mm)	0
4	右标注(mm)	1720
5	马凳筋排数	1/1
6	单边标注位置	支座外边线
7	左弯折(mm)	(0)
8	右弯折(mm)	(0)
9	分布钢筋	ф8@250
10	钢筋锚固	(35)

属性编辑器

	属性名称	属性值
1	名称	FJ-2
2	钢筋信息	ф8@200
3	左标注(mm)	1630
4	右标注(mm)	1630
5	马凳筋排数	1/1
6	非单边标注含	(是)
7	左弯折(mm)	(0)
8	右弯折(mm)	(0)
9	分布钢筋	ф8@250
10	钢筋锚固	(35)

属性编辑器

	属性名称	属性值
1	名称	FJ-4
2	钢筋信息	ф10@150
3	左标注(mm)	1570
4	右标注(mm)	4076
5	马凳筋排数	1/1
6	非单边标注含	(是)
7	左弯折(mm)	(0)
8	右弯折(mm)	(0)
9	分布钢筋	ф8@250
10	钢筋锚固	(35)

图 10-62　FJ-1、FJ-2、FJ-4 属性

2. 画图

画①号轴线的 FJ-1：单击"构件列表"中的"FJ-1"，单击 [按板边布置]，依次单击①号轴线 LB1 左边线、①号轴线左侧、①号轴线 LB4 左边线、①号轴线 LB2 左边线，单击鼠标右键结束命令。

画②号轴线的 FJ-2：单击"构件列表"中的"FJ-2"，单击 [按板边布置]，依次单击②号轴线 LB1 边线、②号轴线 LB2 边线，单击鼠标右键结束命令。

图 10-63　FJ-5、FJ-6 属性

用同样方法画其他板负筋，注意在画 FJ-4、FJ-5、FJ-6 时对应选择 LB6、LB9 和 LB8 的下边线。画图时，有时会出现绘图区布置的钢筋与图样上的钢筋位置正好相反的情况，这时可以利用 [交换左右标注] 调整钢筋位置。

子项六　现浇钢筋混凝土楼梯钢筋计算

任务一　楼梯段配筋计算

1. 计算 TB1 的钢筋

单击"模块导航栏"下的 [单构件输入]，单击 [图]，弹出"单构件输入构件管理"对话框；单击 [楼梯]，单击 [添加构件]，得到"LT-1"；修改右侧表格，将"LT-1"改为"TB1"（图 10-64），单击"确定"。

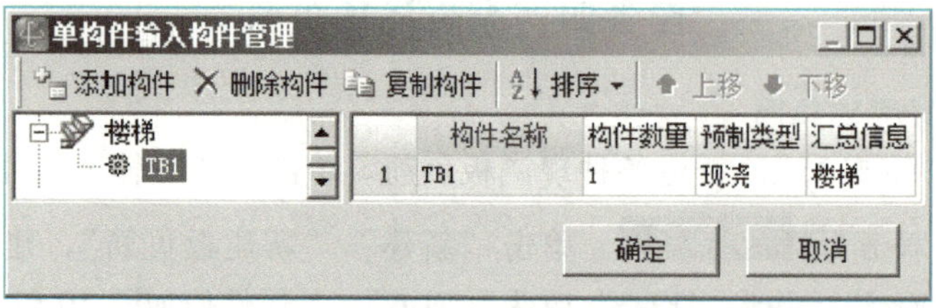

图 10-64　"单构件输入构件管理"对话框

单击 [参数输入(C)]，弹出"参数输入"对话框；单击 [选择图集]，弹出"选择图集"对话框；单击 [11G101-2楼梯] 前面的"+"使其展开，单击 [AT型楼梯]，单击"选择"，单击图样的绿色尺寸数字或钢筋标注逐一修改，如图 10-65 所示。说明：1395mm =（3300 - 450 - 60）mm/2。

数据填完经检查无误后，单击 [计算退出]，这样得到了 TB1 钢筋工程量明细，如图 10-66 所示。

项目十 首层钢筋工程算量

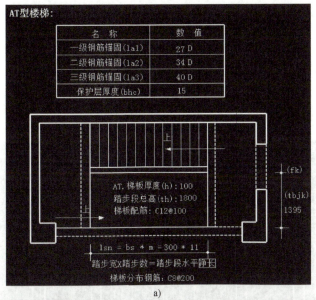

a)

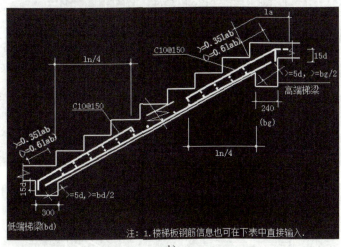

b)

图 10-65 修改 TB1 尺寸

	筋号	直径(m)	级别	图号	图形	计算公式	长度(mm)	根数
1	梯板下部纵筋	12	Φ	3	3959	3300*1.118+120+150	3959	15
2	下梯梁端上部纵筋	10	Φ	149	150 ⌐1241¬ 600 70	3300/4*1.118+400+100-2*15	1392	11
3	梯板分布钢筋	8	Φ	3	1365	1395-2*15	1365	31
4	上梯梁端上部纵筋	10	Φ	149	148 ⌐1241¬ 600 70	3300/4*1.118+400+100-2*15	1392	11

图 10-66 TB1 钢筋工程量明细

2. 计算 TB2 的钢筋

单击 构件管理，弹出"单构件输入构件管理"对话框。单击 楼梯，单击添加构件，得到"LT-1"，修改右侧表格，将"LT-1"改为"TB2"，"构件数量"输入"1"，单击"确定"。单击 参数输入(C)，弹出"参数输入法"对话框；单击 选择图集，弹出"选择图集"对话框。单击 11G101-2楼梯 前面的"+"使其展开，单击 AT型楼梯，单击"选择"，单击图样的绿色尺寸数字或钢筋标注逐一修改，如图10-67所示。

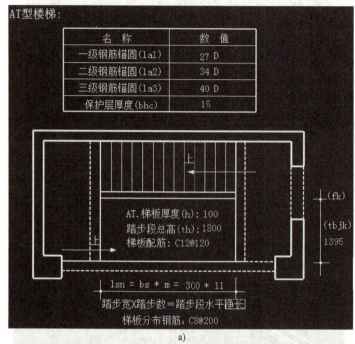

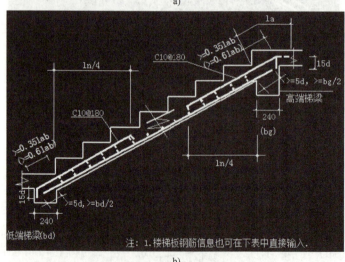

图 10-67 修改 TB2 尺寸

数据填完经检查无误后，单击 计算退出，这样得到了 TB2 钢筋工程量明细，如图10-68所示。

项目十 首层钢筋工程算量

	筋号	直径(mm)	级别	图号	图形	计算公式	长度(mm)	根数
1	梯板下部纵筋	12	Φ	3	3929	3300*1.118+120+120	3929	13
2	下梯梁端上部纵筋	10	Φ	149	150⌐1174┐600 70	3300/4*1.118+400+100-2*15	1392	9
3	梯板分布钢筋	8	Φ	3	1365	1395-2*15	1365	31
4	上梯梁端上部纵筋	10	Φ	149	148⌐1174┐600 70	3300/4*1.118+400+100-2*15	1392	9

图 10-68 TB2 钢筋工程量明细

任务二　汇总并导出一层钢筋工程量

1. 汇总计算

对一层钢筋进行汇总计算，并导出工程量：单击"常用工具栏"中的 Σ 汇总计算，弹出"汇总计算"对话框（图 10-69），软件默认"首层"，单击"计算"，然后单击"关闭"。

2. 导出一层钢筋工程量

单击"模块导航栏"中的 报表预览，单击"汇总表"下的"钢筋统计汇总表"，鼠标指针指到汇总表上，单击鼠标右键，单击"导出为 EXCEL 文件（.XLS）(X)"，保存为 EXCEL 文件，土木实训楼一层钢筋统计汇总表就完成了，见表 10-1。

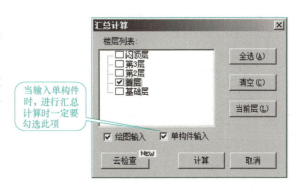

图 10-69 "汇总计算"对话框

表 10-1 土木实训楼一层钢筋统计汇总

工程名称：土木实训楼　　　　　　　　　　　　　　　　　　　　　　　　　（单位：t）

构件类型	合计	级别	6mm	8mm	10mm	12mm	14mm	16mm	18mm	20mm	22mm	25mm
柱	0.719	Φ		0.719								
	0.019	Φ					0.019					
	2.721	Φ								0.307	1.052	1.362
构造柱	0.059	Φ	0.028			0.031						
	0.029	Φ				0.029						
	0.062	Φ				0.062						
过梁	0.002	Φ	0.001	0.001								
	0.032	Φ		0.008	0.018		0.006					
梁	0.934	Φ	0.063	0.764	0.083	0.024						
	0.084	Φ								0.022	0.034	0.028
	4.039	Φ		0.038	0.253	0.147	0.026	0.101	1.412	0.568	1.494	

（续）

构件类型	合计	级别	6mm	8mm	10mm	12mm	14mm	16mm	18mm	20mm	22mm	25mm
现浇板	0.026	Φ	0.014	0.012								
	3.722	𝚽		1.315	2.407							
楼梯	0.165	𝚽		0.033	0.034	0.098						
合计	1.739	Φ	0.105	1.496	0.083	0.055						
	0.132	𝚽				0.029	0.019		0.022	0.034	0.028	
	10.74	𝚽		1.356	2.497	0.412	0.153	0.026	0.101	1.719	1.62	2.856

项目十一　二层钢筋工程算量

子项一　将一层构件图元复制到二层

任务一　将一层构件图元复制到二层，观察二层构件

1. 复制构件

识读附录中的土木实训楼一层施工图（"建施04""结施04""结施06""结施07""结施13"）和二层施工图（"建施05""结施05""结施08""结施09""结施14"）可以看出，一层、二层的很多构件是一样的。因此，可以把一层的构件复制到二层，然后再进行修改，具体操作步骤如下：单击"构件工具栏"中"首层"右侧下拉箭头切换到"二层"；选择主菜单"楼层（L）"→"从其他楼层复制构件图元"，目标楼层选择"第2层"（默认），"源楼层选择"选"首层"（默认），图元选择如图 11-1 所示，选完以后单击"确定"。从其他楼层复制构件图元时，如果出现"错误提示"，如"GL2 第2层 GL2 没有父图元"，这是因为从"源楼层选择"复制图元时，没有勾选 GL2 所在的门 M1224，GL2 就失去了父图元，这时直接关闭"错误提示"即可。

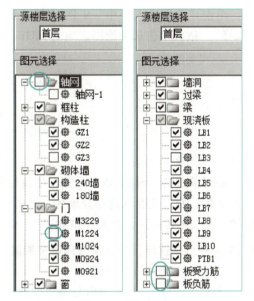

图 11-1　图元选择

2. 几点说明

1）没有勾选的图元表示二层无此构件，因此不需将该构件复制到二层。如果多选，可以在二层将此构件删除；如果少选，可以在二层按一层的办法画该构件，或再从首层复制该构件。例如，图 11-1 中"板受力筋"和"板负筋"没有勾选的原因是从"结施13"和"结施14"对比来看，一层和二层板内配筋相差太大，这时没有必要再从一层复制，直接在二层画二层的板配筋就可以了。

2）本项目所有的操作均在二层，因此二层构件在修改或建立新构件时，应随时注意构件"工具栏"上的楼层状态 第2层 显示当前为"二层"，如果不是"二层"，可单击楼层右侧下拉箭头调整为"二层"。

3. 观察二层构件

在第二层，单击"绘图输入"中"柱"文件夹前面的"+"使其展开，单击"框柱"，选择主菜单 视图(V) → 构件图元显示设置(D)... F12，弹出"构件图元名称显示设置-柱"对话框，在"构件图元显示"一栏"所有构件"前的□处打√，单击两次（目的是显示所有构

件），单击"确定"。单击 [动态观察]，在绘图区（黑屏区）按下鼠标左键左右移动，这时软件显示从"首层"复制过来的所有构件。经观察可以看出，二层许多构件需要修改或补充，如②轴线上的横墙需要删除，①轴线的 C1221 需要补充；二层阳台墙需要补画，阳台窗需要补画，弯梁 KL8 和此处的板 LB10 需要删除等。因此，首层构件复制到二层后需要对照二层施工图逐一修改。

任务二 删除 KL8 和 LB10

1. 删除 KL8

单击"绘图输入"中"梁"文件夹前面的"+"使其展开，单击 [梁(L)]。单击"选择"，依次单击选中绘图区中的 3 段 KL8，单击 [删除]。这时，KL8 就被删除了。

2. 删除 LB10

单击"绘图输入"中 [板] 文件夹前面的"+"使其展开，单击 [现浇板(B)]。单击"选择"，依次单击选中绘图区中的 LB10，按下〈Delete〉键。这时，LB10 就被删除了。

子项二 修改二层的墙体、门窗和构造柱

任务一 修改二层墙体

1. 删除②轴线墙体

由附录中的"建施 05"可知，建筑环境综合模拟测试室和建筑视觉艺术实验室的②轴上没有墙体，所以应删除这部分墙体。具体步骤为：在第二层，单击"绘图输入"中"墙"前面的"+"使其展开，单击"砌体墙"。单击"选择"，选中②轴线墙体，单击"修改工具栏"中的 [删除]。这样，②轴线墙体就被删除了。

2. 修改厕所与洗漱间隔墙

单击"选择"，选中厕所与洗漱间隔墙；单击"属性"，弹出"属性编辑器"对话框；单击"其他属性"前面的"+"使其展开，单击"起点底标高"后面的"层底标高"，将"层底标高"改为"层底标高-0.05"；单击"终点底标高"后面的"层底标高"，将"层底标高"改为"层底标高-0.05"。单击 [局部三维]，鼠标左键框选厕所与洗漱间隔墙周围的墙体，单击 [动态观察]，仔细查看图 11-2 中 A 处修改前后厕所与洗漱间隔墙的变化。

3. 延长⑧轴墙体

由附录中的"建施 04""建施 05"可知，一层的大厅在二层变成了接待室，应补画⑧④~⑧⑥段的"180 内墙"。具体步骤是：单击 [俯视]，单击 [延伸]，单击⑥轴线内墙（墙中心线变粗）、⑧轴办公室"180 内墙"，单击鼠标右键结束命令。这时，"180 内墙"就延伸到了⑧轴外墙上。

图 11-2 查看 A 处修改前后变化

任务二 补画二层阳台墙体

1. 作辅助轴线

单击"轴网工具栏"中的 井平行 ，选中Ⓐ轴，软件自动弹出"请输入"对话框（图11-3），输入"偏移距离（mm）"为"-105"，输入"轴号"为"1/0A"，单击"确定"。说明：-105mm=-(225-240/2)mm。

用同样方法作辅助轴线。2/0A轴：位于Ⓐ号轴线下边1935mm；1/6轴：位于⑥号轴线右侧135mm；1/4轴：位于④号轴线右侧65mm。说明：1935mm=(1800+225-180/2)mm；135mm=225mm-180mm/2；65mm=225mm-(250mm-180mm/2)。

延伸轴线：在第二层，单击"绘图输入"中"轴线"前面的"+"使其展开，单击 辅助轴线(O) ，单击 延伸 ，单击 2/0A 轴（变粗）、1/4轴、1/6轴，单击鼠标右键；单击1/6轴（变粗）、1/0A轴、2/0A轴，这样辅助轴线就相交了。然后返回"砌体墙"层。

2. 画图

依次单击"构件列表"中的"180墙"，"绘图工具栏"中的 直线 ，绘图区中1/0A轴与1/4轴交点、2/0A轴与1/4轴交点、2/0A轴与1/6轴交点、1/0A轴与1/6轴交点，单击鼠标右键结束命令。

依次单击选中绘图区中的3段阳台"180墙"，在"属性编辑器"中将"起点顶标高（m）"改为"层顶标高-0.05"，将"终点顶标高（m）"改为"层顶标高-0.05"。

3. 删除辅助轴线

单击"模块导航栏"中"轴线"文件夹前面的"+"使其展开，单击 辅助轴线(O) ，单击"选择"，选中所有辅助轴线，单击 删除 ，单击"是"。

任务三 补画、修改二层门窗

由附录中的"建施05"可知，接待室应补画M1024；走廊①轴处应补画C1221；应补画楼梯间的C1815；阳台处需补画C3922、C1221、MC1829。

1. 画接待室 M1024

单击"绘图输入"中"门窗洞"文件夹前面的"+"使其展开，单击 门(M) 。单击"构件列表"中的"M1024"，单击 点 ，鼠标指针移到Ⓑ轴接待室M1024处，左边数字框输入"900"，按〈Enter〉键，单击鼠标右键结束命令。

画接待室M1024上过梁：在"模块导航栏"下单击"过梁"，单击"构件列表"中的"GL1"，单击 点 ，鼠标指针移到Ⓑ轴接待室M1024处，单击鼠标左键，然后单击鼠标右键结束命令。

2. 画走廊①轴处 C1221

在"模块导航栏"下单击"窗"，单击"构件列表"中的"C1221"，鼠标指针移到走廊左端，定位尺寸输入"615mm"，按〈Enter〉键。说明：615mm=(2700-450+180-1200)mm/2。

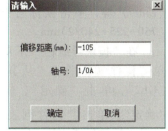

图11-3 "请输入"对话框

3. 画楼梯间 C1815

单击“新建”“新建矩形窗”，建立“C-1”，在“属性编辑器”中将“C-1”改为“C1815”，其属性如图 11-4 所示。单击 ⊠点 ，鼠标指针移到Ⓓ④轴与Ⓓ⑤轴之间的外墙上，在左（右）边数字框输入“645”，按〈Enter〉键，单击鼠标右键结束命令。说明：645mm＝(750－225＋240/2)mm。

属性编辑器

	属性名称	属性值	附加
1	名称	C1815	
2	洞口宽度(mm)	1800	☐
3	洞口高度(mm)	1500	☐
4	离地高度(mm)	-850	☐
5	洞口每侧加强筋		☐
6			
7			
8	汇总信息	洞口加强筋	☐
9	备注		☐

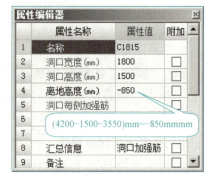

图 11-4　C1815 属性

在“模块导航栏”下单击“过梁（G）”，选择主菜单“构件（N）”→“从其他楼层复制构件”，只勾选“GL2”，单击“确定”；软件提示“复制完成”，单击“确定”。单击“构件列表”中的“GL2”，单击 ⊠点 ，鼠标指针移到楼梯间 C1815 处单击鼠标左键，然后单击鼠标右键结束命令。

4. 阳台处补画 C3922、C1221、MC1829

画阳台 C3922：单击“新建”“新建矩形窗”，建立“C-1”，在“属性编辑器”中将“C-1”改为“C3922”，其属性如图 11-5 所示。单击“构件列表”中的“C3922”，单击“智能布置”，单击“墙段中点”，单击阳台墙，单击鼠标右键结束命令。

画阳台 C1221：单击“构件列表”中的“C1221”，鼠标指针移到Ⓐ轴右端，右端定位尺寸输入“900”，按〈Enter〉键，单击鼠标右键结束命令。

画阳台 MC1829：单击“绘图输入”中的“门联窗”，单击“新建”“新建门联窗”，建立“MLC-1”，在“属性编辑器”中将“MLC-1”改为“MC1829”，其属性如图 11-6 所示。单击“构件列表”中的“MC1829”，单击 ⊠点 ，右端定位尺寸输入“3000”，按〈Enter〉键，单击鼠标右键结束命令。说明：定位尺寸 3000mm＝900mm×2＋1200mm。

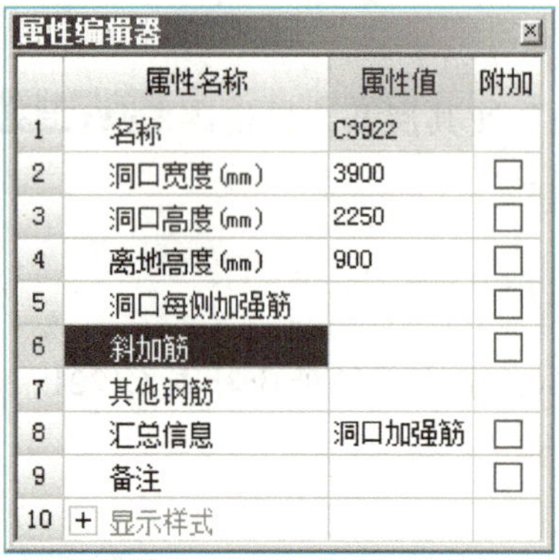

属性编辑器

	属性名称	属性值	附加
1	名称	C3922	
2	洞口宽度(mm)	3900	☐
3	洞口高度(mm)	2250	☐
4	离地高度(mm)	900	☐
5	洞口每侧加强筋		☐
6	斜加筋		☐
7	其他钢筋		
8	汇总信息	洞口加强筋	☐
9	备注		☐
10	+ 显示样式		

图 11-5　C3922 属性

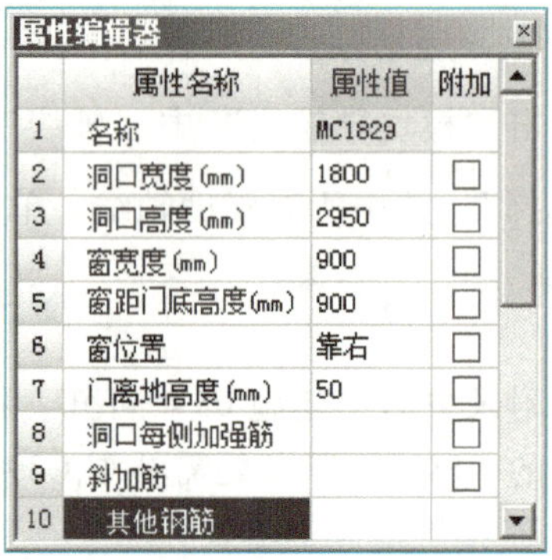

属性编辑器

	属性名称	属性值	附加
1	名称	MC1829	
2	洞口宽度(mm)	1800	☐
3	洞口高度(mm)	2950	☐
4	窗宽度(mm)	900	☐
5	窗距门底高度(mm)	900	☐
6	窗位置	靠右	☐
7	门离地高度(mm)	50	☐
8	洞口每侧加强筋		☐
9	斜加筋		☐
10	其他钢筋		

图 11-6　MC1829 属性

任务四　补画二层构造柱

1. 新建构造柱，定义属性

识读附录中的“结施 05”，新建构造柱。单击“绘图输入”中“柱”文件夹前面的“+”使其展开，单击 构造柱(Z) 。单击“新建”“新建矩形构造柱”，建立“GZ-1”，在“属性编辑器”中将“GZ-1”改为“GZ4”，其属性值如图 11-7 所示。

2. 画图

单击“构件列表”中的“GZ4”，单击阳台左下角墙体中心线交点，单击阳台右下角墙体

属性编辑器

	属性名称	属性值	附加
1	名称	GZ4	
2	类别	构造柱	☐
3	截面编辑	否	
4	截面宽(B边)(mm)	180	☐
5	截面高(H边)(mm)	180	☐
6	全部纵筋	4⌀12	☐
7	角筋		☐
8	B边一侧中部筋		☐
9	H边一侧中部筋		☐
10	箍筋	Φ6@150	☐
11	肢数	2*2	

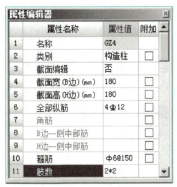

图 11-7　GZ4 属性

中心线交点，单击鼠标右键结束命令。

单击选中画好的两根 GZ4，在“属性编辑器”中将第 24 行的“顶标高（m）”改为“层顶标高-0.05”，按下〈Enter〉键，在绘图区单击鼠标右键，单击“取消选择”，完成画图。

子项三　修改二层梁、板

任务一　修改二层梁

1. 修改阳台梁“L2”

单击“绘图输入”中“梁”文件夹前面的“+”使其展开，单击“梁”。单击“构件列表”，单击“属性”，单击“选择”选中绘图区中的 L2，在“属性编辑器”中修改“L2”的属性，将“起点顶标高”的属性值改为“层顶标高-0.05”，将“终点顶标高”的属性值改为“层顶标高-0.05”。

2. 修改阳台悬挑梁“XL2”

单击选中绘图区的两根 XL1，在“属性编辑框”中修改“XL1”的属性，将名称改为“XL2”。单击“原位标注”，选中绘图区④轴线上的 XL2，在下面的梁平法表格内将第 0 跨的“起点标高”和“终点标高”改为“7.1”，如图 11-8 所示。用同样方法修改⑥轴线 XL2，改完后单击鼠标右键结束命令。

	跨号	标高(m)		构件尺寸(mm)					
		起点标高	终点标高	A1	A2	A3	A4	跨长	截面(B*H)
1	0	7.1	7.1	(150)	(350)			(1950)	250*550/400

图 11-8　XL2 梁平法表格修改

3. 次梁加筋

由附录中的“结施 09”可知，在 L1 两端的框架梁内各有 6⌀8 的次梁加筋，单击“原位标注”，选中⑥轴线 KL9，在下方的梁平法表格内添加次梁加筋信息，如图 11-9 所示。用同样方法，添加⑤轴线 KL12 的次梁加筋。

	跨号	拉筋	箍筋	肢数	次梁宽度	次梁加筋	吊筋
1	1	(Φ6)	Φ8@100/15	2			
2	2	(Φ6)	Φ8@100/15	2			
3	3	(Φ6)	Φ8@100/15	2	250	6⌀8	

图 11-9　添加次梁加筋信息

任务二 修改二层现浇板

1. 补画 LB11、LB12

（1）新建现浇板，定义属性 单击"绘图输入"中"板"文件夹前面的"+"使其展开，单击"构件列表"下的"新建""新建现浇板"，建立"B-1"，反复操作，建立"B-2"。在"属性编辑器"中将名称"B-1"改为"LB11"，将名称"B-2"改为"LB12"，其属性值如图 11-10 所示。

图 11-10 LB11、LB12 属性

（2）画图 单击"构件列表"中的"LB11"，单击 智能布置▼，单击"梁中心线"，单击④轴线 KL11、Ⓐ轴线 KL1、⑥轴线 KL9、Ⓑ轴线 KL7，单击鼠标右键结束命令。重复以上步骤，画 LB12。

单击 俯视▼ 右侧下拉箭头，选择 东南等轴测，仔细观察二层阳台处梁、板、柱的标高是否正确，如图 11-11 所示。

图 11-11 观察二层阳台处梁、板、柱的标高

2. 画现浇板受力筋

（1）画 LB1 底筋 单击"绘图输入"中"板"文件夹前面的"+"使其展开，单击 板受力筋(S)。单击"构件列表"，弹出"构件列表"对话框；单击"属性"，弹出"属性编辑器"对话框。单击 XY方向，单击 单板，单击"LB1"，弹出"智能布置"对话框；单击"XY向布置"，输入"底筋"信息（图 11-12），单击"确定"，最后单击鼠标右键结束命令。这样，LB1 的底筋就画完了。

（2）画 LB7 的底筋、面筋 单击 XY方向，单击 单板，单击绘图区 LB7，弹出"智能布置"对话框；单击"双向布置"，输入"底筋"与"面筋"信息（图 11-13），单击"确定"，最后单击鼠标右键结束命令。这样，LB7 的底筋、面筋就画完了。

（3）画其他板受力筋 参照以上画法，画 LB2～LB6、LB8～LB12 的受力筋。查阅附录中的"结施 17"，画楼梯平台板 PTB1 受力筋。

3. 画跨板负筋

（1）建立跨板负筋 单击"构件列表"中的"新建""新建跨板受力筋"，建立"KBSLJ-1"，反复操作，建立"KBSLJ-2"，并在"属性编辑器中"将"KBSLJ-1"改为"3 号跨板负筋"，将"KBSLJ-2"改为"4 号跨板负筋"，其属性值如图 11-14 所示。

（2）画图 单击"构件列表"中的"3 号跨板负筋"，单击"绘图工具栏"中的 水平、单板，单击绘图区的 LB5、LB6；单击"构件列表"中的"4 号跨板负筋"，单击"绘图工

项目十一 二层钢筋工程算量

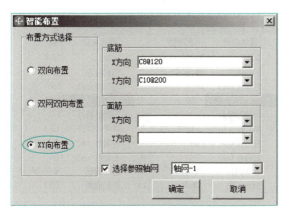

图 11-12 输入 LB1 底筋信息　　　图 11-13 输入 LB7 底筋、面筋信息

	属性名称	属性值	附加
1	名称	3号跨板负筋	
2	钢筋信息	Φ10@150	
3	左标注(mm)	1630	
4	右标注(mm)	0	
5	马凳筋排数	1/1	
6	标注长度位置	(支座中心线)	
7	左弯折(mm)	(0)	
8	右弯折(mm)	(0)	
9	分布钢筋	Φ8@250	
10	钢筋锚固	(35)	

	属性名称	属性值	附加
1	名称	4号跨板负筋	
2	钢筋信息	Φ10@150	
3	左标注(mm)	1570	
4	右标注(mm)	1570	
5	马凳筋排数	1/1	
6	标注长度位置	(支座中心线)	
7	左弯折(mm)	(0)	
8	右弯折(mm)	(0)	
9	分布钢筋	Φ8@250	
10	钢筋锚固	(35)	

图 11-14 3号、4号跨板负筋属性

具栏"中的 ▣垂直 、▣单板 ，单击绘图区的①、③轴线之间的 LB4。画图时，有时会出现在绘图区布置的钢筋与图样上的钢筋位置正好相反的情况，这时可以利用 ▣交换左右标注 调整钢筋位置。

4. 画现浇板负筋

（1）新建并定义现浇板负筋　识读附录中的"结施 14"，新建各种现浇板负筋。单击"绘图输入"中"板"文件夹前面的"+"使其展开，双击 ▣板负筋(F) 。单击"新建""新建板负筋"，建立"FJ-1"，反复操作，建立"FJ-2"~"FJ-5"，并将"FJ-3"改为"FJ-6"，其属性值如图 11-15、图 11-16 所示。

	属性名称	属性值
1	名称	FJ-1
2	钢筋信息	Φ8@200
3	左标注(mm)	0
4	右标注(mm)	1850
5	马凳筋排数	1/1
6	单边标注位置	支座中心线
7	左弯折(mm)	(0)
8	右弯折(mm)	(0)
9	分布钢筋	Φ8@250
10	钢筋锚固	(35)

	属性名称	属性值
1	名称	FJ-2
2	钢筋信息	Φ8@200
3	左标注(mm)	1630
4	右标注(mm)	1630
5	马凳筋排数	1/1
6	非单边标注含	(是)
7	左弯折(mm)	(0)
8	右弯折(mm)	(0)
9	分布钢筋	Φ8@250
10	钢筋锚固	(35)

	属性名称	属性值
1	名称	FJ-4
2	钢筋信息	Φ10@150
3	左标注(mm)	1570
4	右标注(mm)	4076
5	马凳筋排数	1/1
6	非单边标注含	(是)
7	左弯折(mm)	(0)
8	右弯折(mm)	(0)
9	分布钢筋	Φ8@250
10	钢筋锚固	(35)

图 11-15 FJ-1、FJ-2、FJ-4 属性

(2) 画图

画①号轴线的 FJ-1：单击"构件列表"中的"FJ-1"，单击 [按板边布置]，单击①号轴线 LB1 左边线、①号轴线左侧、①号轴线 LB4 左边线、①号轴线 LB2 左边线，单击鼠标右键结束命令。

画②号轴线的 FJ-2：单击"构件列表"中的"FJ-2"，单击 [按板边布置]，单击②号轴线 LB1 边线、②号轴线 LB2 边线，单击鼠标右键结束命令。

用同样方法画其他板负筋，注意画 FJ-4、FJ-5、FJ-6 时对应选择 LB6、LB9 和 LB8 的下边线。画图时，有时会出现在绘图区布置的钢筋与图样上的钢筋位置正好相反的情况，这时可以利用 [交换左右标注] 调整钢筋位置。

图 11-16 FJ-5、FJ-6 属性

子项四　现浇钢筋混凝土楼梯钢筋计算

任务一　输入楼梯段配筋信息

单击"模块导航栏"下的 [单构件输入]，单击 [≡]，弹出"单构件输入构件管理"对话框；单击 [楼梯]，单击 [添加构件]，得到 [LT-1]；修改右侧表格，将"LT-1"改为"TB2"（图 11-17），单击"确定"。

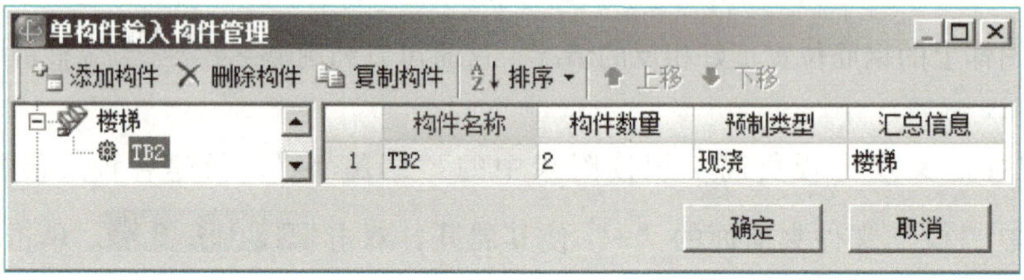

图 11-17 "单构件输入构件管理"对话框

单击 [参数输入(C)]，弹出"参数输入"对话框；单击 [选择图集]，弹出"选择图集"对话框；单击 ▷ [11G101-2 楼梯] 前面的"+"使其展开，单击 [AT型楼梯]，单击"选择"，单击图样的绿色尺寸数字或钢筋标注逐一修改，如图 11-18 所示。说明：1395mm = (3300 − 450 − 60)mm/2。

任务二　计算楼梯段钢筋工程量

数据填完经检查无误后，单击 [计算退出]，这样得到了 TB2 钢筋工程量明细，如图 11-19 所示。

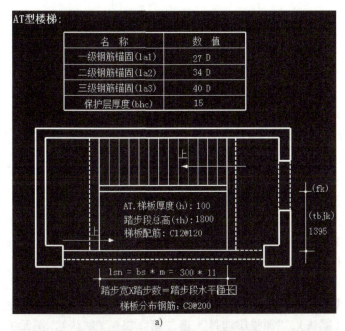

a)

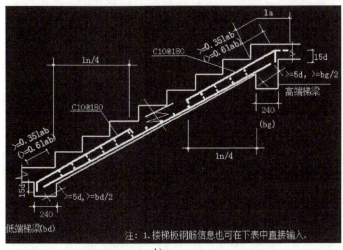

b)

图 11-18 修改 TB2 尺寸

筋号	直径(mm)	级别	图号	图形	计算公式	长度(mm)	根数
1	梯板下部纵筋	12	Φ	3	3929	3300*1.118+120+120	3929	13
2	下梯梁端上部纵筋	10	Φ	149	150 ⌐1174⌐ 600 / 70	3300/4*1.118+400+100-2*15	1392	9
3	梯板分布钢筋	8	Φ	3	1385	1395-2*15	1365	31
4	上梯梁端上部纵筋	10	Φ	149	148 ⌐1174⌐ 600 / 70	3300/4*1.118+400+100-2*15	1392	9

图 11-19 TB2 钢筋工程量明细

项目十二 三层钢筋工程算量

子项一 将二层构件图元复制到三层，修改框架柱

任务一 将二层构件图元复制到三层

识读附录中的土木实训楼二层施工图（"建施05""结施05""结施08""结施09""结施14"）和三层施工图（"建施06""结施05""结施10""结施11""结施15"）可以看出，二层、三层的很多构件是一样的。因此，可以把二层的构件复制到三层，然后再进行修改，具体操作步骤如下：单击"模块导航栏"中的"绘图输入"，单击"构件工具栏"中"第2层"右侧下拉箭头切换到"第3层"；选择主菜单"楼层"→"从其他楼层复制图元"，目标楼层选择"第3层"（默认），"源楼层选择"选"第2层"（默认），图元选择如图12-1所示，勾选完以后单击"确定"。

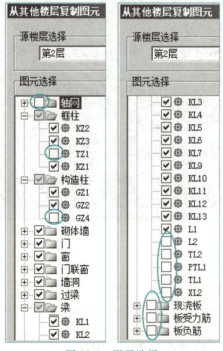

图 12-1 图元选择

任务二 修改框架柱

仔细识读附录中的"结施05"，可以看到三层有 8 根框架柱的柱顶高度为 10.80m。它们超出了 3 层的层顶标高（10.50m），这时应修改这部分柱的顶标高。

单击"绘图输入"中"柱"前面的"+"使其展开，单击"框柱"。单击"选择"，依次

单击选中土木实训楼 4 个角上的框架柱，②轴与Ⓑ轴、Ⓒ轴的交点处 KZ2，④轴与Ⓑ轴的交点处 KZ3，④轴与Ⓒ轴的交点处 KZ2，在"属性编辑框"中将"顶标高（m）"改为"10.8"。

子项二　修改三层墙体，补画露台栏板

识读附录中的"建施 02""建施 06"可知，建筑节能实验室与数字建筑实验室之间的隔墙为 100mm 厚的硅镁多孔墙板。这堵墙是隔墙，不涉及任何钢筋，所以在"钢筋算量"软件中不必画出。厕所、洗漱间隔墙的高度需要更改；露台处的混凝土栏板需要补画。

任务一　修改三层墙体

1. 删除阳台墙体

单击"绘图输入"中"墙"文件夹前面的"+"使其展开，单击 砌体墙(Q)，单击"构件列表"，弹出"构件列表"对话框；单击"属性"，弹出"属性编辑器"对话框。单击"选择"，依次单击阳台的三段外墙，单击 删除。这时，阳台外墙和 C3922 就全部被删除了。

2. 修改厕所、洗漱间隔墙

单击选中厕所、洗漱间隔墙，在"属性编辑器"中将"其他属性"下的"起点顶标高（m）为层顶标高-0.05"改为"层顶标高"，将"终点顶标高（m）"改为"层顶标高"。

单击 动态观察，仔细察看修改属性前后墙体顶标高的变化。

任务二　补画露台栏板

1. 作辅助轴线

单击"轴网工具栏"中的 平行，选中Ⓐ轴线，软件自动弹出"请输入"对话框，输入"偏移距离（mm）"为"-225"，输入"轴号"为"1/0A"，单击"确定"。

用同样方法作辅助轴线：2/0A 轴，位于Ⓐ号轴线下边 1975mm；1/4 轴，位于④号轴线右侧 25mm；1/6 轴，位于⑥号轴线右侧 175mm。说明：1975mm=（1800+225-100/2）mm；25mm=225mm-（250-100）mm-100mm/2；175mm=225mm-100mm/2。

延伸轴线：在第三层单击"绘图输入"中"轴线"文件夹前面的"+"使其展开，单击 辅助轴线(O)，单击 延伸，单击 2/0A 轴（变粗）、1/4 轴、1/6 轴，单击鼠标右键；单击 1/6 轴（变粗）、1/4 轴、2/0A 轴，单击鼠标右键结束命令。这样，辅助轴线就相交了。

2. 建立露台栏板

单击"绘图输入"中"其他"文件夹前面的"+"使其展开，单击 栏板(K)。单击"构件列表"下的"新建""新建矩形栏板"，建立"LB-1"，在"属性编辑器"中将"LB-1"改名为"露台混凝土栏板"，其属性值如图 12-2 所示。

图 12-2　露台混凝土栏板属性

3. 画图

单击 直线，单击①A轴与①/4轴交点、②0A轴与①/4轴交点、②0A轴与①/6轴交点、①0A轴与①/6轴交点，单击鼠标右键结束命令。

切换到"辅助轴线"层，删除所有辅助轴线。

子项三 修改三层的屋面梁和板

任务一 修改三层屋面梁

1. 修改屋面框架梁的属性

通过对比识读附录中的"结施08"~"结施11"，可以发现，虽然三层的屋面梁和二层的框架梁相比，其几何尺寸、梁内配筋发生了很大变化，但是三层的大部分屋面梁和二层的框架梁的位置是一样的。这时，应对三层的屋面梁重新定义其属性，而不必重画。

单击"绘图输入"中的 梁(L)，单击"属性"，弹出"属性编辑器"对话框，单击"构件列表"，弹出"构件列表"对话框。在"属性编辑器"中将"KL1"改为"WKL1"，将"KL2"改为"WKL2"，将"KL4"改为"WKL4"，将"KL5"改为"WKL5"，将"KL7"改为"WKL6"，将"KL9"改为"WKL9"，将"KL10"改为"WKL10"，将"KL11"改为"WKL11"，将"KL12"改为"WKL12"。单击 批量选择，勾选屋面框架梁（图12-3），单击"确定"。在"属性编辑器"中将"截面高度（mm）"改为"550"，如图12-4所示。在绘图区单击鼠标右键，单击"取消选择"。

图12-3 勾选屋面框架梁   图12-4 屋面框架梁属性修改

2. 调整梁的位置

1）调整KL3高度：单击"选择"，框选①轴上KL3，在"属性编辑器"中将"起点顶标高（m）"后的"层顶标高"改为"层底标高+1.0"，将"终点顶标高"后的"层顶标高"

改为"层底标高+1.0"（1.0m＝7.8m－7.15m+0.35m）。在"绘图输入"中切换到"过梁"层，删除此处C1815上部的GL2，然后返回"梁"层。

2）删除部分框架梁：单击 [批量选择]，选择KL6、KL13，然后删除选中的框架梁。

3）延伸部分屋面框架梁：单击 [延伸]，单击⑥轴线WKL9、ⓒ轴线WKL5；单击 [延伸]，单击①轴线WKL2、②轴线WKL11、④轴线WKL11；单击 [延伸]，单击④轴线WKL11、Ⓓ轴线WKL4、Ⓓ轴线WKL2。

4）修改WL1：单击选中绘图区的L1，在"属性编辑器"中将"L1"改为"WL1"，将"起点顶标高（m）"改为"层顶标高"，将"终点顶标高（m）"改为"层顶标高"。

5）单击 [动态观察]，仔细观察各种梁修改后位置的变化。

3. 修改屋面梁的配筋

1）修改WKL6：单击 [原位标注]，在下面的梁平法表格中将第4跨的"截面（B*H）"由"250*750"改为"250*550"。

2）修改WKL5：删除WKL5的原位标注，单击选中WKL5，单击鼠标右键，单击"重新提取梁跨（F）"，单击"确定"。用同样方法，选中WKL4、②（④）轴线WKL11，重新提取梁跨。

3）修改⑥轴WKL9和WKL12：单击 [原位标注]，单击选中WKL9，重新进行原位标注，在绘图区下面的梁平法表格中填上第3跨的"吊筋"信息，同时删除"次梁加筋"的属性值"6Φ8"，如图12-5所示。用同样方法，填写WKL12的吊筋。

跨号		拉筋	箍筋	肢数	次梁宽度	次梁加筋	吊筋	吊筋锚固	箍筋加密长度
1	1	(Φ6)	Φ8@100/150(2)	2					max(1.5*h, 50
2	2	(Φ6)	Φ8@100/150(2)	2					max(1.5*h, 50
3	3	(Φ6)	Φ8@100/150(2)	2	250	0	2Φ20	20*d	max(1.5*h, 50

图12-5　WKL9吊筋信息

最后，仔细核对所有梁的原位标注并集中标注钢筋。

任务二　画三层屋面板

1. 定义屋面板

单击"绘图输入"中"板"文件夹前面的"+"使其展开，单击 [现浇板(B)]。单击"构件列表"，弹出"构件列表"对话框；单击"属性"，弹出"属性编辑器"对话框。单击"构件列表"下的"新建""新建现浇板"，建立"B-1"，在"属性编辑器"中将"B-1"改为"屋面板"，其马凳筋信息为Φ6@1000*1000；L1＝100，L2＝100，L3＝100，其属性值如图12-6所示。

2. 画屋面板及其受力筋

单击 [智能布置]，单击"梁中心线"，单击Ⓐ轴线WKL1、①轴线WKL9、Ⓓ轴线WKL2和WKL4、⑥轴线WKL9，单击鼠标右键结束命令。

单击 [板受力筋(S)]，单击 [XY方向]，单击 [单板]，单击绘图区屋面板，弹出"智能布置"

对话框,输入板"底筋"信息(图12-7),单击"确定",最后单击鼠标右键结束命令。这样,屋面板就画完了。

图12-6 屋面板属性

图12-7 输入板底筋信息

子项四 修改三层的门窗

任务一 修改MC1827

对比识读附录中的"建施03""建施05""建施06""建施09""建施10""建施11",三层除楼梯间C1815以外,所有窗户的高度都由二层的2100mm变成了1800mm。因为建筑节能实验室与数字建筑实验室的隔墙是由硅镁多孔墙板制作的,里面没有钢筋,所以在钢筋软件里不必画出。露台的门联窗由二层的MC1829变成了MC1827。

单击"绘图输入"中的 ,单击"构件列表"内的"MC1829",单击鼠标右键,单击"重命名",将"MC1829"改为"MC1827",修改其属性值如图12-8所示。

图12-8 MC1827属性

任务二 修改三层的窗

1. 观察分析

(1)观察 单击 动态观察 ,在显示框架梁(按〈L〉键)的状态下,会发现三层的外墙窗除楼梯间C1815和MC1827外,全部伸进了框架梁里面。

(2)分析 查阅附录中的"建施05""建施06""建施09""建施10"等,三层的外墙窗和对应的二层窗相比较,除宽度不变外,窗户高度由二层的2100mm变成三层的1800mm,窗台高度由二层的850mm变成三层的950mm。

2. 逐一修改

1)单击"绘图输入"中的"窗",单击"构件列表"中的"C1521",单击鼠标右键,单击"重命名",将"C1521"改为"C1518"。用同样方法,将"C3021"改为"C3018",将"C2421"改为"C2418",将"C1221"改为"C1218"。

2)单击 批量选择,弹出"批量选择构件图元"对话框,勾选"C1518""C3018""C2418""C1218",单击"确定"。在"属性编辑器"中将"洞口高度(mm)"由原来的"2100"改为"1800",将"离地高度(mm)"由原来的"900"改为"1000"。单击 动态观察,仔细观察修改前后外墙窗户的变化。

项目十三　闷顶层钢筋工程算量

子项一　画闷顶层的梁、墙和构造柱

对比识读附录中的"建施06"~"建施08"、"结施05"、"结施10"~"结施12"、"结施15"、"结施16"可知，除了有8根跨层构件伸到闷顶层的框架柱以外，三层的所有构件在闷顶层都没有，所以闷顶层的梁、墙、构造柱、圈梁、板等需要新画。

任务一　画闷顶层的梁

1. 定义构件属性

单击"绘图输入"中"梁"文件夹前面的"+"使其展开，单击 梁(L)。单击"新建""新建矩形梁"，建立"KL-1"，反复操作，建立"KL-2"。在"属性编辑器"中将"KL-1"的名称改为"YL"，将"KL-2"的名称改为"WL2"，其属性值如图13-1所示。

属性名称	属性值		属性名称	属性值
1 名称	YL		1 名称	WL2
2 类别	非框架梁		2 类别	非框架梁
3 截面宽度(mm)	200		3 截面宽度(mm)	180
4 截面高度(mm)	300		4 截面高度(mm)	450
5 轴线距梁左边线距	(100)		5 轴线距梁左边线距	(90)
6 跨数量			6 跨数量	
7 箍筋	Φ8@150(2)		7 箍筋	Φ8@150(2)
8 肢数	2		8 肢数	2
9 上部通长筋	3Φ12		9 上部通长筋	3Φ14
10 下部通长筋	3Φ14		10 下部通长筋	3Φ22
11 侧面构造或受扭筋			11 侧面构造或受扭筋	
12 拉筋			12 拉筋	
13 其他箍筋			13 其他箍筋	
14 备注			14 备注	
15 其他属性			15 其他属性	
16 汇总信息	梁		16 汇总信息	梁
17 保护层厚度(mm)	(20)		17 保护层厚度(mm)	(20)
18 计算设置	按默认计算设		18 计算设置	按默认计算设
19 节点设置	按默认节点设		19 节点设置	按默认节点设
20 搭接设置	按默认搭接设		20 搭接设置	按默认搭接设
21 起点顶标高(m)	10.8		21 起点顶标高(m)	10.8
22 终点顶标高(m)	10.8		22 终点顶标高(m)	10.8

图13-1　YL、WL2属性

2. 画YL

1) 显示跨层构件：选择主菜单 工具(T)→"选项"→"其他"，勾选 ☑显示跨层图元，勾选 ☑编辑跨层图元，单击"确定"。

2) 画YL：依次单击"构件列表"中的"YL"、"绘图工具栏"中的 ↘直线、绘图区中4

个角柱处的轴网交点,单击鼠标右键结束命令。单击 对齐、"单对齐",单击Ⓐ①轴处 KZ1 的下边线(边线变粗)、Ⓐ轴线 YL 的下边线,这时 YL 就位于图样位置。用同样方法,参照图样,依次调整其他 3 根 YL。单击 延伸,单击Ⓐ轴线 YL(中心线变粗)、①轴线 YL,这时①轴线 YL 就延伸到了Ⓐ轴线 YL 处。用同样方法,依次调整其他部位的 YL。

3. 画 WL2

1)画四根斜脊处 WL2:依次单击"构件列表"中的"WL2","绘图工具栏"中的 直线,绘图区中Ⓐ①轴线交点、Ⓑ②轴线交点,单击鼠标右键;单击Ⓓ①轴线交点、Ⓒ②轴线交点,单击鼠标右键;单击Ⓐ⑥轴线交点、Ⓑ④轴线交点,单击鼠标右键;单击Ⓓ⑥轴线交点、Ⓒ④轴线交点,单击鼠标右键结束命令。

2)作辅助轴线:单击 平行,单击①轴线,填写"请输入"对话框(图 13-2),单击"确定"。用同样方法,作 ②/①轴,在①轴右边,距①轴线 5700mm;作 ①/②轴,在 ②/①轴右边,距 ②/①轴 4500mm;作 ①/④轴,在 ①/②轴右边,距 ①/②轴 4500mm;作 ②/④轴,在⑥轴左边,距⑥轴 4900mm;作 ①/Ⓐ轴,在Ⓐ轴上边,距Ⓐ轴 4500mm;作 ②/Ⓐ轴,在Ⓐ轴上边,距Ⓐ轴 4900mm;作 ①/Ⓑ轴,在Ⓑ轴上边,距Ⓑ轴 225mm;作 ②/Ⓑ轴,在 ②/Ⓐ轴上边,距 ②/Ⓐ轴 2450mm;作 ⑨/Ⓒ轴,在 ②/Ⓐ轴上边,距 ②/Ⓐ轴 4900mm。

图 13-2 "请输入"对话框

3)画闷顶内部的 WL2:仔细识读附录中的"结施 12",参照所作的辅助轴线,画 WL2,注意Ⓐ、Ⓑ轴线间屋面中部的 3 根 WL2 上端头要延伸到 ①/Ⓑ轴上,下部延伸到Ⓐ轴线 YL 的中心线。

4)原位标注:单击 原位标注,依次单击所有的 YL 和 WL2。梁原位标注以后,颜色由粉红色变为绿色。如果软件出现"确认"对话框,单击"否"。

任务二 画闷顶层的墙

1. 定义属性

单击"绘图输入"中"墙"文件夹前面的"+"使其展开,单击 砌体墙(Q)。单击"新建""新建砌体墙",建立"QTQ-1",在"属性编辑器"中将"QTQ-1"改为"180 墙",其属性值如图 13-3 所示。

2. 画图

仔细识读附录中的"建施 07",找出闷顶墙的位置。

(1)画闷顶外墙 单击"构件列表"中的"180 墙",单击 智能布置,单击"梁中心线",依次单击闷顶四周的 YL,单击鼠标右键结束命令。单击 对齐、"单对齐",单击Ⓐ轴 YL 的下边线(变粗)、Ⓐ轴外墙的下边线、①轴 YL 的左边线(变

图 13-3 闷顶墙属性

粗)、①轴外墙的左边线。用同样方法，分别将⑥轴、Ⓓ轴外墙外边线与各自的 YL 外边线对齐。单击 ⇥延伸，单击①轴外墙（中心线变粗）、Ⓐ轴外墙、Ⓓ轴外墙。用同样方法，延长其他轴线外墙，使 4 堵外墙的中心线相交。

（2）画闷顶内墙　单击"构件列表"中的"180 墙"，单击 智能布置，单击"梁中心线"，依次单击闷顶内的 WL2，单击鼠标右键结束命令。单击"修剪"，单击Ⓐ轴（变粗），依次单击Ⓐ轴与Ⓑ轴处 WL2 的上部 3 段，单击鼠标右键结束命令。用同样方法，修剪其他部位的内墙。单击 ⇥延伸，单击Ⓐ轴线外墙，依次单击②轴~④轴处 3 堵内墙。这时，已将此处 3 堵内墙与外墙中心线相交。

任务三　画构造柱

1. 定义 GZ5 属性

单击"绘图输入"中"柱"文件夹前面的"+"使其展开，单击"构造柱"。单击"构件列表"下的"新建""新建异形构造柱"，弹出"多边形编辑器"对话框。单击 定义网格，弹出"定义网格"对话框，"水平方向间距（mm）"输入"90*2, 106, 21, 106, 44"，"垂直方向间距（mm）"输入"90*2, 106, 21, 106, 44"，单击"确定"，软件返回"多边形编辑器"对话框。单击 画直线，依次单击图 13-4 中"1"点~"9"点，再单击图 13-4 中"1"点，单击 设置插入点，单击图 13-4 中"10"点，单击"确定"。

在"属性编辑器"中将"GZ-1"改为"GZ5"。双击"构件列表"下的 GZ5，弹出"属性编辑"对话框，单击"属性编辑"对话框中的属性值"否"，在右侧下拉箭头选择"是"，弹出"截面编辑"对话框，单击"画箍筋"，箍筋信息输入"A6@150"；单击"矩形"，依次单击图 13-5 中"1"点~"4"点；单击"绘制箍筋"中的"直线"，依次单击图 13-5 中"5"点~"8"点，单击"5"点，单击鼠标右键，单击"布边筋"，箍筋信息输入"1C12"；单击图 13-5 中"9"所指的箍筋边线，单击图 13-5 中"10"所指的箍筋边线。

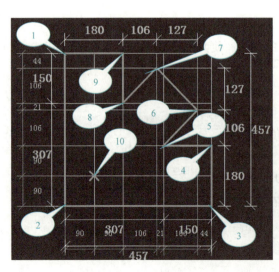

图 13-4　画构造柱

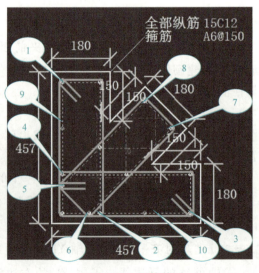

图 13-5　画箍筋

2. 定义 GZ6 属性

单击"构件列表"下的"新建""新建参数化构造柱",弹出"选择参数化图形"对话框,单击"L-a1 形",在右侧表中填写参数(图 13-6),单击"确定"。在"属性编辑器"中将名称"GZ-1"改为"GZ6"。

单击"属性编辑"对话框中的属性值"否",在右侧下拉箭头选择"是",弹出"截面编辑"对话框,如图 13-7 所示。依次选择图 13-7 中"1"点~"2"点处的钢筋和所有的箍筋,单击 删除;单击"画箍筋",箍筋信息输入"A6@200";单击"绘制箍筋"中的"直线",依次单击图 13-7 中"3"点~"8"点,单击"3"点,单击鼠标右键;依次单击图 13-7 中"4"点与"7"点,单击鼠标右键结束命令。GZ6 的配筋如图 13-7 所示,单击 绘图,返回绘图界面。

3. 画 GZ5、GZ6

单击"构件列表"中的"GZ5",单击 旋转点,单击 ①/Ⓐ 轴

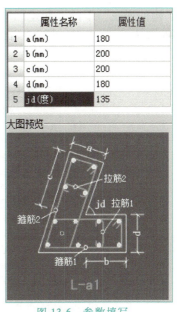

图 13-6 参数填写

与 ①/② 轴交点、Ⓐ 轴与 ②/① 轴交点;单击"构件列表"中的"GZ6",单击 旋转点,单击 ②/Ⓐ 轴与 ②/Ⓐ 轴交点、Ⓐ 轴与 ⑥ 轴交点。用同样方法,识读附录中的"结施 12",画其他的 GZ6。

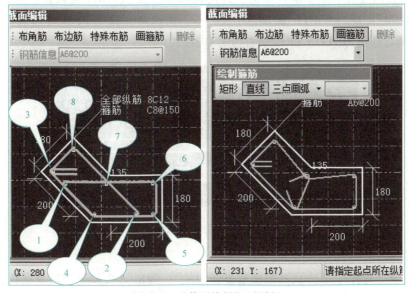

图 13-7 "截面编辑"对话框

子项二 画闷顶层的门洞、窗和圈梁

任务一 画门洞、过梁

1. 定义属性

单击"绘图输入"中"门窗洞"文件夹前面的"+"使其展开,单击"墙洞"。单击

"构件列表"下的"新建""新建矩形墙洞",建立"D-1",反复操作,建立"D-2"。在"属性编辑器"里将"D-1"改为"QD1215",将"D-2"改为"QD1227",其属性值如图13-8所示。

属性名称	属性值
1 名称	QD1215
2 洞口宽度(mm)	1200
3 洞口高度(mm)	1500
4 离地高度(mm)	300
5 洞口每侧加强筋	
6 斜加筋	
7 其他钢筋	
8 加强暗梁高度(mm)	
9 加强暗梁纵筋	
10 加强暗梁箍筋	
11 汇总信息	洞口加强筋

属性名称	属性值
1 名称	QD1227
2 洞口宽度(mm)	1200
3 洞口高度(mm)	2700
4 离地高度(mm)	300
5 洞口每侧加强筋	
6 斜加筋	
7 其他钢筋	
8 加强暗梁高度(mm)	
9 加强暗梁纵筋	
10 加强暗梁箍筋	
11 汇总信息	洞口加强筋

图 13-8　QD1215、QD1227 属性

2. 画门洞

以 QD1227 为例:单击"构件列表"中的"QD1227",单击 ⊠点,移动鼠标指针到图 13-9 位置,在两边数字框中输入窗的一处定位尺寸(按〈Tab〉键调整)即可,在左边数字框输入"1500",按〈Enter〉键结束,QD1227 就画到了图样的准确位置。参阅"建施07",用同样的方法画 QD1215 和 ②/B 轴右边的 QD1227。

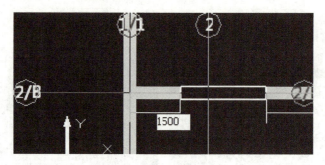

图 13-9　输入 QD1227 尺寸

3. 画过梁

选择主菜单"构件"→"从其他楼层复制构件",弹出"从其他楼层复制构件"对话框,只勾选"GL2"(☑ GL2),单击"确定",弹出提示"构件复制完成",单击"确定";单击 ⊠点,依次单击所有的门洞。

<h2 style="text-align:center">任务二　画窗、过梁</h2>

1. 定义属性

(1) 定义 C1618 属性　单击"绘图输入"中的 窗(C),单击"构件列表"下的"新建""新建参数化窗",弹出"选择参数化图形"对话框;单击"弧顶门窗",在右侧填写属

性值,如图13-10所示,单击"确定"。在"属性编辑器"中将"C-1"改为"C1618","离地高度"改为"600"。

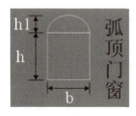

图13-10 填写C1618属性值

(2)定义YCR500属性 单击"构件列表"下的"新建""新建参数化窗",弹出"选择参数化图形"对话框;单击"圆形门窗"图框,在右侧属性值"R(mm)"中输入"500",单击"确定"。在"属性编辑器"中将"C-1"改为"YCR500","离地高度"改为"3800"。

2. 画窗

(1)画C1618 依次单击"构件列表"中的"C1618"、"绘图工具栏"中的 点 、绘图区中½轴与Ⓐ轴交接处墙体中点,这样C1618就画上了。

(2)画YCR500 依次单击"构件列表"中的"YCR500","绘图工具栏"中的 点 ,绘图区中⅟₁轴、²⁄₄轴与²⁄ₐ轴相交处闷顶墙体的中点,完成YCR500绘制。

3. 画GL3和GL4

(1)定义属性 单击"绘图输入"中的"过梁",单击"构件列表"下的"新建""新建矩形过梁",建立"GL-1",反复操作,建立"GL-2"。在"属性编辑器"里将"GL-1"改为"GL3",将"GL-2"改为"GL4",其属性值如图13-11所示。

属性名称	属性值	附加
1 名称	GL3	
2 截面宽度(mm)		
3 截面高度(mm)	200	
4 全部纵筋		
5 上部纵筋	2Φ12	
6 下部纵筋	2Φ12	
7 箍筋	Φ6@200	
8 肢数	2	
9 备注		

属性名称	属性值	附加
1 名称	GL4	
2 截面宽度(mm)		
3 截面高度(mm)	200	
4 全部纵筋		
5 上部纵筋	3Φ12	
6 下部纵筋	3Φ12	
7 箍筋	Φ6@200	
8 肢数	2	
9 备注		

图13-11 GL3、GL4属性

(2)画过梁 依次单击"构件列表"中的"GL3","绘图工具栏"中的 点 ,绘图区中⅟₁轴与²⁄ₐ轴相交处的YCR500、²⁄₄轴与²⁄ₐ轴相交处的YCR500。依次单击"构件列表"中的"GL4"、"绘图工具栏"中的 点 、绘图区中½轴与Ⓐ轴相交处的C1618。

任务三　画　圈　梁

1. 定义圈梁属性

识读附录中的"结施16",找出圈梁的位置及相关信息。单击"绘图输入"中"梁"文件夹前面的"+"使其展开,单击 圈梁(E)。单击"构件列表"下的"新建""新建矩形圈梁",建立"QL-1",在"属性编辑器"中将"QL-1"改为"WQL",其属性值如图13-12所示。

2. 画 WQL

单击"智能布置",单击"砌体墙中心线",框选所有的内墙,单击鼠标右键,这时所有的内墙上部均画上了圈梁。单击 直线 ,单击②轴线左侧圈梁的端点,单击④轴线右侧圈梁的端点。

图 13-12　WQL 属性

子项三　画屋面板、挑檐和砌体加筋

任务一　定义屋面板属性,画屋面板

1. 定义屋面板属性

单击"绘图输入"中"板"文件夹前面的"+"使其展开,单击"现浇板"。单击"构件列表"下的"新建""新建现浇板",建立"B-1",在"属性编辑器"中将名称"XB-1"改为"WMB",其中马凳筋长度设为"L1 = 80, L2 = L3 = 90",其属性如图 13-13 所示。

2. 画图

(1) 删除辅助轴线　单击"绘图输入"中"轴线"文件夹前面的"+"使其展开,单击 辅助轴线(O) ,单击"选择",选中所有的辅助轴线,按下〈Delete〉键。这样,图中所有的辅助轴线就被删除了,然后返回"现浇板(B)"层。

(2) 画屋面板　综合识读附录中的"建施07"~"建施11"、"结施16",闷顶的屋面板是由很多斜板组成的,可以将它们分成6块,如图13-14所示。以B1为例:单击 智能布置 ,单击"墙中心线",依次单击

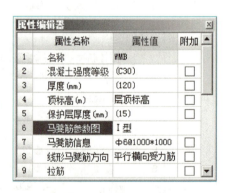

图 13-13　WMB 属性

"B1"周边的4堵墙体,单击鼠标右键,B1就画完了。用同样方法画其他板,先画B5、B6再画B4。

(3) 延伸屋面板四周边线　单击"选择",单击图13-14中"B1",单击鼠标右键,单击 偏移 ,弹出"请选择偏移方式"对话框,选择"多边偏移",单击"确定";单击①轴处"B1"的左边线,鼠标指针移到边线的左侧,在数字框中输入"90",按下〈Enter〉键。用同样方法延伸屋檐处其他屋面板,延伸距离均为"90"。

(4) 定义斜板　单击 ⌐三点定义斜板▾，单击绘图区现浇板"B1"（边线变粗），单击"B1"的左下角点，在弹出的数字框中输入"10.80"（图13-15），按下〈Enter〉键，软件自动弹出B1的右下角数字框，输入"15.85"（或默认）；按下〈Enter〉键，软件自动弹出B1的右上角数字框，输入"15.85"（或默认），按下〈Enter〉键结束命令，现浇板B1上出现标示板斜向的箭头，如图13-16所示。用同样方法，识读附录中的"结施16"，调整图13-14中其他屋面板的顶标高。

(5) 拉伸斜板　仔细识读附录中的"结施16"，在屋面板的屋脊、阳台处，板伸出圈梁100mm，如图13-17所示（"1"~"6"处）。单击"选择"，

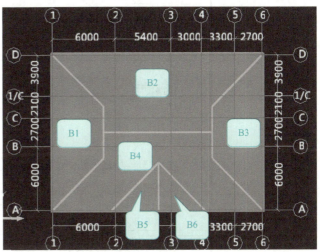

图13-14　屋面板

选中"B4"，单击鼠标右键；单击 ☁偏移，弹出"请选择偏移方式"对话框，选择"多边偏移"，单击"确定"。鼠标指针移到绘图区图13-17中"1"所指的位置边线，单击边线"1"中心线（变粗），单击鼠标右键；鼠标指针移到边线"1"的左侧，在数字框内输入"190"，按下〈Enter〉键结束命令。用同样方法，移动图13-17中边线"2"~"4"处时，数字框内输入"190"；移动边线"5""6"处时，数字框内输入"100"。

图13-15　输入"10.80"

图13-16　标示板斜向的箭头

(6) 画屋面板钢筋　识读附录中的"结施16"，从屋面板布置图里查找屋面板钢筋布置信息。单击"绘图输入"中"板"文件夹前面的"+"使其展开，单击 ▦板受力筋(S) → ↳XY方向 → ╫多板，再依次单击黑色绘图区域内的"B1"~"B6"；单击鼠标右键，系统弹出"智能布置"对话框，单击"双网双向布置"命令，钢筋信息输入"C8-120"，单击"确定"。

(7) 平齐板顶　单击"绘图输入"中"墙"文件夹前面的"+"使其展开，单击"砌体墙"，单击"选择"，选中绘图区所有的墙体，单击 ⌂平齐板顶，弹出"确认"对话框（"是否同时调整手动修改顶标高后的柱、墙、梁顶标高？"），单击"是"。单击"选择"，选中除Ⓐ轴线上②轴~④轴之间的外墙，单击 ✎删除。

单击"绘图输入"中"梁"文件夹前面的"+"使其展开，单击"圈梁"，单击"选择"、⌂批量选择，弹出"批量选择图元"对话框，只勾选圈梁（WQL），然后单击"确定"；单击 ⌂平齐板顶，弹出"确认"对话框（"是否同时调整手动修改顶标高后的柱、墙、梁顶标

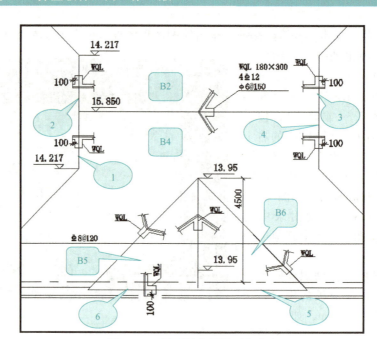

图 13-17 屋面板布置图（部分）

高?"），单击"是"。

单击"绘图输入"中"柱"文件夹前面的"+"使其展开，单击"构造柱"，单击"选择"、批量选择，弹出"批量选择图元"对话框，只勾选构造柱（GZ5、GZ6），然后单击"确定"；单击 平齐板顶，弹出"确认"对话框（"是否同时调整手动修改顶标高后的柱、墙、梁顶标高?"），单击"是"。

任务二 画 挑 檐

单击"模块导航栏"下的 单构件输入，单击 ，弹出"单构件输入构件管理"窗口。单击 其他，单击 添加构件，得到 QT-1，修改右侧表格，将"QT-1"改为"挑檐"，单击"确定"。

单击 参数输入，弹出"参数输入"对话框；单击 选择图集，弹出"选择图集"对话框；单击 零星构件 前面的"+"使其展开，单击 小檐，单击"选择"，仔细识读附录中"建施07""结施01"挑檐详图，单击图样的绿色尺寸数字或钢筋标注逐一修改，如图13-18所示。说明：75600m=(20850+15150)mm×2+450mm×8。

数据填完经检查无误后，单击 计算退出，这样得到了挑檐钢筋工程量明细，如图13-19所示。

任务三 砌 体 加 筋

1. 全楼生成砌体加筋

识读附录中的"结施01"，设置砌体加筋参数。单击"绘图输入"中"墙"文件夹前面的"+"使其展开，单击 砌体加筋(Y) 、 自动生成砌体加筋，软件自动弹出"参数设置"

项目十三 闷顶层钢筋工程算量

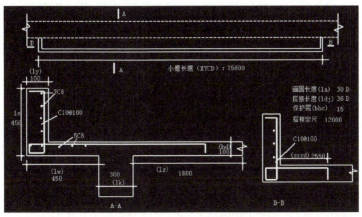

图 13-18 修改挑檐尺寸

筋号	直径	级别	图号	图形	计算公式	公式描	长度(mm)	根数
A-A主筋	10	Φ	362	420 2535 70	70+420+70+2535+70+70		3235	7559
竖向分布筋	8	Φ	80	605 75430 605	75430+605+605		76640	7
A-A水平分布筋	8	Φ	3	75570	75570		75570	5
B-B主筋	10	Φ	362	420 2635 70	70+420+70+2635+70+70		3335	8

图 13-19 挑檐钢筋工程量明细

对话框,双击第 1 行"L 型遇框架柱"后面的"L-5 形",然后单击,软件自动弹出"选择参数化图形"对话框,单击选中"植筋 L-5 形"图形,单击"确定"。用同样方法,根据"设置条件"选择对应的"加筋形式",设置完的砌体加筋参数如图 13-20 所示;单击"确定",软件弹出"楼层选择"对话框,选择除"基础层"以外的所有楼层,单击"确定",最后软件弹出"提示"对话框("砌体加筋生成成功"),单击"确定"。

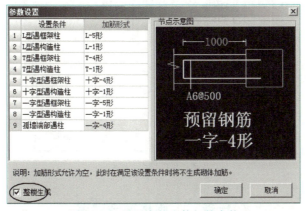

图 13-20 设置完的砌体加筋参数

2. 关闭跨层构件

选择主菜单 工具(T) →"选项"→"其他",取消勾选 □ 显示跨层图元,取消勾选 □ 编辑跨层图元,单击"确定"。

项目十四　基础层钢筋工程算量

子项一　将首层构件图元复制到基础层，画楼梯基础梁

任务一　将首层构件图元复制到基础层

识读附录中的土木实训楼施工图中的基础施工图（"结施 02"~"结施 04"）可知，基础中框架柱、独立基础、条形基础、筏板基础及底圈梁中有配筋，所以在基础层需要画出以上构件。

对比识读基础施工图和一层结构施工图相应的图样可以看出，基础的框架柱平面位置和数量与首层的完全一样，所以只需从一层中复制各种框架柱。

单击"构件工具栏"中"闷顶层"右侧下拉箭头切换到"基础层"，选择主菜单"楼层"→"从其他楼层复制构件图元"，目标楼层选择"基础层"（默认），"源楼层选择"选"首层"（默认），图元选择如图 14-1 所示，勾选完以后，单击"确定"。

图 14-1　图元选择

任务二　画楼梯基础梁

1. 建立楼梯基础梁，定义属性

识读附录中的"建施 12""结施 17"，建立楼梯基础梁。软件在梁类别里没有专门的楼梯基础梁，根据其受力特点，定义为非框架梁较合适。单击"梁"，单击"构件列表"下的"新建""新建矩形梁"，建立"KL-1"，在"属性编辑器"中将"KL-1"改为"TJL"，其属

性值如图 14-2 所示。

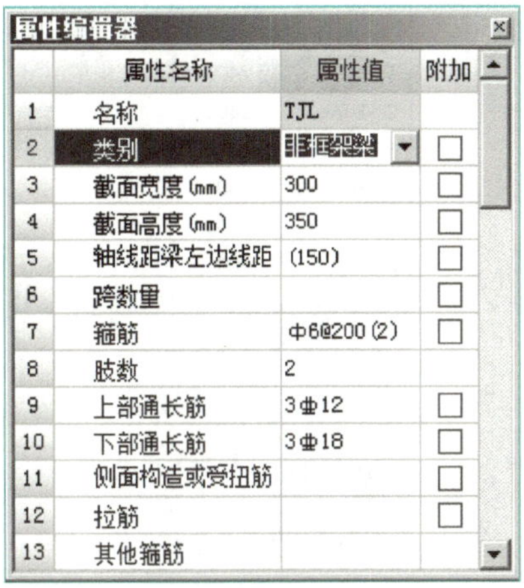

	属性名称	属性值	附加
1	名称	TJL	
2	类别	非框架梁	☐
3	截面宽度(mm)	300	☐
4	截面高度(mm)	350	☐
5	轴线距梁左边线距	(150)	☐
6	跨数量		☐
7	箍筋	Φ6@200(2)	☐
8	肢数	2	
9	上部通长筋	3Φ12	☐
10	下部通长筋	3Φ18	☐
11	侧面构造或受扭筋		☐
12	拉筋		☐
13	其他箍筋		

图 14-2　TJL 属性

2. 画图

1）作辅助轴线：单击[井 平行]，单击ⓒ轴，弹出“请输入”对话框，输入偏移距离“750”，输入轴号“01/C”，单击“确定”；单击④轴，弹出“请输入”对话框，输入偏移距离“-75”，输入轴号“1/3”，单击“确定”；单击⑤轴，弹出“请输入”对话框，输入偏移距离“75”，输入轴号“1/5”，单击“确定”，单击鼠标右键结束命令。说明：750mm = 900mm - 300mm/2；75mm = 300mm - 225mm。

2）画 TJL：单击[直线]，单击(1/3)轴与(01/C)轴交点、(1/5)轴与(01/C)轴交点，单击鼠标右键结束命令。

3）原位标注：单击[原位标注]，单击 TJL，单击鼠标右键结束命令。

4）删除辅助轴线：单击“绘图输入”中“轴线”文件夹前面的“+”使其展开，单击[辅助轴线(0)]，选中绘图区所有辅助轴线，单击“修改工具栏”中的[删除]。这样，辅助轴线就被删除了。

子项二　画独立基础、筏板基础

识读附录中的“结施 01”~“结施 03”可知，独立基础共有以下两种：独立基础 DJP-1，共 4 个；独立基础 DJJ-2，共 1 个。

任务一　画独立基础

1. 建立独立基础 DJP-1

1）单击“绘图输入”中“基础”文件夹前面的“+”使其展开，单击[独立基础(P)]，单击“构件列表”下的“新建”“新建独立基础”，建立“DJ-1”，在“属性编辑器”中将“DJ-1”改为“DJP-1”，其他属性值不变。

2）单击“构件列表”下的“新建”“新建参数化独立基础单元”，弹出“选择参数化图形”对话框，选择“四棱锥台形独立基础”，填写参数值，如图 14-3 所示。填完以后单击“确定”，然后修改“DJP-1-1”（系统自动生成）属性值，如图 14-4 所示。

2. 建立独立基础 DJJ-2

1）单击“构件列表”下的“新建”“新建独立基础”，建立“DJ-1”，在“属性编辑器”中将“DJ-1”改为“DJJ-2”，其他属性值不变。

2）单击“构件列表”下的“新建”“新建矩形独立基础单元”，建立“DJJ-2-1”；单击“新建”“新建矩形独立基础单元”，建立“DJJ-2-2”，其属性值如图 14-5 所示。

3. 画图

单击“构件列表”下的“DJP-1”，单击“智能布置”，单击“柱”，依次单击Ⓐ轴、Ⓓ轴与①轴、②轴相交的 KZ1，单击鼠标右键；单击“构件列表”下的“DJJ-2”，单击“智能布置”，单击“柱”，依次单击Ⓐ轴与⑥轴相交的 KZ3，单击鼠标右键结束命令。

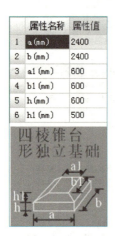

	属性名称	属性值
1	a (mm)	2400
2	b (mm)	2400
3	a1 (mm)	600
4	b1 (mm)	600
5	h (mm)	600
6	h1 (mm)	500

图 14-3 DJP-1-1 参数

属性编辑器

	属性名称	属性值
1	名称	DJP-1-1
2	截面形状	四棱锥台形独立基础
3	截面长度 (mm)	2400
4	截面宽度 (mm)	2400
5	高度 (mm)	1100
6	相对底标高 (m)	(0)
7	横向受力筋	⏀14@150
8	纵向受力筋	⏀14@150
9	其他钢筋	
10	备注	
11	+ 锚固搭接	

图 14-4 DJP-1-1 属性

属性编辑器

	属性名称	属性值	附加
1	名称	DJJ-2-1	
2	截面长度 (mm)	2700	☐
3	截面宽度 (mm)	2700	☐
4	高度 (mm)	500	☐
5	相对底标高 (m)	(0)	☐
6	横向受力筋	⏀16@150	☐
7	纵向受力筋	⏀16@150	☐
8	短向加强筋		☐
9	顶部柱间配筋		☐
10	其他钢筋		
11	备注		☐

属性编辑器

	属性名称	属性值	附加
1	名称	DJJ-2-2	
2	截面长度 (mm)	1400	☐
3	截面宽度 (mm)	1400	☐
4	高度 (mm)	600	☐
5	相对底标高 (m)	(0.5)	☐
6	横向受力筋		☐
7	纵向受力筋		☐
8	短向加强筋		☐
9	顶部柱间配筋		☐
10	其他钢筋		
11	备注		☐

图 14-5 DJJ-2-1、DJJ-2-2 属性

任务二 画筏板基础

1. 建立筏板基础，定义属性

单击“绘图输入”中“基础”文件夹前面的“+”使其展开，单击 筏板基础(M)，单击“构件列表”下的“新建”“新建筏板基础”，建立“FB-1”，在“属性编辑器”里将“FB-1”改为“筏板基础”，马凳筋信息（L1 = 1500mm，L2 = 700mm − 40mm × 2 − 20mm × 4 − 22mm = 518mm，L3 = 150mm + 50mm × 2 = 250mm）如图 14-6 所示。筏板基础属性值如图 14-7 所示。

马凳筋信息	⏀20@1300

图 14-6 马凳筋信息

2. 画图

依次单击“构件列表”中的“筏板基础”，“绘图工具栏”中的 矩形，绘图区中Ⓑ轴与①轴交点、Ⓒ轴与⑥轴交点；单击 偏移，单击绘图区筏板基础，单击鼠标右键，弹出“请选择偏移方式”对话框，选择“整体偏移”（默认），单击“确定”；鼠标指针移到筏板基础图外侧，在数字框中输入“900”，按下〈Enter〉键。这时，筏板基础就

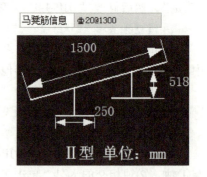

项目十四 基础层钢筋工程算量

画到了图样位置。

3. 画筏板主筋

单击"绘图输入"中的 筏板主筋(R)，单击 XY方向，单击 单板，单击"筏板基础"，弹出"智能布置"对话框，在"底筋""面筋"中输入相应内容（图14-8），单击"确定"，最后单击鼠标右键结束命令。

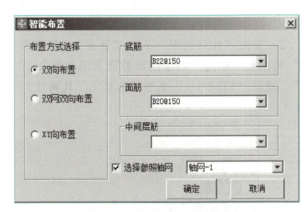

图14-7 筏板基础属性

图14-8 输入底筋、面筋信息

4. 修改计算规则

在绘图区同时选中刚画上的4根筏板主筋，在"属性编辑器"中单击"按默认节点设置计算"，单击后面的 …，弹出"节点设置"对话框；双击第1行"节点1"，单击后面的 …，单击"节点2"图，单击"确定"。同样方法，将第2行"节点1"改为"节点2"，如图14-9所示。

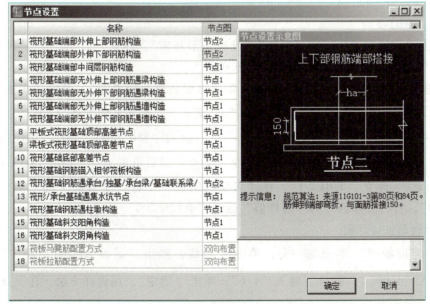

图14-9 节点设置

单击 Σ 汇总计算，单击"编辑钢筋"，选择钢筋，查看筏板基础钢筋计算是否正确。

子项三 画条形基础、地梁

任务一 画条形基础

1. 建立 TJBP-1

1）单击"绘图输入"中"基础"文件夹前面的"+"使其展开，单击 条形基础(T)，单击"构件列表"下的"新建""新建条形基础"，建立"TJ-1"，在"属性编辑器"中将"TJ-1"改为"TJBP-1"。

2）单击"构件列表"下的"新建""新建参数化条形基础单元"，弹出"选择参数化图形"对话框，单击"四棱锥台截面条形基础"，在右侧表中填写参数（图14-10），单击"确定"，建立"TJBP-1-1"条形基础单元，其属性如图14-11所示。

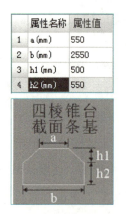

图14-10 "四棱锥台截面条形基础"参数　　　　图14-11 TJBP-1-1属性

2. 建立 TJBJ-2

1）单击"构件列表"下的"新建""新建条形基础"，建立"TJ-1"，在"属性编辑器"中将"TJ-1"改为"TJBJ-2"，其他属性值不变。

2）单击"构件列表"下的"新建""新建异形条形基础单元"，弹出"多边形编辑器"对话框，单击 定义网格，填写"定义网格"对话框，"水平方向间距（mm）"输入"450，400，600，400，450"，"垂直方向间距（mm）"输入"350，300，300"，填完后单击"确定"；单击 画直线，在绘图区依次单击1点~12点，然后单击1点，如图14-12所示。画完后单击"确定"，建立"TJBJ-2-1"，在"属性编辑器"中将"受力筋"的"属性值"改为"Φ14@180"，将"分布筋"的"属性值"改为"Φ12@200"。

3. 利用辅助轴线画图

（1）作辅助轴线 单击 平行，单击⑥轴线，弹出"请输入"对话框，"偏移距离（mm）"输入"1000"，"轴号"输入"1/6"，单击"确定"。用同样方法，作1/2轴，在③轴线左边，距离③轴线1000mm；作1/4轴，在④轴线右边，距离④轴线1000mm。

项目十四 基础层钢筋工程算量

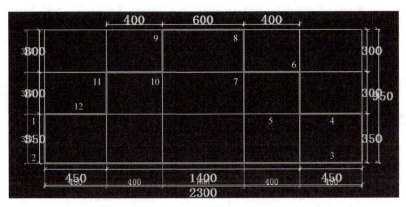

图 14-12 混凝土条形基础断面

（2）延伸辅助轴线 单击"绘图输入"中"轴线"文件夹前面的"+"使其展开，单击"辅助轴线⑪"，单击"延伸"，单击⑥轴（轴线变粗）、Ⓓ轴，然后返回"条形基础"层。

（3）画图 依次单击"构件列表"中的"TJBP-1"，"绘图工具栏"中的"直线"，绘图区中Ⓓ轴与½轴交点、Ⓓ轴与⅙轴交点，单击鼠标右键；单击"构件列表"中的"TJBJ-2"，单击Ⓐ轴与½轴交点、Ⓐ轴与¼轴交点，单击鼠标右键结束命令。

任务二 画基础梁

1. 建立 JL1，定义属性

单击"基础梁(F)"，单击"构件列表"下的"新建""新建矩形基础梁"，建立"JZL-1"，在"属性编辑器"中将"JZL-1"改为"JL1"，其属性值如图 14-13 所示。

2. 画 JL1

单击"智能布置"，单击"条形基础中心线"，单击绘图区中Ⓓ轴线 TJBP-1，单击鼠标右键，单击"原位标注"，单击鼠标右键结束命令。

任务三 画 地 梁

1. 建立地梁，定义属性

单击"绘图输入"中"梁"文件夹前面的"+"使其展开，单击"梁"，单击"构件列表"下的"新建""新建矩形梁"，建立"KL-1"，在"属性编辑器"中将"KL-1"改为"DL"，其属性值如图 14-14 所示。

2. 画图

以Ⓐ轴线、Ⓓ轴线地梁为例：单击"直线"，单击Ⓐ轴与①轴交点、Ⓐ轴与⑥轴交点，单击鼠标右键；单击Ⓓ轴与①轴交点、Ⓓ轴与½轴交点，单击鼠标右键结束命令。其他部位地梁参照附录中的"结施02"绘制，如图 14-15 所示。

地梁虽然画上了，但并没有画到图样位置，这时需要将其调整到图样位置。

3. 调整地梁位置

（1）对齐 图 14-15 箭头指示的地梁都需要和对应的柱边对齐，以Ⓐ①轴地梁交点处为例，单击 对齐、"单对齐"，单击Ⓐ轴 KZ1（或 KZ3）下边线、Ⓐ轴地梁下边线、①轴 KZ1（或 KZ2）左边线、①轴地梁左边线。用同样方法，参照图 14-15 依次对齐其他部位的地梁，最后单击鼠标右键结束命令。

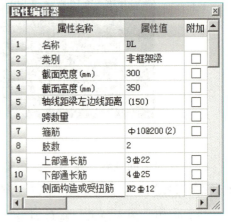

图 14-13 JL1 属性   图 14-14 DL 属性

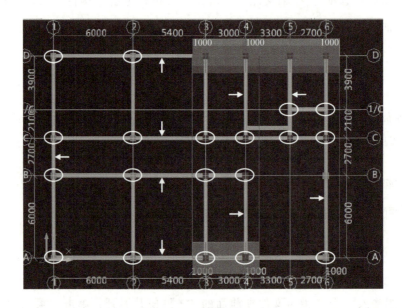

图 14-15 地梁位置

按下〈Z〉键，关闭"柱"层，滚动鼠标滚轮，放大地梁交点，如Ⓐ⑥轴地梁交点处（图 14-16），可以发现，地梁的中心线并没有相交，这时需要对地梁相交的点进行延伸。

（2）延伸 以Ⓐ⑥轴地梁交点处为例，单击 延伸，依次单击⑥轴地梁（中心线变粗）、Ⓐ轴地梁，Ⓐ轴地梁就延伸到了⑥轴地梁中心线；单击 延伸，单击Ⓐ轴地梁（中心线变粗）、⑥轴地梁，⑥轴地梁就延伸到了Ⓐ轴地梁中心线。这时，Ⓐ⑥轴地梁的中心线就相交了，如图 14-17 所示。用同样方法，参照图 14-15（椭圆处）延伸其他部位地梁相交的点。按下〈Z〉键，显示"柱"层。

项目十四 基础层钢筋工程算量　189

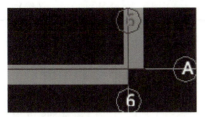

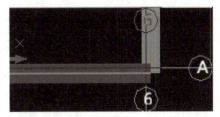

图 14-16　Ⓐ⑥轴地梁交点处（延伸前）　　　　图 14-17　Ⓐ⑥轴地梁交点处（延伸后）

4. 原位标注

单击 原位标注，单击所有地梁，单击鼠标右键结束命令。如果出现"确认"对话框（"次梁类别为非框架梁且以柱为支座，是否将其更改为框架梁"），单击"否"。

子项四　汇总计算并导出钢筋工程量

任务一　汇总计算

整个钢筋工程输入完以后进行汇总计算，单击 Σ 汇总计算，弹出"汇总计算"对话框，勾选所有楼层，勾选"绘图输入"和"单构件输入"，单击"计算"[若软件弹出"楼层中柱高度设置有误，是否退出计算，进行调整？"（这是楼梯柱的原因），单击"否"]。软件汇总计算完毕后，单击"关闭"。

任务二　导出钢筋工程量

单击"模块导航栏"中的 报表预览，软件提供了各种样式的报表。单击 设置报表范围，勾选"绘图输入"中的所有楼层，勾选"单构件输入"中的"首层""第2层"和"闷顶层"，单击"确定"。

单击"模块导航栏"中的"钢筋定额表"，鼠标指针指到右侧的"钢筋定额表"上，单击鼠标右键，单击"导出为EXCEL文件（.XLS）（X）"，文件保存位置选择"桌面"，文件名为"土木实训楼-钢筋定额表"，单击"保存"；打开"土木实训楼-钢筋定额表"，将所有没有钢筋量的行删除，修改后的土木实训楼钢筋工程量定额表（含措施钢筋和损耗）见表14-1。

表 14-1　土木实训楼钢筋工程量定额（含措施钢筋和损耗）

工程名称：土木实训楼　　　　　　　　　　　　　　　　　　　　　编制日期：

定额编号	定额项目	单位	钢筋用量
4-1-2	现浇构件 圆钢 直径为 6.5mm	t	0.065
4-1-3	现浇构件 圆钢 直径为 8mm	t	0.041
4-1-5	现浇构件 圆钢 直径为 12mm	t	0.104
4-1-13	现浇构件 螺纹钢 直径为 12mm	t	0.297
4-1-14	现浇构件 螺纹钢 直径为 14mm	t	1.15
4-1-16	现浇构件 螺纹钢 直径为 18mm	t	0.397
4-1-17	现浇构件 螺纹钢 直径为 20mm	t	3.754

(续)

定额编号	定额项目	单位	钢筋用量
4-1-18	现浇构件 螺纹钢 直径为22mm	t	4.419
4-1-19	现浇构件 螺纹钢 直径为25mm	t	0.193
4-1-52	现浇构件 箍筋 直径为6.5mm（一级钢）	t	0.46
4-1-53	现浇构件 箍筋 直径为8mm（一级钢）	t	4.898
4-1-53	现浇构件 箍筋 直径为8mm（三级钢）	t	0.269
4-1-54	现浇构件 箍筋 直径为10mm（一级钢）	t	0.931
4-1-98	砌体加固筋焊接 直径6.5mm以内	t	0.605
4-1-104	现浇构件 螺纹钢 三级 直径为8mm	t	9.829
4-1-105	现浇构件 螺纹钢 三级 直径为10mm	t	20.465
4-1-106	现浇构件 螺纹钢 三级 直径为12mm	t	2.103
4-1-107	现浇构件 螺纹钢 三级 直径为14mm	t	0.844
4-1-108	现浇构件 螺纹钢 三级 直径为16mm	t	0.192
4-1-109	现浇构件 螺纹钢 三级 直径为18mm	t	0.297
4-1-110	现浇构件 螺纹钢 三级 直径为20mm	t	5.296
4-1-111	现浇构件 螺纹钢 三级 直径为22mm	t	7.128
4-1-112	现浇构件 螺纹钢 三级 直径为25mm	t	11.686

单击"模块导航栏"中的"接头定额表"，软件右侧显示"接头定额表"，其中只有3行有工程数量，见表14-2。

表14-2 接头定额

工程名称：土木实训楼　　　　　　　　　　　　　　　　　　　　编制日期：

定额编号	定额项目	单位	数量
4-1-85	带肋钢筋接头 冷挤压连接 直径25mm	10个	36.9
4-1-91	电渣压 焊接头 直径20mm	10个	9.6
4-1-92	电渣压 焊接头 直径22mm	10个	26.4

颗粒素养：同学们，至此为止，广联达土建算量与钢筋算量软件的应用基本学完。本书是以一幢框架楼作为案例来学习的，请拿一套砖混结构工程和剪力墙结构工程的建筑施工图练一练，慢慢地，你也会成为行家里手，广联达土建算量与钢筋算量软件的应用达人。同学们，加油！请坚信：路就在脚下，成功的路上不拥挤，谨记认真与责任。

项目十五　土建算量与钢筋算量软件之间的快速互导

在分别学完广联达土建算量和钢筋算量软件以后，不难发现，在将土木实训楼施工图图样分别输入土建算量和钢筋算量软件的时候，有些步骤是重复的。在分别输入图样的过程中，轴网、柱、梁、板、基础、墙体等大批量的构件，它们之间的位置是不变的，因为这是同一个工程的土建算量和钢筋算量。对于同一个工程，若分别输入土建算量和钢筋算量软件，将做大量的重复工作，这种重复对于初学者来说，是练习软件命令、提高输图准确程度、提高输图速度的基本途径；但对于熟练者来说，这种分别输入的方法太麻烦。为此，软件提供了土建算量与钢筋算量软件之间的快速互导。

任务一　在土建算量文件中导入钢筋算量文件

下面以将土木实训楼钢筋算量文件导为单纯定额模式"土木实训楼（定额模式）"为例进行讲解：

1）新建土木实训楼土建算量文件时，注意将"清单规则"选为"无"，"定额规则"选择"山东省建筑工程消耗量定额计算规则（2004 年 04 月后）"，"清单库"选择"无"，"定额库"选择"山东省建筑工程消耗量定额（2006 基价）"。其他步骤参阅本书模块一项目一。

2）单击刚建立的土木实训楼土建算量文件上部的"文件（F）"，单击"导入钢筋（GGJ）工程"，弹出"打开文件"对话框，找到已做完的土木实训楼钢筋算量文件，然后打开，弹出"导入 GGJ 文件"对话框（图 15-1），勾选全部楼层，"构件列表"一般取默认值。

图 15-1　"导入 GGJ 文件"对话框

单击"确定"，软件导入后弹出"提示"对话框（"导入完成，建议您进行合法性检查"），单击"确定"，保存工程文件名为"土木实训楼（定额模式）"。

3)土木实训楼的钢筋算量文件导为土建算量文件以后,再根据前面讲过的土建算量知识进行套定额,补画钢筋算量文件中没有的构件,如平整场地、散水、装饰装修等,在此不再详细讲述,具体内容查阅土建算量部分内容。

任务二 在钢筋算量文件中导入土建算量文件

1)新建土木实训楼钢筋算量文件,具体步骤参阅本书模块二项目九。

2)单击刚建立的土木实训楼钢筋算量文件上部的"文件",单击"导入图形工程(I)",弹出"导入 GCL 工程"对话框,找到已做完的土木实训楼土建算量文件,然后打开,弹出"导入 GCL 文件"对话框(图 15-2),勾选全部楼层,"构件列表"一般取默认值,单击"确定"。这样,文件就导完了,然后保存文件。

图 15-2 "导入 GCL 文件"对话框

3)土木实训楼的土建算量文件导为钢筋算量文件以后,再根据前面讲过的钢筋算量软件的知识修改构件内的配筋,补画钢筋算量文件中没有的构件,如砌体加筋、剪力墙暗柱等。其他内容在此不再详细讲述,参阅本书钢筋算量部分内容。

附录 土木实训楼施工图

建筑设计说明（一）

图纸目录

序号	图号	图样名称
1	建施 01	图纸目录、建筑设计说明（一）
2	建施 02	建筑设计说明（二）
3	建施 03	建筑设计说明（三）、阳台详图、室外台阶做法
4	建施 04	一层平面图
5	建施 05	二层平面图
6	建施 06	三层平面图
7	建施 07	阁顶平面图、C1618详图、挑檐详图
8	建施 08	屋顶平面图
9	建施 09	南立面图
10	建施 10	北立面图
11	建施 11	西立面图、散水做法、接待室吊顶、大厅吊顶图
12	建施 12	楼梯详图

一、工程概况

工程名称	土木实训楼	设计单位	××设计有限公司
工程地址	××市城区	建设单位	××市建筑工程学校
建筑总层数	3层	勘察单位	××勘察设计院
总建筑面积/m²	953.26m²	设计使用年限	50年
耐火等级	三级	抗震等级	三级
檐口高度/m	10.90m	基础形式	钢筋混凝土独立基础、筏板基础
建筑总高度/m	16.25m	结构形式	框架结构
抗震设防烈度	七度	抗震类别	丙类

室外地坪标高-0.40m；相当于绝对高程21.80m；室内外高差0.40m

二、墙体工程

（1）外墙厚240mm，采用煤矸石多孔砖，M5.0混合砂浆砌筑。
（2）楼梯间、厕所、洗漱间内墙体厚度240mm，采用煤矸石多孔砖，M5.0混合砂浆砌筑。
（3）其他内墙厚180mm，采用煤矸石空心砖，M5.0混合砂浆砌筑。
（4）三层建筑节能实验室数字能实验室之间为100mm厚硅镁多孔墙板。
（5）阳台内墙厚180mm，采用煤矸石空心砖，M5.0混合砂浆砌筑。
楼砌筑：其他内墙厚180mm，采用加气混凝土砌块，M5.0混合砂浆砌筑。

三、室外装修说明

（一）屋面做法
（1）平瓦。
（2）钢挂瓦条L30mm×4mm，中距按瓦材规格。
（3）顺水条L25mm×5mm，中距600mm，固定用φ3.5mm长40mm水泥钉，间距600mm。
（4）高聚物改性沥青涂膜防水层。
（5）35mm厚C20细石混凝土找平层（内配φ4@150mm×150mm钢筋网与屋面板预埋Φ10钢筋头绑牢）。
（6）喷50mm厚聚氨酯发泡剂保温层。
（7）钢筋混凝土屋面板，预埋Φ10钢筋头，双向间距900mm，伸出保温隔热层30mm。
（二）外墙做法
（1）外墙面喷刷橘黄色（勒脚喷深灰色）丙烯酸涂料，满刮腻子两遍。
（2）1:1:4混合砂浆抹面6mm。
（3）1:1:6混合砂浆打底厚14mm。
（三）其他
屋面排水管为φ100mm白色PVC管，下端离室外地坪200mm。

四、室内装饰设计

1. 室内装饰组合

层号	房间名称	楼地面	踢脚	墙裙	墙面	天棚
一层	大厅	地面2			墙面1	天棚1
	办公室	地面3	踢脚1		墙面1	天棚1
	实验室	地面3	踢脚2		墙面1	天棚2（吊顶）
	走廊、楼梯间	地面4			墙面1	天棚1
	厕所、洗漱间	楼面1			墙面3	天棚4
	楼梯段、中间平台	楼面2	踢脚3	墙裙1	墙面1	天棚4
二层	接待室	楼面3	踢脚1		墙面1	天棚4
	办公室	楼面4	踢脚2		墙面1	天棚4
	实验室、测试室	楼面4			墙面1	天棚1
	走廊、楼梯间	楼面4		墙裙1	墙面1	天棚1
	楼梯段、中间平台	楼面4			墙面1	天棚4
三层	活动室	楼面4	踢脚1		墙面1	天棚4
	阳台	楼面4			墙面1	天棚4
	露台	楼面3		墙裙2	墙面2	天棚4
	厕所、洗漱间	楼面5		墙裙3	墙面1	天棚4

说明：1. 所有的外墙与外窗台做法同内墙台做法。
2. 走廊、楼梯间与厕所、洗漱间的内窗台做法同窗台做法，门窗框宽度为60mm。

工程名称	土木实训楼
图名	建筑设计说明（一）
图号	建施 01

建筑设计说明（二）

2. 室内做法明细

编号	装修名称	分层做法说明
地面 1	大理石地面	20mm厚大理石板，灌稀水泥浆（或水泥浆）擦缝 撒素水泥面（洒适量清水） 30mm厚1:2干硬性水泥砂浆粘结层 素水泥浆一道（内掺建筑胶） 50mm厚C15混凝土垫层 素土夯实，压实系数大于等于0.90
地面 2	地板砖地面	铺10mm厚800mm×800mm全瓷防滑地砖，稀水泥浆擦缝 5mm厚建筑胶水泥砂浆粘结层 30mm厚1:2干硬性水泥砂浆粘结层 50mm厚C15混凝土垫层 素土夯实，压实系数大于等于0.90
地面 3	水泥砂浆地面	20mm厚1:2水泥砂浆抹面 50mm厚C15混凝土垫层 素土夯实，压实系数大于等于0.90
地面 4	地板砖地面	铺10mm厚500mm×500mm全瓷防滑地砖，稀水泥浆擦缝 5mm厚建筑胶水泥砂浆粘结层 30mm厚1:3水泥砂浆找平 50mm厚C15混凝土垫层 素土夯实，压实系数大于等于0.90
楼面 1	水泥砂浆面层	20mm厚1:2水泥砂浆抹面（含侧面）
楼面 2	木地板楼面	铺10mm厚木地板 40mm厚C20细石混凝土
楼面 3	地板砖楼面	铺10mm厚800mm×800mm全瓷地砖，稀水泥浆擦缝 5mm厚建筑胶水泥砂浆粘结层 35mm厚1:2干硬性水泥砂浆
楼面 4	水泥砂浆楼面	20mm厚1:2水泥砂浆抹面 30mm厚C20细石混凝土
楼面 5	地板砖楼面	铺10mm厚500mm×500mm全瓷防滑地砖，稀水泥浆擦缝 5mm厚建筑胶水泥砂浆粘结层 20mm厚1:3水泥砂浆找平 35厚C20细石混凝土
踢脚 1	地板砖踢脚	地板砖踢脚（与室内地砖同规格）高100mm 5mm厚素水泥砂浆粘结层 10mm厚1:2.5水泥砂浆打底
踢脚 2	水泥砂浆踢脚	7mm厚1:2水泥砂浆压实赶光，踢脚高100mm 7mm厚1:3水泥砂浆找平扫毛 7mm厚1:3水泥砂浆打底扫毛或画出纹道
踢脚 3	木地板踢脚	木地板踢脚高80mm

（续）

编号	装修名称	分层做法说明
墙裙 1	面砖墙裙	贴200mm×150mm墙面瓷砖高1500mm，稀水泥浆擦缝 5mm厚建筑胶水泥砂浆粘结层 15mm厚1:3水泥砂浆找平
墙裙 2	水泥砂浆墙裙	6mm厚1:2.5水泥砂浆抹面高550mm 14mm厚1:3水泥砂浆打底
墙裙 3	面砖墙裙	贴200mm×150mm墙面瓷砖高1530mm，稀水泥浆擦缝 5mm厚建筑胶水泥砂浆粘结层 15mm厚1:3水泥砂浆找平
墙面 1	乳胶漆墙面	刷乳胶漆两遍，满刮腻子两遍 7mm厚1:3石膏砂浆抹面 6mm厚1:1:4混合砂浆 7mm厚1:1:6混合砂浆打底
墙面 2	壁纸墙面	用乳胶贴对花墙纸，满刮腻子两遍 1:1:4混合砂浆抹面厚6mm 1:1:6混合砂浆打底面厚14mm
墙面 3	混合砂浆墙面	喷湘黄色丙烯酸外墙涂料，满刮腻子两遍 1:1:4混合砂浆抹面厚6mm 1:1:6混合砂浆打底面厚14mm
天棚 1	水泥砂浆顶棚	刷乳胶漆两遍，顶棚四角（梁交界）处贴100mm×100mm 石膏线 满刮腻子两遍 7mm厚1:3水泥砂浆面层 7mm厚1:2.5水泥砂浆打底
天棚 2 （吊顶）	钙塑板顶棚 （一级顶棚）	钙塑板（安在T形铝合金龙骨上）面层 T形铝合金龙骨（不上人）铝合金龙骨，间距600mm×600mm
天棚 3 （吊顶）	石膏板顶棚 （三级顶棚）	刷乳胶漆两遍，满刮腻子两遍 细木工板基层，纸面石膏板面层 方木龙骨三级单层天棚（成品）
天棚 4	水泥砂浆顶棚	刷乳胶漆两遍，满刮腻子两遍 7mm厚1:3水泥砂浆找平 7mm厚1:2.5水泥砂浆打底

说明：阳台底及雨蓬底面装饰顶棚采用天棚4做法。

工程名称	土木实训楼
图名	建筑设计说明（二）
图号	建施 02

建筑设计说明（三）

五、门窗明细表

类别	名称	宽度/mm	高度/mm	过梁	材料做法
门	M3229	3200	2950	无	半玻自由门：白松木制作，带上亮，钢化玻璃厚6mm，刷底油一遍，红色调和漆三遍
	M1224	1200	2400	GL2	铝合金双扇地弹门：钢化玻璃6mm，70系列铝合金型材（银白色）
	M1024	1000	2400	GL1	无纱带亮玻璃镶木板门：青松木门框，白松木门，通门锁（M0921除外），玻璃厚3mm，刷底油一遍，安普橘黄色调和漆三遍
	M0924	900	2400	GL1	
	M0921	900	2100	GL1	
	M1021	1000	2100	GL2	无纱无亮玻璃镶木板门：青松木门框，白松木门，玻璃厚3mm，刷底油一遍，橘黄色调和漆三遍，无门锁
门洞	QD1224	1200	2400	GL2	洗漱间门洞
	QD1215	1200	1500	GL2	阿顶门洞
	QD1227	1200	2700	GL2	阿顶门洞
窗	C3021	3000	2100	无	铝合金推拉窗：90系列型材（银白色）制作，平板玻璃厚为5mm。窗洞宽度3900mm时为4扇窗，窗洞宽度3000mm（2400mm）时为3扇窗；其余均为2扇窗
	C2421	2400	2100	无	
	C3922	3900	2250	无	
	C1815	1800	1500	GL2	
	C3018	3000	1800	无	
	C2418	2400	1800	无	
	C1518	1500	1800	GL2	
	C1218	1200	1800	GL2	
异形窗	YCR500	R=500		GL3	阿顶圆形百叶窗
	C1618	1600	1800	GL4	阿顶弧形百叶窗
	MC1829	1800	2950	无	同M1024
门联窗	MC1827	1800	2750	无	铝合金单扇平开门，门900mm×1800mm，窗900mm×2100mm，平开门（窗），制作900mm×1800mm，材料同前面的铝合金门窗；纱扇430mm×1450mm 860mm×2100mm

纱窗明细表（单位：mm×高）

名称	尺寸（宽×高）	名称	尺寸（宽×高）
C3021	730×1650	C1815	880×1450
C2421	780×1650	C3018	730×1740
C1521	730×1650	C2418	780×1740
C1221	580×1650	C1518	730×1740
C3922	950×1650	C1218	580×1740

施工组织设计

1. 土石方工程
（1）反铲挖掘机挖基础土方（坚土），自卸汽车外运2km，挖土夯槽边1m以外，待基础、房心等回填用土完成后，若有余土，自卸汽车外运。
（2）沟槽、抗边坡人工夯填，室内地坪机械夯实。
（3）人工平整场地，基底轻夯采用蛙式打夯机。
2. 砌筑端体全部采用商品混凝土，模板采用双排钢管脚手架，钢管支撑。
3. 混凝土全部采用商品混凝土，模板采用胶合板模板，钢管支撑。
4. 门窗在工厂加工制作，运距10km以内。

室外台阶做法 1:50

- 20厚黑色大理石板铺面，1:2水泥砂浆勾缝
- 撒素水泥面（洒适量清水）
- 20厚1:2.5水泥砂浆一道（内掺建筑胶）
- 50厚C20混凝土，台阶面向外坡(1%)，宽出面层50
- 100厚粒径5~32卵石灌M2.5混合砂浆，宽出面层100
- 素土夯实

工程名称	土木实训楼
图名	建筑设计说明（三）、阳台详图、室外台阶做法
图号	建施 03

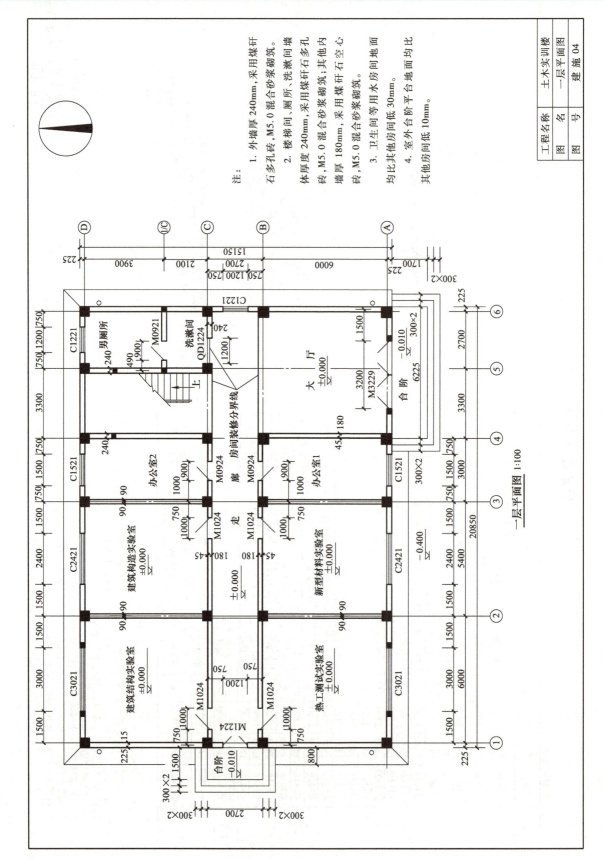

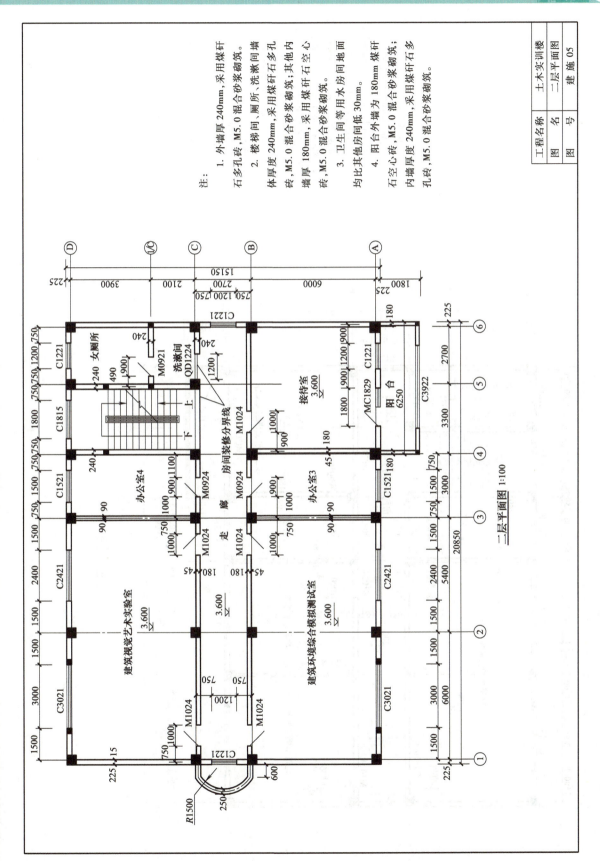

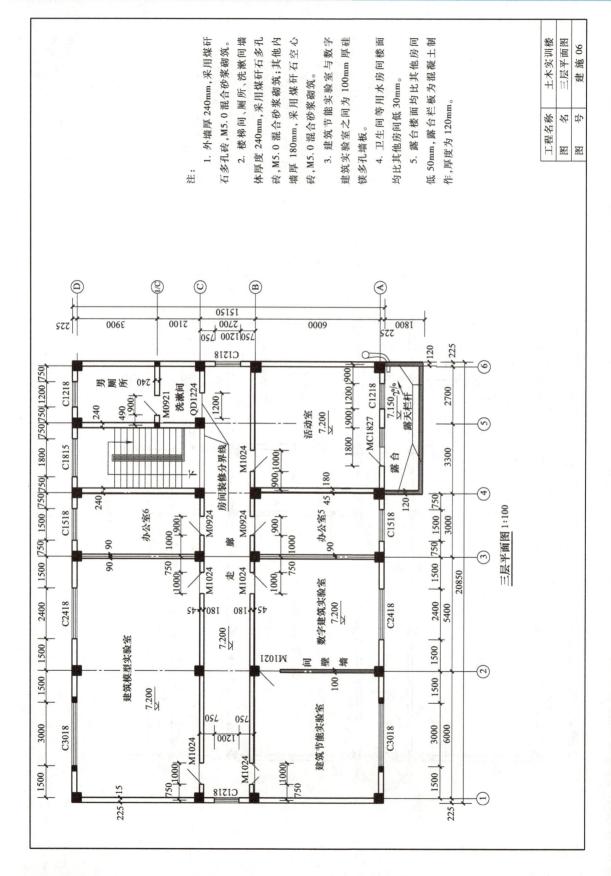

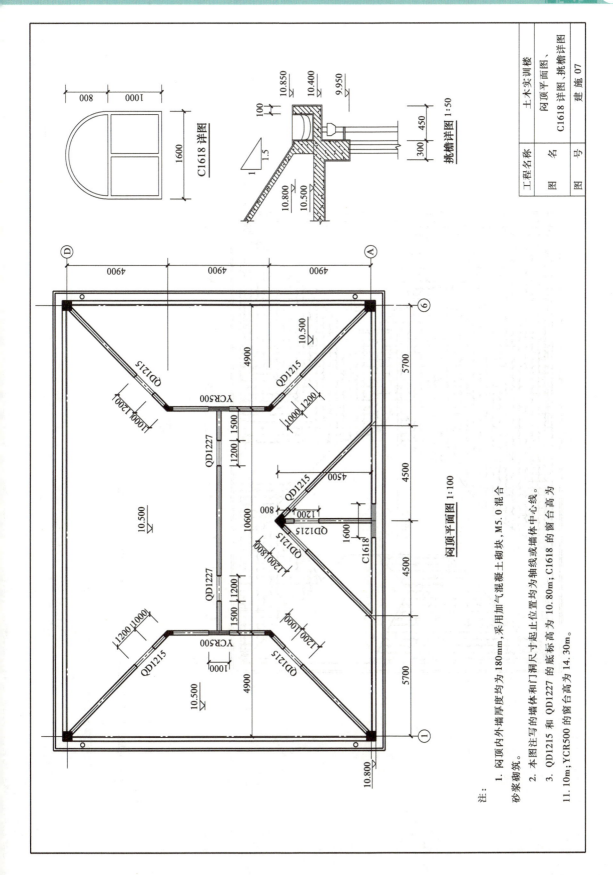

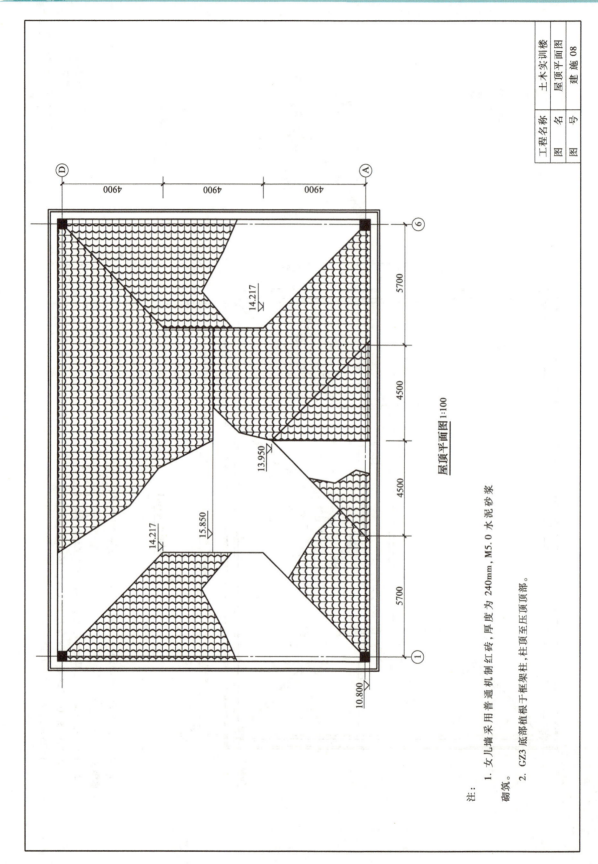

屋顶平面图 1:100

注：
1. 女儿墙采用普通机制红砖，厚度为240mm，M5.0水泥砂浆砌筑。
2. GZ3底部植筋于框架柱，柱顶至压顶顶部。

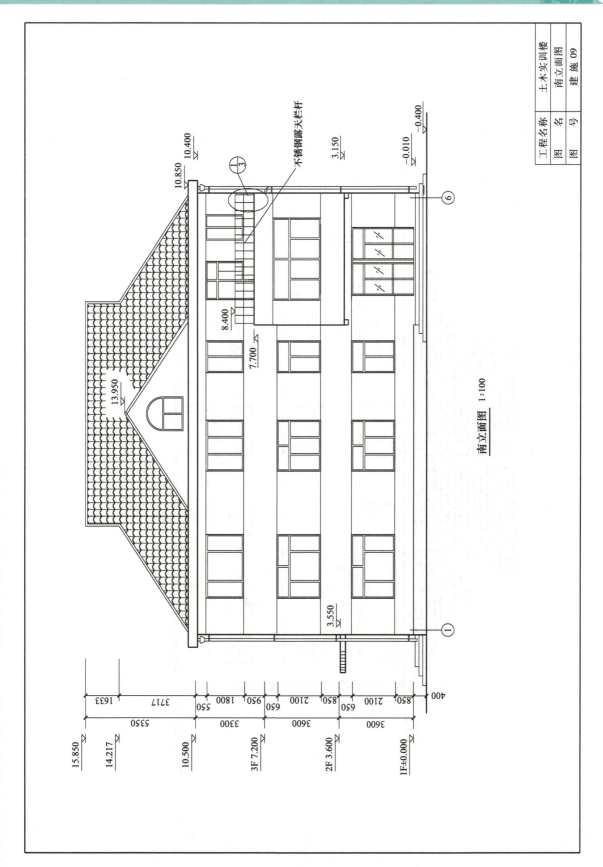

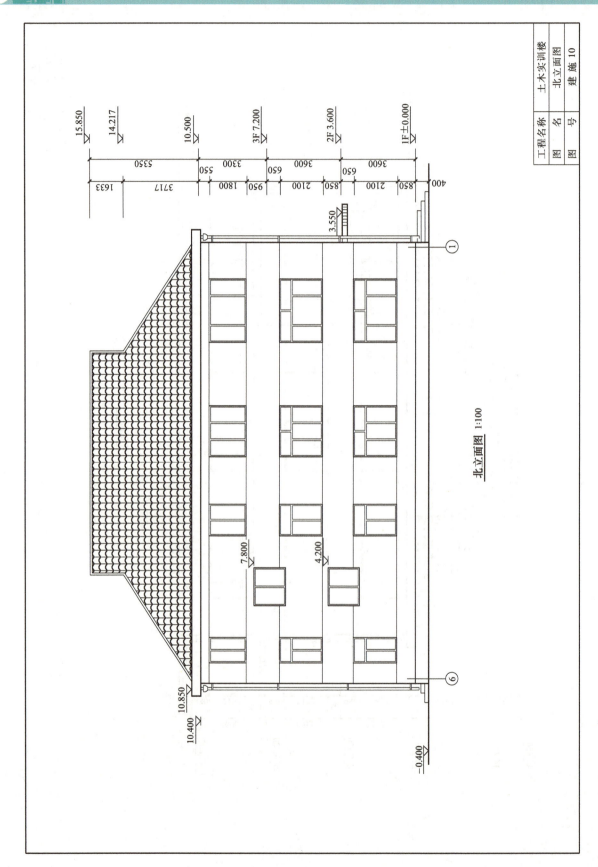

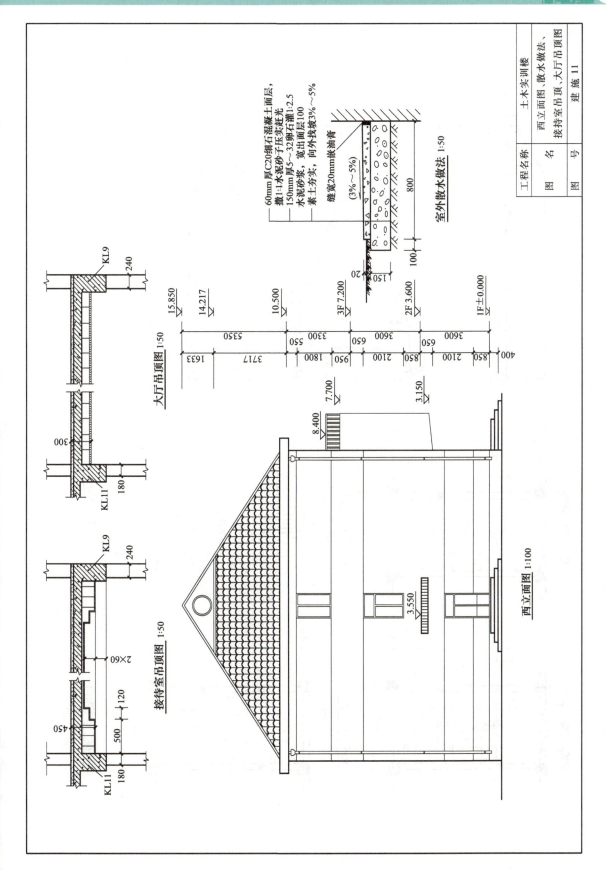

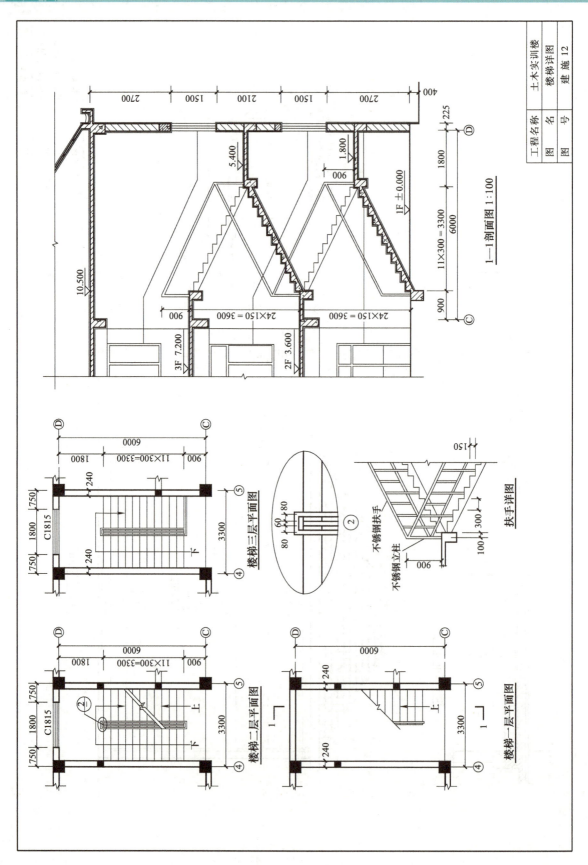

附录 土木实训楼施工图

12. LB(WMB)的马凳的材料比底板钢筋降低一个强度等级,长度按板厚的两倍加200mm计算,每平方米设1个。
13. 过梁长度设计未规定时,按门窗洞口宽度两端各加250mm计算。

GL1配筋

GL2配筋

露台栏板配筋

挑檐配筋 1:50

挑檐板受力筋与屋面板上部筋绑扎在一起
YL箍筋深入WKL内长度不小于100

图纸目录

序号	图号	图样名称
1	结施 01	图纸目录,结构设计总说明,露台栏板配筋,GL1配筋,GL2配筋,挑檐配筋
2	结施 02	基础平面图,DJP-1、DJJ-2、垫板基础配筋图
3	结施 03	TJBP-1、TJBJ-2、DJJ-2、垫板基础配筋图
4	结施 04	一层框架柱、楼梯柱、构造柱配筋图
5	结施 05	二层,三层框架柱、楼梯柱、构造柱配筋图
6	结施 06	3.550层水平梁结构平面图
7	结施 07	3.550层垂直梁结构平面图
8	结施 08	7.150层水平梁结构平面图
9	结施 09	7.150层垂直梁结构平面图
10	结施 10	10.500层水平梁结构平面图
11	结施 11	10.500层垂直梁结构平面图
12	结施 12	阁顶层梁结构平面图,GZ5配筋图、GZ6配筋图
13	结施 13	3.550层现浇板结构平面图,TB1(TB2)配筋图
14	结施 14	7.150层现浇板结构平面图
15	结施 15	10.500层现浇板结构平面图、TL1配筋图、TL2配筋图,GL3配筋图、GL4配筋图
16	结施 16	屋面板布置图
17	结施 17	楼梯板详图

结构设计总说明

1. 本工程结构类型为框架结构,抗震设防烈度为七度,抗震等级为三级。
2. 本工程采用混凝土结构施工图平面整体表示方法绘制,图中未注明的构造要求应按《混凝土结构施工图平面整体表示方法制图规则和构造详图》(22G101系列)执行。
3. 混凝土强度等级:基础、基础圈梁(WQL)为C30;框架柱、地梁(DL)、框架梁、现浇板、阳台、屋面圈梁(WQL)为C30;楼梯、过梁、雨篷、圈梁、挑梁、挑檐为C25;垫层为C15,其他为C20。
4. 混凝土保护层厚度:板=15mm,梁(屋面圈梁 WQL)=20mm,柱(构造柱)=20mm;基础=40mm。
5. 钢筋抗拉强度设计值:HPB300取270MPa,HRB335取300MPa,HRB400取360MPa。
6. 现浇板中未注明的分布钢筋均为Φ8@250mm。
7. 钢筋接头形式:钢筋直径小于16mm采用焊接连接,钢筋直径≥16mm采用机械连接。
8. 边柱和柱角截断:柱内侧纵向钢筋顶部锚固应满足22G101-1要求,内侧纵筋顶部锚固中梯层为22G101-3要求,柱插筋马凳在基础固定时截断:柱内侧纵向钢筋顶部锚固应满足22G101-1要求,在柱插筋马凳在基础中梯层为12d(纵筋直径)。
9. 砌块墙与框架梁及柱相连接处均设置拉结筋,每隔500mm高度配2根Φ6拉结,伸进墙内1000mm,构造柱马牙搓伸入梁60mm。
10. 构造柱(TZ)底部、顶部纵筋锚固均为12d(纵筋直径)。
11. 筏板基础边缘侧面钢筋锚固长度取15d处理,侧面钢筋按22G101-3处,处以筏板基础边缘侧面按22G101-3处理,侧面钢筋按长度取15d。

工程名称	土木实训楼
图名	图纸目录,结构设计总说明,露台栏板配筋,GL1配筋、GL2配筋、挑檐配筋
图号	结施 01

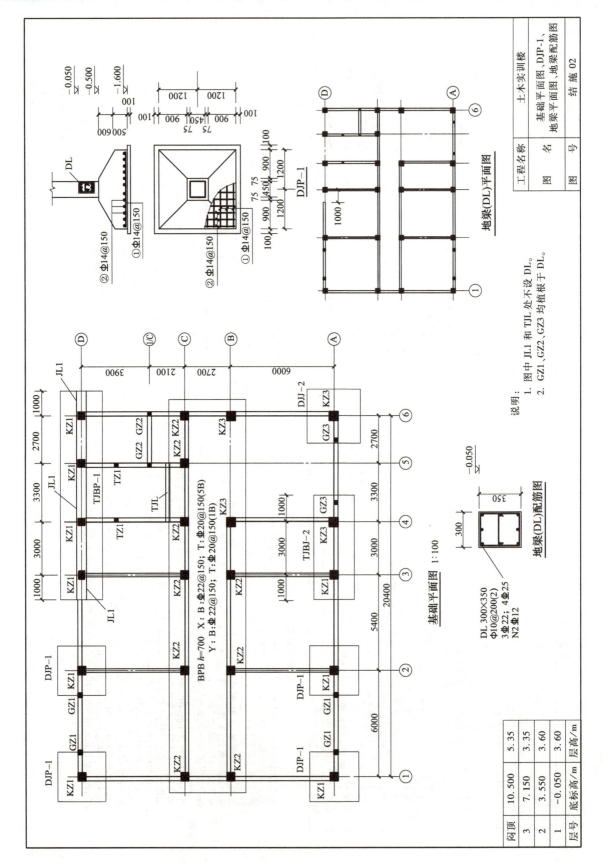

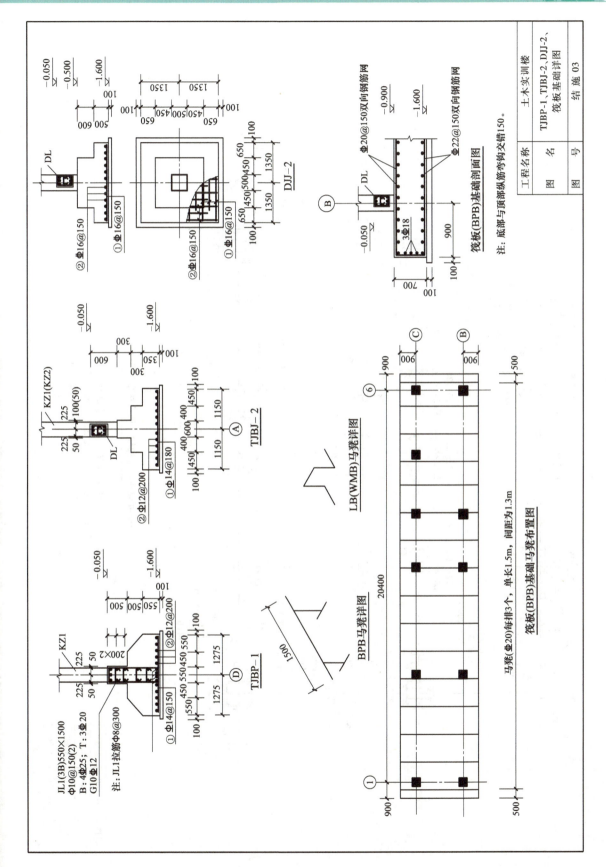

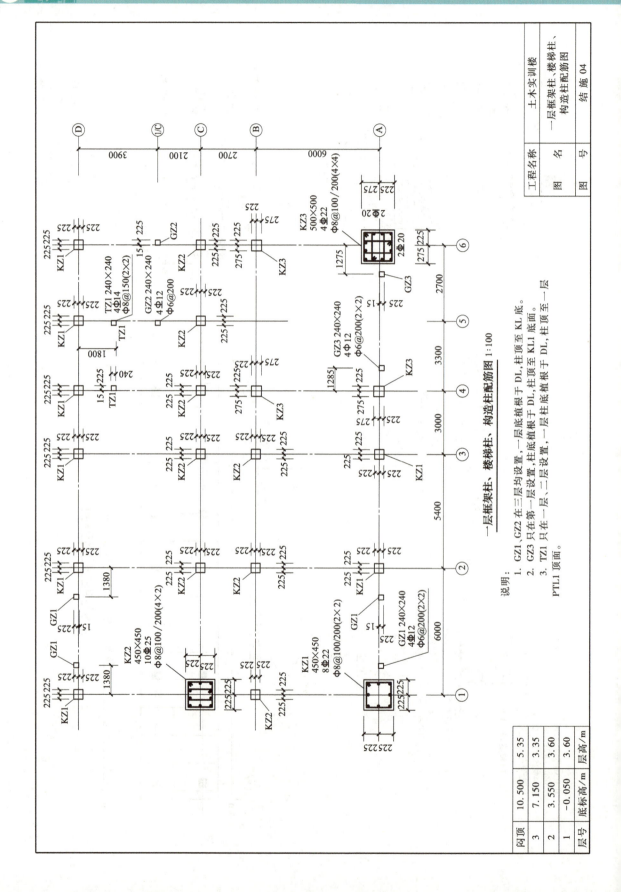

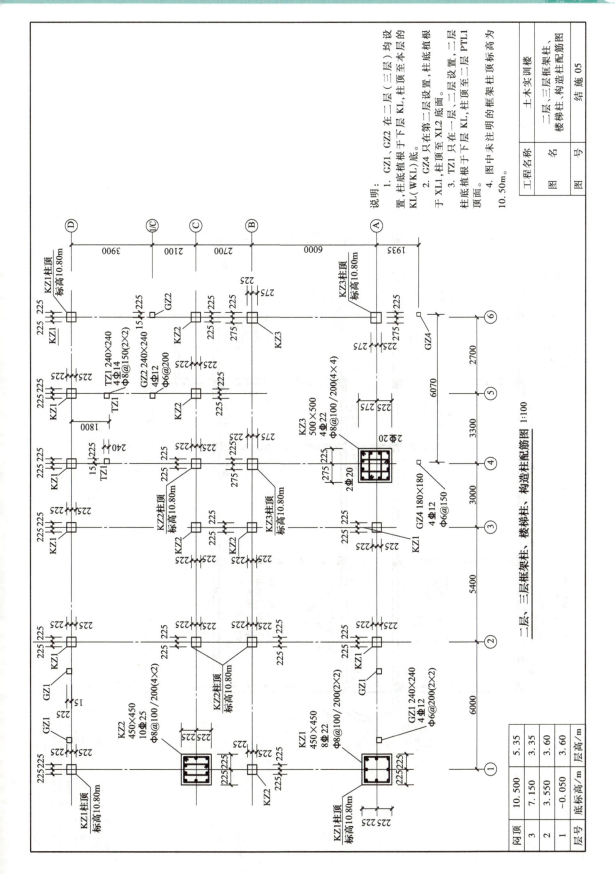

二层、三层框架柱、楼梯柱、构造柱配筋图

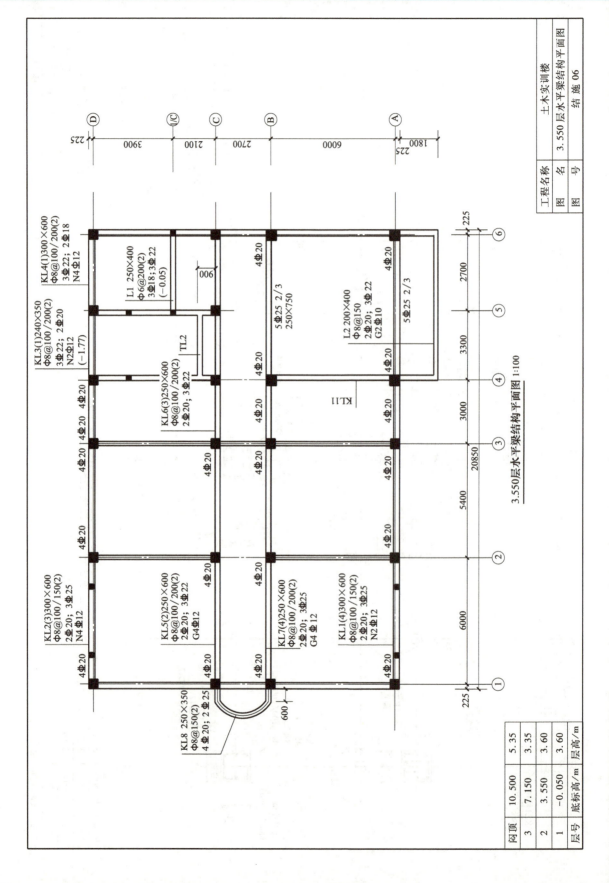

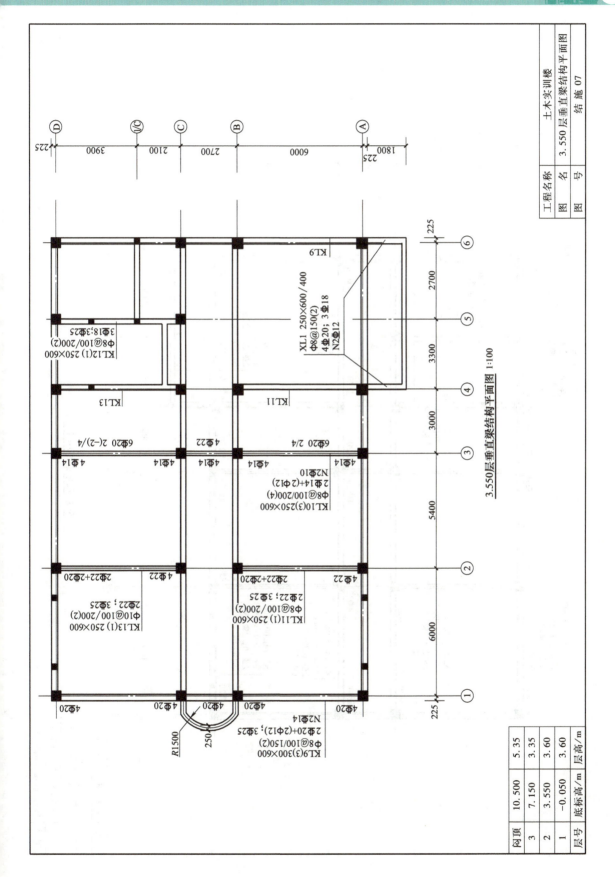

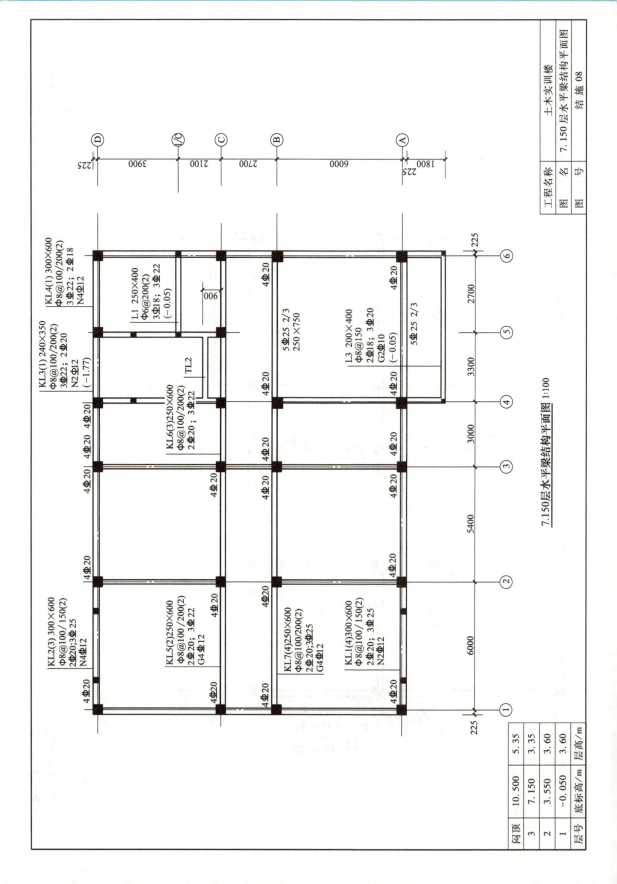

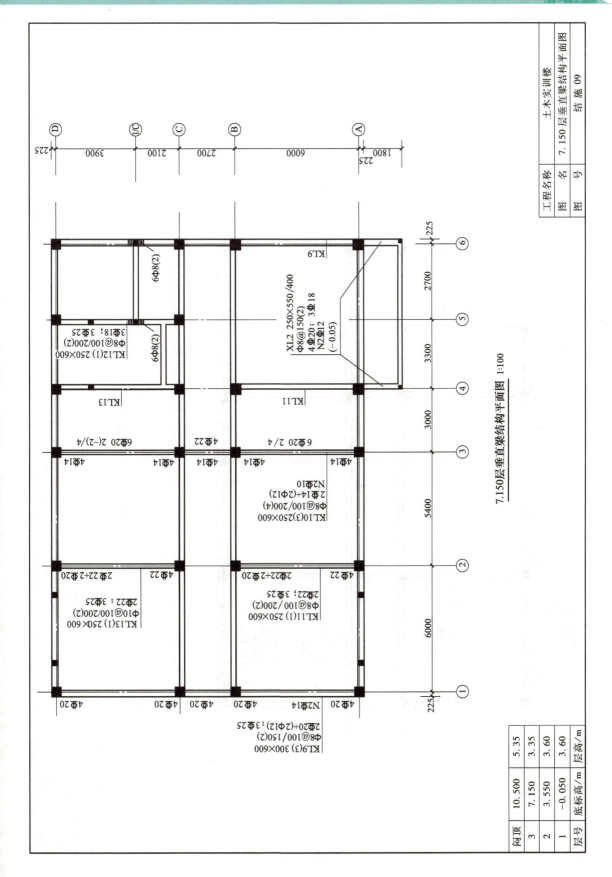

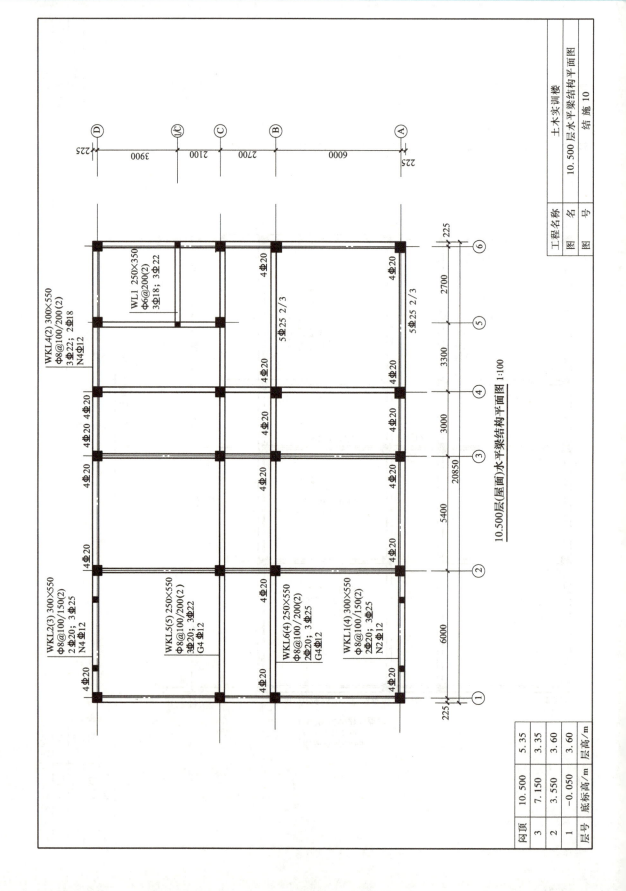

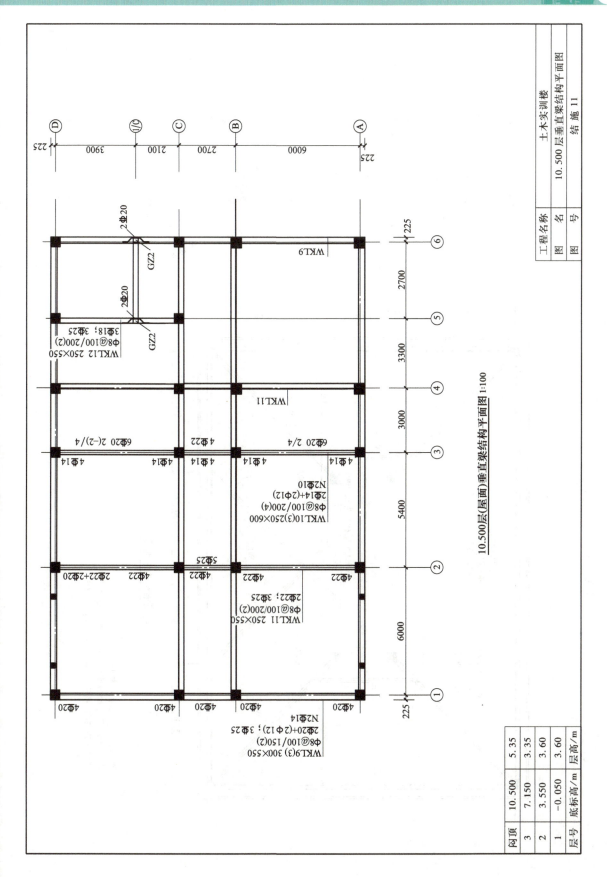

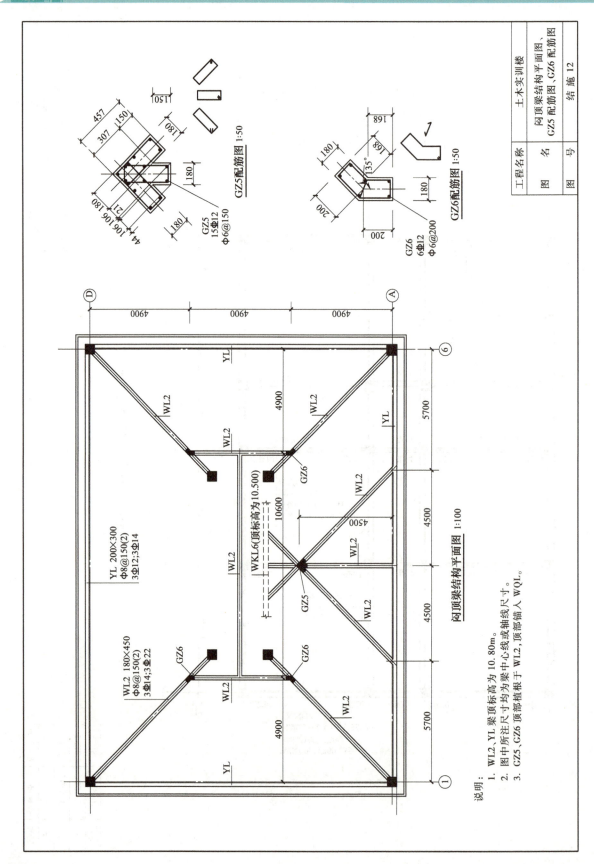

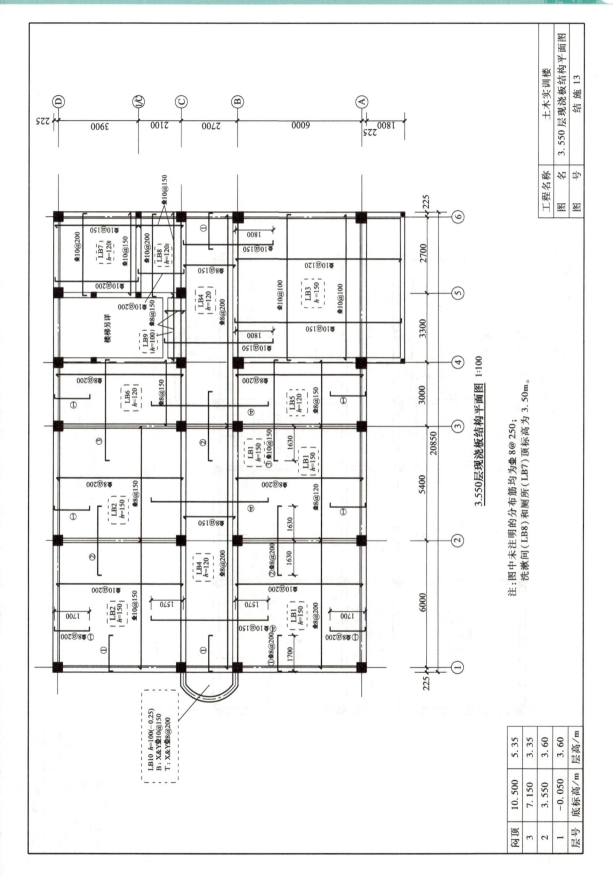

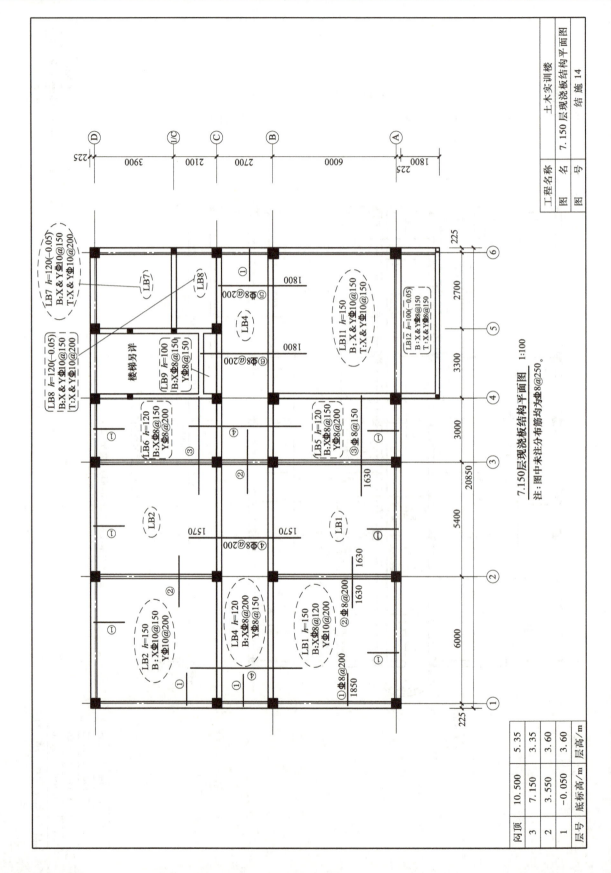

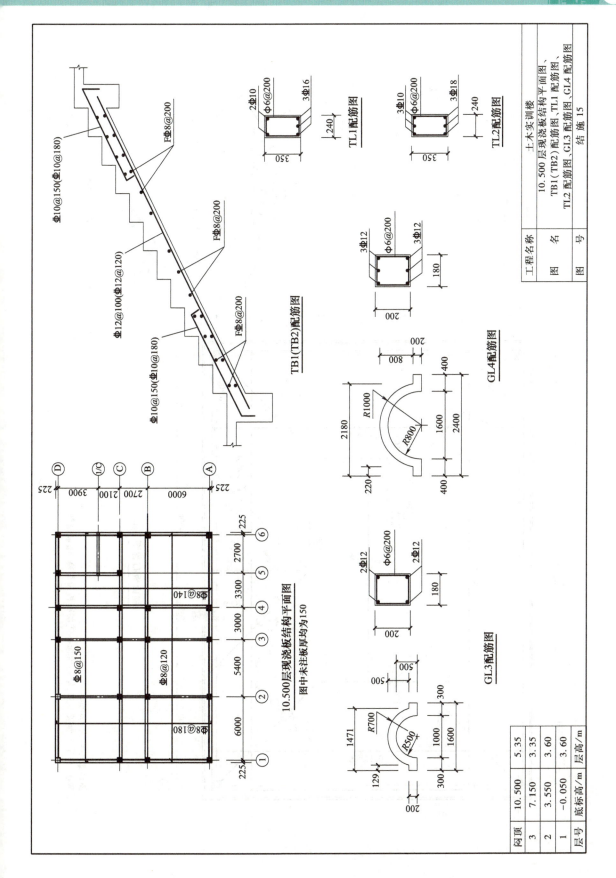

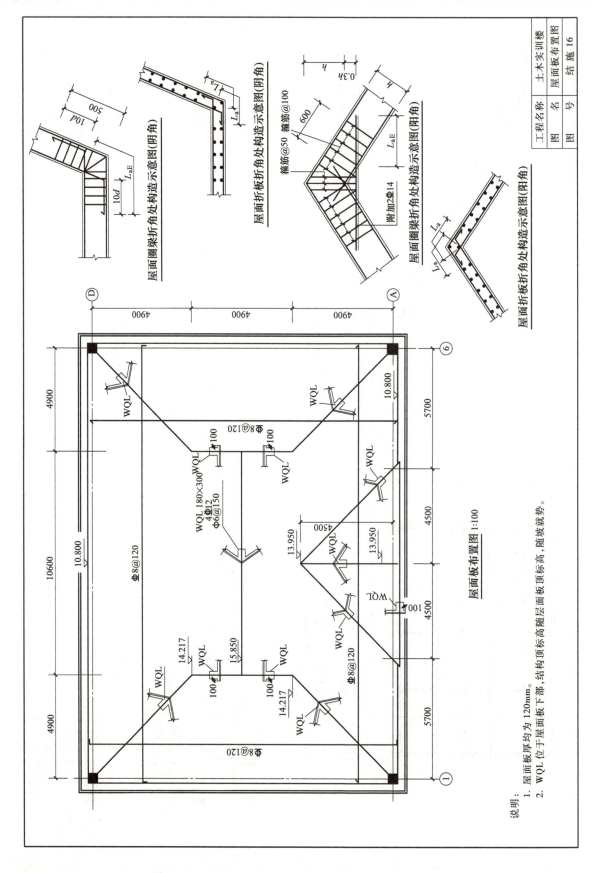

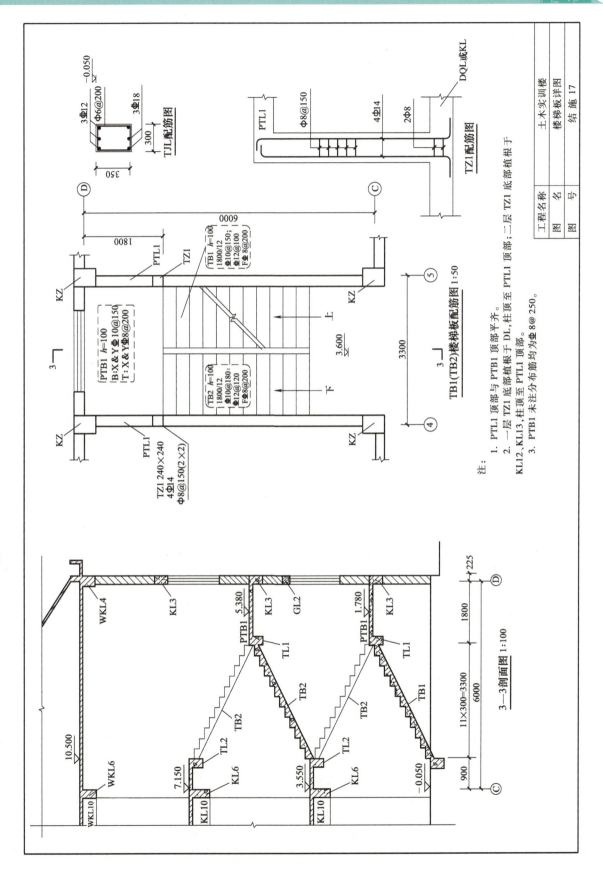